U0339810

装备科技译著出版基金

声子晶体的基本原理与应用

Phononic Crystals
Fundamentals and Applications

［法］Abdelkrim Khelif ［美］Ali Adibi 编著

舒海生 郑金兴

赵 磊 史肖娜 牟 迪 译

国防工业出版社

·北京·

著作权合同登记　图字:军-2017-019 号

图书在版编目(CIP)数据

声子晶体的基本原理与应用/(法)阿卜杜勒-卡里姆·哈里发(Abdelkrim Khelif),(美)阿里·阿迪比(Ali Adibi)编者;舒海生等译. —北京:国防工业出版社,2018.3
书名原文:Phononic Crystals:Fundamentals and Applications
ISBN 978-7-118-11447-8

Ⅰ.①声…　Ⅱ.①阿…②阿…③舒…　Ⅲ.①声光晶体　Ⅳ.①O7

中国版本图书馆 CIP 数据核字(2018)第 028385 号

Translation from English language edition:
Phononic Crystals
Fundamental and Applications
edited by Abdelkrim Khelif and Ali Adibi
Copyright © Springer Science+Business Media New York 2016
This Springer imprint is published by Springer Nature
The registered company is Springer Science+Business Media, LLC
All Rights Reserved

※

国防工业出版社出版发行
(北京市海淀区紫竹院南路 23 号　邮政编码 100048)
天津嘉恒印务有限公司印刷
新华书店经售
*
开本 710×1000　1/16　插页 8　印张 13½　字数 245 千字
2018 年 3 月第 1 版第 1 次印刷　印数 1—2000 册　定价 69.00 元

(本书如有印装错误,我社负责调换)

国防书店:(010)88540777　　发行邮购:(010)88540776
发行传真:(010)88540755　　发行业务:(010)88540717

前　　言

声子晶体是一类新颖的周期合成材料,可以用于操控弹性波与声波的传播。周期性赋予了声子晶体丰富的新特性,这些特性在自然界中往往是找不到的,例如,声子晶体能够展现出声学(或声子)带隙,这些频带内的声波在传播过程中将会受到显著的抑制;通过在理想的声子晶体中引入不同类型的缺陷,人们还能够设计出各种波导结构,从而在上述带隙内对声波的传输做进一步调控;此外,声子晶体还可用于一些极为紧凑的结构,为之提供多种新功能。

人们普遍预期,不久的将来声子晶体将在大量应用领域中得到充分的重视,例如无线通信、传感、声信号处理以及超声成像等。利用声子晶体人们可以制备出很多具有优良性能的新设备或新仪器,如声学滤波器、声学共振器、声源和声透镜等,在此基础上,还可以进一步构造出声学超材料,从而表现出多种全新的物理现象,如负折射、声隐身以及超透镜等,一般而言,这些现象或效应是传统声学材料所不具备的。

虽然声子晶体和声学超材料的研究还处于初期阶段,但是它们的光学类似物——光子晶体——却早已为人们所熟知了,特别是光子晶体具有很多无法借助传统材料来获得的独特性质这一点。在过去的 10 年中,光子晶体已经得到了非常广泛的研究,并且出现了多本优秀的著作,其中对光子晶体特性与应用等方面内容做了透彻的介绍。与此相对应的是,声子晶体的研究还处在起步阶段,人们也是近些年才对这一领域开始关注的,不过,应当指出的是,这一领域正在迅猛发展中。

本书的目的是从材料、装置和应用等角度为读者详尽地综述声子晶体领域的研究现状,并为准备介入这一领域的研究者们提供必要的研究工具。为实现这一目标,本书涵盖了声子晶体设计与实验中所用到的各种仿真手段、制备过程和描述方法等内容,无论是本领域的成熟研究人员还是新手都能轻松地理解和掌握。此外,本书还对近期声子晶体领域出现的一些非常重要的研究进展做了介绍。

撰写本书的想法最初萌发于 2009 年的夏天,那时我们联合主办了第一届国际光子晶体研讨会(Nice,法国,2009),会议过程中人们认识到有必要为声子晶体领域撰写一本包罗万象的参考书,因此,会议之后,我们花了相当长的时间调查了声子晶体研究者们的需求,以此为依据形成了本书的内容框架,进而邀请了多位专家分别执笔撰写了相应的章节内容。

本书各章的作者在其所在的研究领域中都是世界一流的,他们不仅具有多年的丰富研究经验,而且指导了众多的年轻科学家和工程师,我们相信由他们撰写的这本书一定能为感兴趣的读者们提供声子晶体领域的深入的知识和经验。当然,本书也可以作为力学或电子工程等学科研究生课程的教学材料。

最后,我们想感谢所有帮助我们撰写本书的人们,他们的讨论、撰写和审查等工作都是本书成型所不可或缺的。我们还要感谢众多的研究人员(学生、博士后、教授和技术团队成员们),因为本书的很多内容都是他们的研究成果。此外,还要特别感谢 Ali A.Eftekhar 博士,他为本书的构思和框架安排等工作提供了大量的指导和建议。

BesanconCedex,法国　A.Khelif

Atlanta,GA,美国　A.Adibi

2015 年 3 月

目　　录

第1章 声子晶体的声学特性介绍及低频匀质化

José Sánchez-Dehesa，ArkadiiKrokhin

1.1 引　　言

对于生物体来说,光和声是两种最重要的信息载体。从发展历史上来看,人们对于声学现象及其特性的认识要更早一些,原因在于经典力学领域的发展总体上是领先于电动力学的。然而,在近年来出现的光子晶体和声子晶体这两个方向上,情况恰好相反。在20世纪的最后10年中,光子晶体的研究首先取得了显著的进步。光子晶体是一类周期性介电结构,在光波的产生、导向、聚焦、分束以及慢光传播技术等方面,它能够提供远胜于传统光学仪器的调控性能。理论工作方面,Yablonovitch[1]首先预测指出,在电子和声子带隙重叠区内,半导体结构中的自发辐射将会受到抑制,John[2]则指出在光子带隙附近,光波很容易被局域化。这些理论预测结果在随后的实验[3]中得到了证实,这一实验制备了面心立方晶格(fcc晶格)形式的三维光子晶体,该晶体具有微波段的带隙。周期弹性介质中的声学特性研究的正式开展要比电磁波领域中的类似工作落后若干年,最早对二维晶格的声学能带结构进行计算的是Sigalas、Economou[4]以及Kushwaha等[5]。这些二维晶格的基体是固体介质,散射体是固体柱状物。

针对周期性导致声波衰减的首个实验验证是在马德里的E. Sempere的雕塑作品(图1.1)上进行的,人们在空气中对该雕塑进行了声学测试。实验表明,在1.67kHz附近,垂直于钢杆入射的声波的透射系数将会出现极小化现象[6]。最初,这一极小值现象被认为是该结构物的声子带隙所导致的。不过,人们通过精确的能带结构计算[7]很快就认识到所观测到的声波衰减实际上应归因于声子态密度的极小值,而并非源于一个完全带隙。这一极小值现象的起因在于晶格内部的声波散射,即在 $\nu=1.67kHz$ 处波的干涉行为受到了显著的干扰,这使得声波之间不能很好地相互补偿,从而导致了态密度的降低(但仍为有限值),于是图1.1所示的结构物也就表现出了一个伪带隙了,不过应当注意这本质上并不是一个完全带隙(对应的态密度为0)。实际上,仅当钢杆的填充比超过 $f=0.3$ 时(这里的填充比是指在周期平面内金属杆所占据的相对面积),该结构物才会形成完全带隙[7],而图1.1所示的雕塑结构的实际填充比远低于此,只有

$f = 0.066$。

图 1.1　E. Sempere 的雕塑作品:本质上可以理解为一个二维声子晶体结构物,
即钢杆(直径 2.9cm)以方形晶格形式做周期分布,晶格常数为 10cm

　　具有完全带隙的声子晶体最早是在 1998 年发现的,这些周期结构物有的是带有方形阵列圆孔的铝合金板,并填充有水银[8],有的是通过在空气中阵列金属杆而构成的(方形或三角晶格)[9]。在前面一种结构中,弹性纵波的带隙位于 1~1.12MHz 范围,而后面那种结构的带隙则位于 1.5~3kHz 的声频范围(带隙范围取决于杆的填充比)。在最近的 10 年中,人们还提出并制备了很多种不同的周期结构物,其声子带隙可以出现在更宽的频率范围内。读者可以参阅 Kushwaha 所给出的一篇十分全面的综述文章[10]以及 Olsson III 和 El-Kady 近期的专题评述[11]。

　　周期介质中波的传播分析建立在动力学方程这一基础之上。声波传播过程中介质的位移场是与时间和坐标相关的,压力场和(或)剪切应力场也是类似的。对于均匀各向同性的弹性介质(质量密度 ρ、纵波波速 c_l 和横波波速 c_t),其波动方程的推导过程可以在众多的经典文献中找到,例如文献[11]。在此类介质构成的无限域中,纵波和横波是解耦的,它们可以独立传播。对于纵波来说,位移矢量场 $\boldsymbol{u}$ 是无旋场($\nabla \times \boldsymbol{u} = 0$),而对于横波来说则表现为无散场($\nabla \cdot \boldsymbol{u} = 0$)。当存在边界时,这两种不同的波模式将发生耦合,从而才能满足边界处的位移和应力连续性条件。正如我们所熟知的,根据瑞利波理论[12],面波的总位移场是无散场和无旋场的叠加,它们是不能解耦的。在更为一般的情况下,例如任意非均匀弹性介质所构成的域,纵波和横波位移也是不能分离的,此时位移分量所对应的动力学方程中将同时包含两种波速[4,5],即 c_l 和 c_t:

$$\rho \frac{\partial^2 u_i}{\partial t^2} = \nabla \cdot (\rho c_t^2 \nabla u_i) + \nabla \cdot \left(\rho c_t^2 \frac{\partial \boldsymbol{u}}{\partial x_i}\right) + \frac{\partial}{\partial x_i}\left[(\rho c_l^2 - 2\rho c_t^2) \nabla \cdot \boldsymbol{u}\right] \quad (1.1)$$

式中:$\rho = \rho(\boldsymbol{r})$,$c_l = c_l(\boldsymbol{r})$,$c_t = c_t(\boldsymbol{r})$ 为半径矢量 $\boldsymbol{r} = (x_1, x_2, x_3)$ 的任意函数;$i =$

1,2,3。

上面这个复杂的方程在一些特定情况下可以简化,这些情况后面我们也将重点关注。

在声子晶体结构中,所有描述材料特性的量在空间上都是周期性的,它们可以展开为关于无穷个倒晶格矢量 G 的傅里叶级数形式,例如:

$$\rho(r) = \sum_{G} \rho(G)\exp(iG \cdot r) \tag{1.2}$$

其中

$$\rho(G) = \frac{1}{V_c}\int_{V_c} \rho(r)\exp(iG \cdot r)\,dr \tag{1.3}$$

式(1.3)中的积分是在原胞的整个体积 V_c 上进行的,在二维情况下应视为在原胞的整个面积 A_c 上进行,而在一维超晶格情况下则应代之以晶格的周期长度 l_c。式(1.1)的解,位移矢量 u,应当满足布洛赫定理,因而也可以展开为倒格矢的傅里叶级数形式:

$$u(r) = u_k(r) = \exp(ik \cdot r)\sum_{G} u_k(G)\exp(iG \cdot r) \tag{1.4}$$

布洛赫矢量 k 扮演着声子动量这一角色,它应取遍整个不可约布里渊区的内部。利用式(1.2)和式(1.3),并将弹性常数 ρc_t^2 和 ρc_l^2 也做类似的展开,就能够得到一组关于系数 $u_k(G)$ 的线性齐次方程。为使这组方程具有非平凡解,其系数矩阵的行列式应当为 0,这将给出色散方程式,从而也就能获得能带结构,即针对每一个布洛赫矢量 k 可获得无限个对应频率值 $\omega_n(k)$ ($n = 1, 2, \cdots$)。实际计算时,式(1.2)和式(1.4)中只需取有限项(平面波),因而这个行列式也是有限的,由此得到的频率数量(能带数量)也同样是有限的。这种计算声子能带结构的方法就是平面波展开法,应用得最为广泛。基于这种平面波展开法来计算声子能带结构的实例可以参阅文献[5,7,8,13,14]。

1.2　匀质化:准静态极限和平面波方法

人们已经认识到,随着频率的降低散射截面积也将减小,例如,对于三维散射体而言,散射截面积是按照频率的四次方减小的(瑞利散射)。这意味着在非均匀介质中传播的频率足够低的波将发生非常弱的多散射,因此可以近似为平面波。根据这一结论,傅里叶展开式(1.4)中最主要的是带有 $G = 0$ 的项,而所有 $G \neq 0$ 的项当 $\omega \to 0$ 时都将线性地趋于 0。这一性质可用于等效波速的计算,并将在本节随后的几个小节中得以应用,即:

$$c_{\text{eff}} = \lim_{k \to 0} \frac{\omega}{k} \tag{1.5}$$

式(1.5)成立的频率范围也就是最低一阶能带的频率区间,其色散关系近似为线性,即 $\omega = c_{\text{eff}}k$。在这一频率范围内,波长 $2\pi/k$ 和每种组分中的波长都是远大于原胞尺度的,此时声子晶体的所有细部结构将不会对波产生明显影响。然而,这并不意味着等效波速是由结构的平均参数唯一决定的。后面我们会发现等效波速的精确公式实际上包括了所有倒格矢 G 的贡献。

事实上,式(1.5)计算出的 c_{eff} 对应于准静态极限情况。在这一极限情况下,等效介质不具有任何内部的共振模式,色散关系基本上是线性的。如果频率虽然较低但并非上述极限情况的话,那么声子晶体的内部是可能存在共振模式的,它们将在散射截面中体现出来。为了将这些可能存在的内部共振模式考虑进来,就必须借助 Mie 散射理论进行分析了。基于这一分析方法的匀质化理论将在 1.3 节介绍。

1.2.1　一维周期性

一维声子晶体一般也称为超晶格,它是一类十分重要的特殊情况,其色散关系可以以封闭形式表达。超晶格一般是由两种或更多种弹性介质层按一定的顺序周期叠加而成的,这里以两种介质为例,分别用下标 a 和 b 来代表这两种具有不同特性的介质。在超晶格中,如果布洛赫波矢 k 是沿着轴向(z 轴)的,那么纵波和横波的传播是独立的。例如,考虑一列轴向传播的纵波,其位移 $u_z \approx \exp(ikz - i\omega t)$,那么借助分界面处的物理量连续性条件和布洛赫定理就能够直接得到显式的色散方程[15],即

$$\cos(kd) = \cos\left(\frac{\omega a}{c_a}\right)\cos\left(\frac{\omega b}{c_b}\right) - \frac{1}{2}\left(\frac{z_a}{z_b} + \frac{z_b}{z_a}\right)\sin\left(\frac{\omega a}{c_a}\right)\sin\left(\frac{\omega b}{c_b}\right) \quad (1.6)$$

式(1.6)中的 $d = a + b$ 是包含两种层(层宽分别为 a 和 b)的超晶格的周期常数。两种层的材料特性分别是纵波波速 c_a、c_b 以及波阻抗 $z_a = \rho_a c_a$、$z_b = \rho_b c_b$。对于纯横波而言,色散方程也具有式(1.6)的形式,只是 c_a 和 c_b 分别代表横波波速[16,17]。当原胞包括多层时,可以对式(1.6)进行拓展,具体内容可参阅文献[18]。

针对布里渊区 $|k| \leqslant \pi/d$ 中的每一个布洛赫波矢 k,根据式(1.6)都可以确定出无穷个频率 $\omega = \omega_n(k)$,从而得到超晶格的能带结构。仔细观察式(1.6)不难看出,在某些有限频率区间内,等号右端的绝对值将会大于 1。实际上,对于任意小的波阻抗之比,$(z_a/z_b + z_b/z_a)/2$ 将大于 1,因而等号右端整体上也将超过 1。这些能够使得等号右端绝对值大于 1 的频率区间事实上也就对应了声子带隙。频率位于这些带隙内的波将无法传输。

准静态条件下,即 $kd, \omega a/c_a, \omega b/c_b \ll 1$ 时,式(1.6)中的三角函数可以展开,只需保留关于 ω 和 k 的二次项就能够得到如下的线性关系式:

$$\omega = c_{eff} k \tag{1.7}$$

线性色散关系表明了该超晶格十分类似于一种波速为 c_{eff} 的均匀弹性介质。这种等效的均匀介质的弹性参数可由下述关系式确定:

$$\frac{1}{B_{eff}} = \frac{f}{B_a} + \frac{1-f}{B_b}, \quad \rho_{eff} = f\rho_a + (1-f)\rho_b, \quad c_{eff} = \sqrt{\frac{B_{eff}}{\rho_{eff}}} \tag{1.8}$$

式中: $f = a/d$ 为组分 a 的填充比。

等效体积模量和等效质量密度都是正值,它们与静态平均值相同。对于更为一般的包含有各向异性层的超晶格情况,式(1.8)需要做进一步拓展,具体过程可参阅文献[19]。

动态效应往往可以导致负的等效质量密度 ρ_{eff},一般发生在内部共振模式所对应的频率附近。如果原胞是由 3 种或更多种不同的弹性介质组成的,那么一维声子晶体的局部共振往往就会发生。对于这些弹性超晶格,近期的文献[20]已经给出了局部共振模式附近的均匀等效方法。

1.2.2 二维周期性

这里考虑一种二维声子晶体结构,它是由无数根平行于 z 轴的杆组成的,这些杆在 x-y 平面内做周期布置。当波在 x-y 平面内传播时,可以想象,这一平面内的周期性特点将对波的传播性质产生显著的影响。同时应当注意,此时式(1.1)中的位移矢量 u 是与坐标 z 无关的。若将该式向 x-y 平面和 z 轴分别投影的话,那么可以发现所导出的方程将是解耦的,分别对应于一种位移形式为 $u = (0, 0, u)$ 的横波模式和另一种混合的波动模式,后者的位移形式为 $u = (u_x, u_y, 0)$,它们显然是无关的,可以独立传播而互不影响。此处考察横波模式的匀质化问题[21],该模式满足如下标量方程:

$$\rho(\boldsymbol{r}) \frac{\partial^2 u}{\partial t^2} = \nabla_t \cdot (\tau(\boldsymbol{r}) \nabla_t u) \tag{1.9}$$

式中: ∇_t 为 x-y 平面内的二维梯度算子; $\tau(\boldsymbol{r})$ 为与坐标相关的剪切模量。

对于混合的波动模式,其匀质化过程[21]也是类似的,只是需要更为冗长的数学处理,详细过程可参阅文献[22]。

将傅里叶展开式(1.2)和式(1.4)代入式(1.9),可以得到一组关于系数 $u_k(\boldsymbol{G})$ 的线性方程:

$$\sum_{\boldsymbol{G}'} [\rho(\boldsymbol{G} - \boldsymbol{G}')(\boldsymbol{k} + \boldsymbol{G}) \cdot (\boldsymbol{k} + \boldsymbol{G}') - \omega^2 \tau(\boldsymbol{G} - \boldsymbol{G}')] u_k(\boldsymbol{G}') = 0$$

$$\tag{1.10}$$

在准静态极限条件下,周期介质对布洛赫波式(1.4)的调制作用是非常微弱的。我们可以将主要贡献项($\boldsymbol{G} = 0$)分离出来,因而布洛赫波可以近似写为

$$u_k(r) \approx u_0 \exp(ik \cdot r) + \sum_{G \neq 0} u_k(G) \exp(iG \cdot r) \tag{1.11}$$

式(1.11)中的求和项线性依赖于 k,于是式(1.10)就包含了关于 k 的线性二次和三次项。当 $k \to 0$ 时,通过保留线性和二次项即可导得两个解耦的方程:

$$k \cdot G \tau(G) u_0 + \sum_{G' \neq 0} G \cdot G' \tau(G - G') u_k(G') = 0 \tag{1.12}$$

$$(k^2 \bar{\tau} - \omega^2 \bar{\rho}) u_0 + \sum_{G' \neq 0} k \cdot G' \tau(-G') u_k(G') = 0 \tag{1.13}$$

式中: $\bar{\tau} = \tau(G = 0)$, $\bar{\rho} = \rho(G = 0)$ 分别为剪切模量和密度的体积平均值。

对于二组分的复合物来说, $\bar{\tau} = f\tau_a + (1-f)\tau_b$。应当注意的是,在二次近似式(1.13)中只包括 $G = 0$ 的项。从上面两式中消去 u_0,并引入式(1.5)所定义的等效波速,就能够得到一组匀质化之后的方程:

$$(c_{\text{eff}}^2 \bar{\rho} - \bar{\tau}) \sum_{G' \neq 0} G \cdot G' \tau(G - G') u_k(G')$$

$$+ \sum_{G' \neq 0} (\hat{k} \cdot G)(\hat{k} \cdot G') \tau(G) \tau(-G') u_k(G') = 0 \tag{1.14}$$

为使这组方程存在非平凡解,必须有

$$\det_{G, G' \neq 0} \left[(c_{\text{eff}}^2 \bar{\rho} - \bar{\tau}) G \cdot G' \tau(G - G') + (\hat{k} \cdot G)(\hat{k} \cdot G') \tau(G) \tau(-G') \right] = 0 \tag{1.15}$$

式中: $\hat{k} = k/k$ 为传播方向上的单位矢量。

尽管式(1.15)是关于 $\Lambda = c_{\text{eff}}^2 \bar{\rho} - \bar{\tau}$ 的无穷阶多项式方程,实际上它只有一个非零解。为得到这个解,只需将该式乘以 $\det\{ [G \cdot G' \tau(G - G')]^{-1} \}$,则有

$$\det_{G, G' \neq 0} [B(G, G') - \Lambda \delta_{G, G'}] = 0 \tag{1.16}$$

其中

$$B(G, G') = -\hat{k} \cdot G \tau(G) \sum_{G'' \neq 0} \hat{k} \cdot G'' \tau(-G'') [G'' \cdot G' \tau(G'' - G')]^{-1} \tag{1.17}$$

矩阵 $B(G, G')$ 是两个因子的乘积,因而它实际上代表了一个投影算子。一个因子仅依赖于 G 而另一个则仅与 G' 有关。作为投影算子,这个矩阵仅有一个特征值 $\Lambda = \text{tr} B(G, G')$,由此可导得最终的等效波速为

$$c_{\text{eff}}^2(\hat{k}) = \frac{\bar{\tau}}{\bar{\rho}} - \frac{1}{\bar{\rho}} \sum_{G, G' \neq 0} (\hat{k} \cdot G)(\hat{k} \cdot G') \tau(G) \tau(-G') \times [G \cdot G' \tau(G - G')]^{-1} \tag{1.18}$$

显然,等效波速是与传播方向相关的。此外,对于构成声子晶体的任意形式的原胞、散射体几何和材料特性,式(1.18)都是成立的。

式(1.18)也可以写成二次曲线的正则形式,即

$$c_{\text{eff}}^2 = A_{ij} \hat{k}_i \hat{k}_j \quad (i,j = x,y) \tag{1.19}$$

其中

$$A_{ij} = \frac{\bar{\tau}}{\rho} \delta_{ij} - \frac{1}{2\bar{\rho}} \sum_{G,G' \neq 0} (G_i G_j' + G_j G_i') \tau(G) \tau(-G') \times [G \cdot G' \tau(G - G')]^{-1}$$
$$\tag{1.20}$$

　　根据式(1.20)可以发现,半径矢量 $1/c_{\text{eff}}(\hat{k})$ 扫掠之后将形成一个椭圆,半轴分别是 $1/A_x$ 和 $1/A_y$, A_x 和 A_y 是张量 A_{ij} 的主值。如果晶体具有三次或更高次的旋转对称轴 z ,那么任何二阶对称张量就可以化为标量形式,即 $A_{ij} = A\delta_{ik}$ 。然而,即使是这种高对称情况,等效波速也不是由参数的平均值唯一决定的。事实上,式(1.20)右边关于 G 和 G' 的求和项包含了原胞所有空间尺度上的结构信息。对于横波而言,这些信息是以弹性模量的形式体现出来的,而波速只是通过 $\bar{\rho}$ 才在式(1.18)中与组分密度发生关联。

1.2.3　三维周期性

　　对于三维情况,考虑流体 b (散射体)周期分布在流体基体 a 中的情形,其中散射体可以是任意形状。最常见的此类周期结构物就是水中存在大量气泡的情况,或者是空气中存在大量水滴的情况。流体中只能传播纵波,因而式(1.1)可以简化为

$$\frac{1}{B(r)} \frac{\partial^2 p}{\partial t^2} = \nabla \cdot \left(\frac{\nabla p}{\rho(r)} \right) \tag{1.21}$$

式中: $B(r)$ 为体积模量。

　　这一方程实际上就是式(1.2)的三维情形,因此只要对式(1.18)做如下的替换就能得到等效波速: $\rho(r) \to 1/B(r) = \gamma(r)$, $\tau(r) \to 1/\rho(r) = v(r)$ 。作为纵波波速,这里所得到的 c_{eff} 公式与广泛使用的 Wood 定律[23]也是一致的:

$$c_{\text{eff}} = \sqrt{\frac{B_{\text{eff}}}{\rho_{\text{eff}}}} \tag{1.22}$$

其中等效体积模量可由体积模量倒数的平均得到,即

$$\frac{1}{B_{\text{eff}}} = \bar{\gamma} = \frac{f}{B_a} + \frac{1-f}{B_b} \tag{1.23}$$

　　另外,该声子晶体的所有微结构细节信息将以等效质量密度形式体现出来,即

$$\frac{1}{\rho_{\text{eff}}} = \frac{f}{\rho_a} + \frac{1-f}{\rho_b} - \sum_{G,G' \neq 0} (\hat{k} \cdot G)(\hat{k} \cdot G') v(G) v(-G')$$
$$\times [G \cdot G' v(G - G')]^{-1} \tag{1.24}$$

其中的求和项是在三维倒格矢上进行的。

对于水中随机分布气泡的情况,文献[24]中已经给出了 ρ_{eff} 一个非常好的近似。为了比较规则分布和随机分布两种条件下(均针对球形气泡)的结果,我们给出了简立方晶格情况下的 c_{eff}-f 曲线,如图1.2中的实心圆点所示。该声子晶体是各向同性的,实线示出了文献[24]中得到的这种相关性(相干势近似[25])。可以看出,对于小的和中等填充率情况($f<0.3$),稀溶液($f<0.02$)中的波速都能用上述两种方法给出。此外,直接对波动方程做数值计算也给出了类似的结果[26]。对于 $f>0.3$ 的情况,根据式(1.22)~式(1.24)得到的曲线将迅速增长,并在填充比为 $f_c = \pi/6$ (这一填充比对应于气泡刚好发生相互接触的情形)时达到 $0.18c_0$,这一波速几乎10倍于由相干势近似得到的结果[24],即 $c_{eff} = 0.02c_0$。这种快速增长的主要原因在于,当 $f > f_c$ 时球形气泡发生了重叠,因而声子晶体中将出现空气通道,从而导致声波几乎是在空气中进行传播。正因如此,在此情况下 c_{eff} 将接近于空气中的声速 $c_a = 0.22c_0$。由于对于给定的结构来说,$c_{eff}(f)$ 是一个连续函数,因而将出现一个从低速区(较低填充率时,$f<0.3$)向高速区(f 接近 f_c)的跃迁。近似理论是无法解释 f 接近 f_c 这一区域中的现象的。在此区域中,气泡之间的相互作用变得非常显著,这是导致声速快速增加的主因。

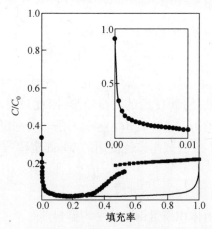

图1.2　根据式(1.22)~式(1.24)计算得到的等效波速与空气的填充比之间的关系曲线,圆圈标记代表的是气泡($c_a = 330\mathrm{m/s}$)以简立方晶格形式分布在水($c_0 = 1500\mathrm{m/s}$)中这一情形,而方块标记代表的是共轭情况,即水滴以简立方晶格形式分布在空气中。计算中平面波 G 的个数为 $N=800$,这一数值能够保证数值计算具有良好的收敛性。此外,实线是文献[24]中得到的波速。插图给出了低填充率(空气)情况下的局部放大视图[21]

对于共轭晶格(水滴分布在空气中),作为散射体存在的水滴并不会产生特别显著的影响,这种晶格中的等效波速如图1.2中的方块标记所示。事实上,空气中的水滴可以视为声波不能穿透的刚性球体。文献[27]已经证实这些刚性球体的存在只会稍微降低基体介质中的声速,这一结论在图1.2中也是可以清晰地观察到的。应当注意,由于上述两种晶体结构是不同的,因而它们所对应的曲线并没有相交。不过,对于立方体状的散射体这种特殊情形,这两种晶格在填充比为 $f_c=0.5$ 时具有相同的几何结构,因此在这一填充比处两条曲线有公共点,可参看图1.3。还应注意的是,对于立方体状的原子,跃迁区域要往前一些,大约位于 $f\approx0.12$,而在 $f\approx0.2$ 处等效声速将趋于饱和(接近 c_a 值)。虽然带有立方体状散射体的结构物是不切实际的,不过它能帮助我们理解非立方状散射体情况下,跃迁区域中声速的快速增长实际上反映了图1.2所示曲线的连续性。

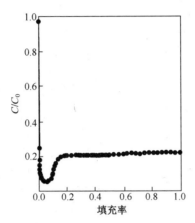

图 1.3　散射体为立方体形式的空气/水体系中的等效声速[21]

式(1.22)~式(1.24)是针对周期流体导出的,其中只存在纵波模式。不过,这些结果也适用于一些基体为流体而散射体为固体的情况。如果固体和流体介质特性相差非常大,以致于声波只能通过流体传播,那么横波成分就变得不那么重要了,往往是可以忽略的。因此,只要 $\gamma_b=1/B_b=0$,$v_b=1/\rho_b=0$,那么式(1.22)~式(1.24)就是成立的。事实上,对于任何由金属散射体与空气基体构成的声子晶体,都可以将它们近似为刚性散射体情况。在图1.4中给出了由空气和刚性柱构成的声子晶体中的声速和填充比的依赖关系。计算中采用了二维情况下的类似于式(1.22)~式(1.24)的关系式,并假设这些刚性柱是六边形晶格形式阵列的。由于该声子晶体存在三次旋转对称性,因而在周期平面内是各向同性的。此外,在文献[28]所给出的实验中,还利用一块声子晶体透镜(采用了铝柱,六边形晶格阵列)实现了声束的聚焦。图1.4所示的结果与文献[28]给出的实验结果是相当吻合的,同时也与后者给出的一个简化模型($c_{\mathrm{eff}}=c_{\mathrm{air}}/\sqrt{1+f}$)的计算结果(图1.4中的实线)较为一致。与此不同的是,文献[29]中给出的一个近似 $c_{\mathrm{eff}}=c_{\mathrm{air}}\sqrt{1-f}$ (图1.4中的虚线)则显著偏离了精确结果。本章后面将证实近似计算式 $c_{\text{eff}} = c_{\text{air}}/\sqrt{1+f}$ 的合理性。

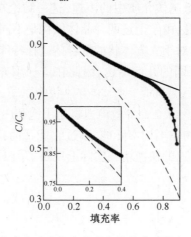

图 1.4   圆圈代表由刚性柱散射体和空气基体构成的声子晶体中的
声速计算结果(原胞为六边形)。图中包括了文献[28]的声透镜实验结果。
实线和虚线分别示出了文献[28]和文献[29]所给出的近似计算值

1.3   匀质化：多散射方法

图 1.1 所示的固体柱状散射体周期阵列于空气中的情况,代表了这样一种周期介质,即低频声波在其中的传播速度要比在单纯的空气中慢一些。另外,与单纯的固体组分相比,这种复合介质的反射率也要低得多。人们已经利用这两个性质设计构造了一个声透镜[28],并发现这个透镜的折射特性类似于标准的光学透镜。

声子晶体中的声速下降的原因在于等效介质的密度(或惯性)变大了。对于刚性柱不动而空气振动这一问题(刚性柱处于声场中的情形),也可以从互易原理出发进行等效,转而考察空气静止而柱发生振动这一情况[30]。周围的空气将对这些振动柱产生阻抗作用,使得它们不能做自由振动,这一阻抗效应将导致密度的等效增大。就单个柱而言,单位长度上的附加质量等于它所占据的空间位置所对应的空气质量 $S\rho_{\text{air}}$,其中 $S = \pi R^2$ 是柱的截面积而 ρ_{air} 是空气密度。如果 N 是单位面积内柱的个数,那么等效密度将是 $\rho_{\text{eff}} = \rho_{\text{air}} + NS\rho_{\text{air}} = \rho_{\text{air}}(1 + f)$。考虑到相速度是反比于密度 ρ_{eff} 的平方根的,因此该声子晶体中的等效声速为

$$c_{\text{eff}} = \frac{c_{\text{air}}}{\sqrt{1+f}} = \frac{c_{\text{air}}}{n} \tag{1.25}$$

式中: $n = \sqrt{1 + f}$ 为等效介质的声折射率。

等效均匀介质的参数计算,例如等效质量密度 ρ_{eff} 和等效体积模量 B_{eff},属于匀质化[31,32]这一数学理论范畴,对其的研究已经有了较长的历史了。A- ment[33] 和 Berryman[34] 曾经针对随机复合介质情况给出了 ρ_{eff} 和 f 之间的近似关系式,其中忽略了多散射效应。在 1.2 节中,我们已经介绍了基于平面波展开的计算方法,给出了精确公式 $c_{eff} = \sqrt{B_{eff}/\rho_{eff}}$,其中计入了多散射效应和周期介质的微结构信息。根据这一方法得到的计算结果与实验数据[28]相当吻合,同时也证实了在相当大的填充比 f 的范围内是可以用一个简单模型(式(1.25)即由该模型导得)来进行计算的,参见图 1.4。

另一种匀质化方法是建立在散射理论基础上的,文献[35-37]中采用这种方法对二维声子晶体情况(空气中阵列刚性柱)进行了分析。Mei 等[35] 考虑了无限型周期结构并得到了等效参数,其中忽略了多散射效应。Torrent 等[36] 和 Torrent、Sánchez-Dehesa[37] 考察了有限结构,针对的是圆柱周期阵列,分析中采用了多散射理论。他们的方法可以同时确定出 c_{eff} 和 ρ_{eff}。此外,由于这些参数是在匀质化极限条件下得到的,因而计算结果的合理性条件是更具实际意义的,也就是结构尺寸与波长直接的定量关系。

下面考察由 N 个流体柱组成的结构物,每个柱的半径为 R_a,介质参数为 ρ_a 和 c_a。基体介质也是流体,密度和声速分别是 ρ_b 和 c_b。另外,还假设流体柱所处的点位形成的是六边形晶格。作为等效介质来说,其动力学特性应当与非均匀的结构物是相同的,我们不妨设其半径为 R_{eff},它可以通过这 N 个流体柱所占据的体积百分数来估计,即令其等于无限结构的填充率 f_{hex}。对于这个有限结构物来说 $f = N(R_a/R_{eff})^2$,而对无限的六边形晶格体系来说 $f_{hex} = (2\pi/\sqrt{3})(R_a/R_{eff})^2$。于是,要使 $f = f_{hex}$ 成立就应当满足:

$$R_{eff} = a\sqrt{N\sqrt{3}/(2\pi)} \qquad (1.26)$$

式中: a 为晶格周期。

众所周知,圆柱的 t-矩阵是对角型的,其对角元素为

$$T_q = -\frac{\chi_q J'_q(k_b R_a) - J_q(k_b R_a)}{\chi_q H'_q(k_b R_a) - H_q(k_b R_a)}, \qquad \chi_q = \frac{\rho_a c_a}{\rho_b c_b}\frac{J_q(k_a R_a)}{J'_q(k_a R_a)} \qquad (1.27)$$

该矩阵中包括两种成分,贝塞尔函数和汉克尔函数描述了基体的贡献,而函数 χ_q 则源于散射体。

长波极限下,上述矩阵元素可以展开为波数 $k_b = \omega/c_b$ 的幂级数。当 $k_b R_a \ll 1$ 时,从前两个元素(即 $q = 0, q = 1$),得

$$T_0^a \approx i\frac{\pi R_a^2}{4}\left(\frac{\rho_b c_b^2}{\rho_a c_a^2} - 1\right)k_b^2 \qquad (1.28a)$$

$$T_1^a \approx \mathrm{i}\,\frac{\pi R_a^2}{4}\left(\frac{\rho_a - \rho_b}{\rho_a + \rho_b}\right)k_b^2 \tag{1.28b}$$

由于等效介质也是一个流体圆柱(半径为 R_{eff}),因而其本构参数可以根据 t-矩阵的对角元素导得,即

$$T_0^{\mathrm{eff}} = \mathrm{i}\,\frac{\pi R_{\mathrm{eff}}^2}{4}\left(\frac{\rho_b c_b^2}{\rho_{\mathrm{eff}} c_{\mathrm{eff}}^2} - 1\right)k_b^2 \tag{1.29a}$$

$$T_1^{\mathrm{eff}} = \mathrm{i}\,\frac{\pi R_{\mathrm{eff}}^2}{4}\left(\frac{\rho_{\mathrm{eff}} - \rho_b}{\rho_{\mathrm{eff}} + \rho_b}\right)k_b^2 \tag{1.29b}$$

对于等效体积模量 $B_{\mathrm{eff}} = \rho_{\mathrm{eff}} c_{\mathrm{eff}}^2$,可以根据 $T_0^{\mathrm{eff}} = N T_0^a$ 这一关系得到。于是,利用式(1.28a)很容易得到:

$$\frac{1}{B_{\mathrm{eff}}} = \frac{f}{B_a} + \frac{1-f}{B_b} \tag{1.30}$$

这一结果是与式(1.23)一致。

类似地,等效质量密度也可以根据对角项 T_1 得到,即

$$\frac{\rho_{\mathrm{eff}}}{\rho_b} = \frac{\rho_a(\Delta + f) + \rho_b(\Delta - f)}{\rho_a(\Delta - f) + \rho_b(\Delta + f)} \tag{1.31}$$

其中的 Δ 包括了在圆柱表面所发生的多散射的贡献[36,37]。

当填充率 f 较小时,多散射效应是微弱的,因而 $\Delta \approx 1$。此时式(1.31)可化简为

$$\frac{\rho_{\mathrm{eff}}}{\rho_b} = \frac{\rho_b + \rho_a - f(\rho_b - \rho_a)}{\rho_b + \rho_a + f(\rho_b + \rho_a)} \tag{1.32}$$

在关于 f 的线性近似范畴内,这一结果就是 Ament[33] 和 Berryman[34] 所得到的公式的二维情形,不过他们针对的是球状散射体做随机分布的结构形式。

事实上,式(1.27)和式(1.28)还可以用于计算固体圆柱在空气中阵列的复合介质所对应的等效参数,此时这些圆柱可以视为纯刚性体($B_a, \rho_a = \infty$),于是根据上述两式,得

$$\frac{B_{\mathrm{eff}}}{B_b} = \frac{1}{1-f}, \quad \frac{\rho_{\mathrm{eff}}}{\rho_b} = \frac{\Delta + f}{\Delta - f} \tag{1.33}$$

当 $f \ll 1$ 时,多散射作用较弱(即 $\Delta \approx 1$),那么等效参数仅仅取决于基体介质(空气)的参数和填充率,即

$$\rho_{\mathrm{eff}} = \rho_b\,\frac{1+f}{1-f}, \quad c_{\mathrm{eff}} = \frac{c_b}{\sqrt{1+f}} \tag{1.34}$$

上面这两个简单的关系式是利用散射理论得到的,显然它们与式(1.25)也是一致的。另外,这里的 ρ_{eff} 表达式与 Ament[33] 和 Berryman[34] 的结果也是相同

的,不过他们是基于现象进行分析的,不考虑多散射。Torrent 等[36]已经从实验
角度验证了上述匀质化公式,他们考察的是空气中一个圆形构型的木柱阵列,结
果如图 1.5 所示。实验同时还证实了波长大于 4 个晶格周期条件下($\lambda > 4a$)这
种匀质化的合理性。

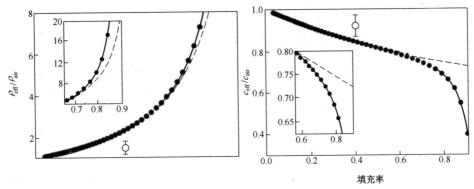

图 1.5　木柱/空气复合结构物的等效参数:散射体为 151 根木柱,基体为空气,总体构型为圆形。
黑圆点标记是根据式(1.31)计算得到的结果,点线是式(1.34)的计算结果。带有误差限标记
的空心圆圈是实验结果[36]。插图突出显示了多散射作用不可忽略的 f 值附近的情形

前面的 Δ 可以由下式给出:

$$\frac{1}{\Delta} = \frac{1}{N} \sum_{\alpha,\beta} (\hat{\boldsymbol{M}}_{\alpha\beta}^{-1})_{11} \tag{1.35}$$

其中的希腊字母下标代表了发生相互作用的散射体柱的位置,矩阵元素包含了
它们的材料参数信息和多散射相互作用。

对于由一簇刚性柱($\rho_a = \infty$)构成的复合结构物来说,利用上述匀质化过程
即可得到 magic 簇[38]。即使散射体数量较少,它也可以表现出均匀的响应特
性,这一点是出乎意料的。换言之,magic 簇的等效参数是等于对应的无限晶格
体系所具有的等效参数的。人们已经考察了六边形晶格构型的 magic 簇(刚性
柱的数量分别是 7、19、37、61 和 85),并观察到了这一特性。这种性质主要源于
六边形晶格的对称性,它使得双散射和三散射作用之间可以产生部分相消[36]。
应当指出的是,magic 簇具有十分重要的意义,对于由一个个散射体构成的人工
结构物而言,它增强了我们对其等效参数的调控可能性。

到目前为止,本节中所得到的结果是针对流体基体中存在流体或刚性柱的
情形。当这些柱是弹性材质的(质量密度 ρ_a,纵波和横波波速分别为 c_l 和 c_t),
直接的推导已经表明[39],在准静态极限条件下,对应的 t-矩阵的第一个对角元
素为

$$T_0^a \approx \mathrm{i}\,\frac{\pi R_a^2}{4}\left(\frac{\rho_b c_b^2}{\rho_a (c_l^2 - c_t^2)} - 1\right) k^2 \tag{1.36}$$

这个元素与具有如下声速的流体柱情况是相似的：

$$c_a = \sqrt{c_l^2 - c_t^2} \qquad (1.37)$$

应当注意的是,式(1.37)仅在长波极限条件下才是合理的。此外,该式将流体柱情况下的结果拓展到了弹性柱情形(基体是流体)以及原胞包括两种类型弹性散射体的声子晶体情形,后者将在下文中进行讨论。

1.3.1　混合晶格的匀质化

下面考察原胞包含两种不同弹性柱的混合情况,它们等效的类流体参数分别记作 ρ_1、B_{a1}、ρ_2、B_{a2},半径分别为 R_1、R_2。假设这些圆柱是以方形晶格形式阵列的,晶格周期为 a,那么匀质化之后得到的介质参数为

$$\begin{cases} \dfrac{1}{B_{\text{eff}}} = \dfrac{1-f}{B_b} + \dfrac{f_1}{B_{a1}} + \dfrac{f_2}{B_{a2}} \\[2mm] \rho_{\text{eff}} = \rho_b \dfrac{1 + f_1\eta_1 + f_2\eta_2}{1 - f_1\eta_1 + f_2\eta_2} \end{cases} \qquad (1.38)$$

式中: $\eta_{1,2} = (\rho_{1,2} - \rho_b)/(\rho_{1,2} + \rho_b)$; $f_{1,2}$ 为各自的填充率; $f = f_1 + f_2$ 为两种圆柱的总的体积百分数。

可以看出,通过合理选择材料搭配以及改变它们的相对填充率,就能人为地制备出一些具有预期参数的声学材料,参见图1.6。另外,近期的研究也已经表明,可以借助这种方式来改变局部区域的声折射率 $n(\boldsymbol{r})$,从而制备出具有梯度折射率的声透镜[40-43]。

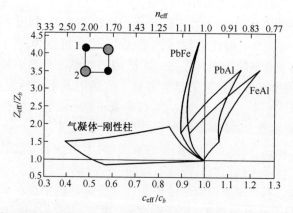

图1.6　具有两种不同固体散射体圆柱的四类声子晶体的等效参数。原胞为方形(见插图)。所有情况中,基体均为空气。通过改变填充率 f_1 和 f_2 可以得到不同参数的等效介质,这些等效参数可以位于彩色线所包围区域内的任何位置。对于由凝胶和刚性柱混合情况,可以得到与空气阻抗完美匹配的等效介质。水平直线对应于 $Z_{\text{eff}} = Z_b = Z_{\text{air}}$,竖直线对应于 $n_{\text{eff}} = 1$

关于二维声子晶体匀质化还有另一个有趣的结果,这是针对散射体具有低于 3 次旋转对称轴的晶格而言的。如果柱状散射体是圆形截面的,那么除了六边形和方形晶格以外的晶格形式都能够产生。在这些晶格中,声波的传播是各向异性的,等效介质的折射率可以用一个椭圆来描述,即,折射率是与传播方向相关的:

$$n_{\text{eff}}(\theta) = \frac{c_b}{c_{\text{eff}}(\theta)} \tag{1.39}$$

这一点也可从式(1.19)导出。这些晶格的等效体积模量是由式(1.29)给出的一个标量,而等效质量密度则是一个张量,该张量的逆为

$$\begin{cases} \boldsymbol{\rho}_{s+}^{-1} = \dfrac{|\boldsymbol{\Delta}|^2 - |\boldsymbol{\Gamma}|^2 - f^2\eta^2}{(\boldsymbol{\Delta} + f\eta)(\boldsymbol{\Delta}^* + f\eta) - |\boldsymbol{\Gamma}|^2} \\[3mm] \boldsymbol{\rho}_{s-}^{-1} = \dfrac{2f\eta|\boldsymbol{\Gamma}|\cos\Phi_{\boldsymbol{\Gamma}}}{(\boldsymbol{\Delta} + f\eta)(\boldsymbol{\Delta}^* + f\eta) - |\boldsymbol{\Gamma}|^2} \\[3mm] \boldsymbol{\rho}_{a+}^{-1} = \dfrac{2f\eta|\boldsymbol{\Gamma}|\sin\Phi_{\boldsymbol{\Gamma}}}{(\boldsymbol{\Delta} + f\eta)(\boldsymbol{\Delta}^* + f\eta) - |\boldsymbol{\Gamma}|^2} \end{cases} \tag{1.40}$$

在笛卡儿坐标系中,分量可以写为

$$\begin{cases} \boldsymbol{\rho}_{xx}^{-1} = \boldsymbol{\rho}_{s+}^{-1} + \boldsymbol{\rho}_{s-}^{-1} \\[2mm] \boldsymbol{\rho}_{yy}^{-1} = \boldsymbol{\rho}_{s+}^{-1} - \boldsymbol{\rho}_{s-}^{-1} \\[2mm] \boldsymbol{\rho}_{yx}^{-1} = \boldsymbol{\rho}_{xy}^{-1} = \boldsymbol{\rho}_{a+}^{-1} \end{cases} \tag{1.41}$$

上述关系式的完整推导过程及相关参数的物理含义可参阅文献[39]。应当注意的是,等效密度主要依赖于晶格结构、填充率以及散射体和基体之间的密度比。对于较高填充率情况,散射体圆柱的弹性特征将出现在等效密度之中,t-矩阵的高阶部分将同时体现在因子 $\boldsymbol{\Delta}$ 和 $\boldsymbol{\Gamma}$ 中[39]。

矩形晶格形式的类流体人工结构物也已制备出来,人们也从实验中观测到了 $0.5 \sim 3\text{kHz}$ 内声波传播的各向异性[44]。利用式(1.19),可以很精确地计算出动态质量矩阵 $\boldsymbol{\rho}_{ik}$ 的各个元素[45],所得到的结果与文献[44]给出的实验值相当吻合。

由于自然界中不存在密度各向异性的流体介质,这些行为特性可用具有各向异性动质量密度的类流体材料来刻画的人工结构就可以视为一种超材料介质。近年来人们已经提出了多种有趣的结构形式,利用它们实现了一些具有密度各向异性的等效介质(超流体),例如具有放大效应的超透镜[46]、声斗篷[47]和径向声子晶体[48]。在这些实例中,各向异性起到了最主要的作用,它决定了这些装置所能实现的功能。

1.3.2　带局域共振的介质的匀质化

本节考虑这样一类晶格结构,散射体是"软"介质而基体是"硬"介质,或者说 $c_a \ll c_b$。这种情况下,往往能够观察到一些局域共振效应,即便基体中的波长远大于晶格周期长度。为此,如果假设式(1.27)中的贝塞尔和汉克尔函数的宗量是小的,即 $k_b R_a \ll 1$,那么就可以利用这些函数的渐近展开来得到 t-矩阵的单极和偶极成分:

$$T_0^a \approx \mathrm{i}\, \frac{\pi R_a^2 k_b^2}{4}\, \frac{2 + k_b R_a \chi_0}{k_b^2 R_a^2 \ln k_b R_a - k_b R_a \chi_0} \tag{1.42a}$$

$$T_1^a \approx \mathrm{i}\, \frac{\pi R_a^2 k_b^2}{4}\, \frac{\chi_1 k_b R_a - \chi_b}{\chi_1 k_b R_a + \chi_b} \tag{1.42b}$$

对于带有局域共振效应的介质来说,上式中的对数项是不可忽略的。不过,如果散射体和基体中的波长在相同的阶上,即 $k_a \sim k_b$,那么对数项是可以忽略不计的,前面几节正是这种情形。

根据式(1.28)给出的 t-矩阵元素,可以得到匀质化的等效介质。比较式(1.28a)、式(1.28b)和式(1.42a)、式(1.42b)不难导出频率依赖的体积模量和质量密度:

$$\frac{B_a(\omega)}{B_b} = \frac{k_b^2 R_a^2}{2}\ln k_b R_a - \frac{k_a R_a}{2}\, \frac{J_0(k_a R_a)}{J_1(k_a R_a)}\, \frac{B_a}{B_b} \tag{1.43a}$$

$$\frac{\rho_a(\omega)}{\rho_b} = \frac{1}{k_a R_a}\, \frac{J_1(k_a R_a)}{J_1'(k_a R_a)}\, \frac{\rho_a}{\rho_b} \tag{1.43b}$$

式中: $k_a = \omega \sqrt{\dfrac{\rho_a}{B_a}}$。应当注意,当 $k_a \to 0$ 时将得到静态参数。

在长波极限条件下($k_b R_a \ll 1$),式(1.43)中的等效参数可以变成负值,而并不要求 $k_a R_a$ 也是一个小量。能够展现出这种动力学特性的结构物一般称为声学超材料。近期的文献[49]已经针对软圆柱周期置入硬基体的情况给出了匀质化一般理论。文献[20]也针对包含软和硬组分的一维弹性晶格考察了类似的问题,同样发现了这种超材料行为特性。总体而言,在任何维度的声子晶体中,散射体的复杂性是导致此类超材料行为的直接原因。

致谢

JSD 在此要向 D. Torrent 表示感谢,在与他的交流讨论中受益匪浅。同时还要感谢 ONE(美国)的资助(N00014-12-1-0216)、MINECO(西班牙)的资助(#TEC2010-19751,#CSD2008-66)。另外,A. Krokhin 也向 DOE 的资助(#DEFG02-

06ER46312) 表示感谢。

参 考 文 献

［1］ E. Yablonovitch,Inhibited spontaneous emission in solid-state physics and electronics. Phys.Rev. Lett.**58**, 2059-2062 (1987)

［2］ S. John,Strong localization of photons in certain disordered dielectric superlattices. Phys. Rev.Lett.**58**,2486- 2489 (1987)

［3］ E. Yablonovitch,T.G. Gmitter,K.M. Leung,Photonic band structure: the face-centered-cubic case employing nonspherical atoms. Phys. Rev. Lett. **67**,2295-2298 (1991)

［4］ M. Sigalas,E.N. Economou,Band structure of elastic waves in two dimensional systems. Solid State Commun. **86**,141-143 (1993)

［5］ M.S. Kushwaha,P. Halevi,L. Dobrzynski,B. Djafari-Rouhani,Acoustic band structure of periodic elastic composites. Phys. Rev. Lett. **71**,2022-2025 (1993)

［6］ R. Martínez-Sala,J. Sancho,J.V. Sánchez,V. Gómez,J. Llinarez,F. Meseguer,Sound attenuation by sculpture. Nature **378**,241 (1995)

［7］ M.S. Kushwaha,Stop-bands for periodic metallic rods: sculptures that can filter the noise. Appl. Phys. Lett. **70**,3218-3220 (1997)

［8］ M.F. de Espinosa, E. Jiménez, M. Torres, Ultrasonic band gap in a periodic two-dimensional composite. Phys. Rev. Lett. **80**,1208 (1998)

［9］ J.V. Sánchez-Pérez, D. Caballero, R. Mártinez-Sala, C. Rubio, J. Sánchez-Dehesa, F. Meseguer, J. Llinares,F. Gálvez,Sound attenuation by a two-dimensional array of rigid cylinders. Phys. Rev. Lett. **80**, 5325-5328 (1998)

［10］ M.S. Kushwaha,Classical band structure of periodic elastic composites. Int. J. Mod. Phys. B**10**,977-1094 (1996)

［11］ R.H. Olsson III,I. El-Kady,Microfabricated phononic crystal devices and applications. MeasSci Technol. **20**,012002-012015 (2009)

［12］ L.D. Landau,E.M. Lifshitz,A.M. Kosevich,L.P. Pitaevskii,*Theory of Elasticity*(PergamonPress,Oxford, 1986)

［13］ C.G. Poulton, A.B. Movchan, R.C. McPhedran, N.A. Nocorovici, Y.A. Antipov, Eigenvalue problems for doubly periodic structures and phononic band gaps. Proc. R. Soc. A **457**,2561-2568 (2000)

［14］ J.O. Vasseur,P.A. Deymier, B. Chenni, B. Djafari-Rouhani, L. Dobrzynski, D. Prevost,Experimental and theoretical evidence for the existence of absolute acoustic band gaps in two dimensional solid phononic crystals. Phys. Rev. Lett. **86**,3012-3015 (2001)

［15］ S.M. Rytov,Acoustic properties of a thinly laminated medium. Sov. Phys. Acoust. **2**,68 (1956)

［16］ S. Nemat-Nasser, M. Yamada, Harmonic waves in layered transversely isotropic composites. J. Sound Vibrat. **79**,161 (1981)

［17］ R.E. Camley,B. Djafari-Rouhani,L. Dobrzynski,A.A. Maradudin,Transverse elastic waves in periodically layered infinite and semi-infinite media. Phys. Rev. B **27**,7329 (1983)

［18］ D. Djafari-Rouhani,L. Dobrzynski,Simple excitations in N-layered superlattices. Solid State Commun.**62**, 609 (1987)

[19] M. Grimsditch, Effective elastic constants of superlattices. Phys. Rev. B **31**,6818 (1985)

[20] S. Nemat-Nasser, J.R. Willis, A. Srivastava, A.V. Amirkhizi, Homogenization of periodic composites and locally resonant sonic materials. Phys. Rev. B 83,104103 (2011)

[21] A.A. Krokhin, J. Arriaga, L.N. Gumen, Speed of sound in periodic elastic composites. Phys.Rev. Lett. 91, 264302 (2003)

[22] Q. Ni, J. Cheng, Anisotropy of effective velocity for elastic wave propagation in two dimensional phononic crystals at low frequencies. Phys. Rev. B 72,014305 (2005)

[23] A.W.Wood, *Textbook of Sound* (Macmillan, New York, 1941)

[24] M. Kafesaki, R.S. Penciu, E.N. Economou, Air bubbles in water: a strongly multiple scattering medium for acoustic waves. Phys. Rev. Lett. **84**,6050 (2000)

[25] M. Kafesaki, E.N. Economou, Multiple-scattering theory for three-dimensional periodic acoustic composites. Phys. Rev. B **60**,11993 (1999)

[26] A.A. Ruffa, Acoustic wave propagation through periodic bubbly liquids. J. Acoust. Soc. Am.**91**,1 (1992)

[27] D. Bai, J.B. Keller, Sound waves in a periodic medium containing rigid spheres. J. Acoust.Soc.Am.**82**,1436 (1987)

[28] F. Cervera, L. Sanchis, J.V. Sánchez-Pérez, R.Martínez-Sala, C. Rubio, F.Meseguer, C. López, D. Caballero, J. Sánchez-Dehesa, Refractive acoustic devices for airborne sound. Phys. Rev.Lett.**88**,023902 (2002)

[29] B.C. Gupta, Z. Ye, Theoretical analysis of the focusing of acoustic waves by two-dimensional sonic crystals. Phys. Rev. E **67**,036603 (2003)

[30] E. Meyer, E.G. Neumann, *Physical and Applied Acoustics* (Academic Press, New York, 1972)

[31] A. Bensoussan, J.-L. Lions, G. Papanicolau, *Asymptotic Analysis for Periodic Structures* (North-Holland, Amsterdam, 1978)

[32] N.S. Bakhvalov, G.P. Panasenko, Homogenization. *Averaging Process in Periodic Media Mathematical Problems in the Mechanics of Composite Materials* (Kluwer, New York, 1989)

[33] W.S. Ament, Sound propagation in gross mixtures. J. Acoust. Soc. Am.**25**,638-641 (1953)

[34] J.G. Berryman, Long-wavelength propagation in composite elastic media I. Spherical inclusions. J. Acoust. Soc. Am. 68,1809-1819 (1980)

[35] J. Mei, Z. Liu, W. Wen, P. Sheng, Effective mass density of fluid-solid composites. Phys. Rev.Lett.**96**, 024301 (2006)

[36] D. Torrent, A. Hakansson, F. Cervera, J. Sánchez-Dehesa, Homogenization of two-dimensional clusters of rigid rods in air. Phys. Rev. Lett. 96,204302 (2006)

[37] D. Torrent, J. Sánchez-Dehesa, Effective parameters of clusters of cylinders embedded in a non-viscous fluid or gas. Phys. Rev. B 74,224305 (2006)

[38] D. Torrent, J. Sánchez-Dehesa, F. Cervera, Evidence of two-dimensional magic clusters in the scattering of sound. Phys. Rev. B (RC)75,241404 (2006)

[39] D. Torrent, J. Sánchez-Dehesa, Anisotropic mass density by two-dimensional acoustic metamaterials. New J. Phys. **10**,023004 (2008)

[40] D. Torrent, J. Sánchez-Dehesa, Acoustic metamaterial for new two-dimensional sonic devices. New J. Phys. **9**,323 (2007)

[41] A. Climente, D. Torrent, J. Sánchez-Dehesa, Sound focusing by gradient index sonic lenses. Appl. Phys. Lett. **97**,104103 (2010)

[42] T.P. Martin, M. Nicholas, G. Orris, L.W.Cai, D. Torrent, J. Sánchez-Dehesa, Sonic gradient index lens for a queous applications. Appl. Phys. Lett. **97**, 113503 (2010)

[43] L. Zigoneanu, B.-I.Popa, S.A. Cummer, Design and measurements of a broadband two dimensional acoustic lens. Phys. Rev. B **84**, 024305 (2011)

[44] L. Zigoneanu, B.-I.Popa, A.F. Starr, S.A. Cummer, Design and measurements of a broadband two-dimensional acoustic metamaterial with anisotropic effective mass density. J. Appl. Phys.**109**, 054906 (2011)

[45] L.N. Gumen, J. Arriaga, A.A. Krokhin, Metafluid with anisotropic dynamic mass. Low Temp.Phys.**37**, 1221-1224 (2011)

[46] J. Li, L. Fok, X. Yin, G. Bartal, X. Zhang, Experimental demonstration of an acoustic magnifying hyperlens. Nat. Mater. **8**, 931-934 (2009)

[47] S.A. Cummer, D. Schurig, One path to acoustic cloaking. New J. Phys.**9**, 45 (2007)

[48] D. Torrent, J. Sánchez-Dehesa, Radial wave crystals: Radially periodic structures from metamaterials for engineering acoustic or electromagnetic waves. Phys. Rev. Lett. **103**, 064301(2009).

[49] D. Torrent, J. Sánchez-Dehesa, Multiple scatteringformulation of two-dimensional acoustic and electromagnetic metamaterials. New J. Phys. **13**, 093018 (2011)

第2章 声子晶体的基本特性

Yan Pennec，Bahram Djafari-Rouhani

2.1 声子晶体概念及其能带结构

声波和弹性波的调控是一个基本问题,具有很多潜在的应用,特别是在信息与通信技术领域。例如:在波长尺度上,在信号处理、先进的纳米传感器、声光集成器件等方面,往往需要对此类波的传输进行限制、导向和过滤;在亚波长尺度上(一般利用声学超材料),往往需要实现有效的宽频隔离以及成像和超高分辨率等。

声子晶体是人工制备的材料,一般由散射体在基体中做周期分布而得到。通过设计它们的能带结构,人们就可以实现前述的调控目的。基体中散射体的弹性性质、形状以及分布形式都能够显著地改变声波/弹性波在声子晶体中的传播行为,因此通过选择合适的材料组分、晶格形式和散射体拓扑,就能够人为地设计能带结构与色散曲线。

类似于其他的周期结构,声波在声子晶体中的传播也是由布洛赫定理[1]或者说弗洛凯定理所刻画的。根据这一定理,可以导出相应的布里渊区内的能带结构。布里渊区由结构的周期性决定,这些周期性可以是一维、二维或三维的。分层周期材料或超晶格可以视为一维声子晶体,声波在这些结构中的传播已经得到了广泛的研究[2],最早可以追述到 Rytov 的早期工作[3]。不过,声子晶体这一概念只是 20 年前才提出的,主要涉及的是二维[4-6]和三维[7]周期介质,关心的是绝对带隙[8-10]。带隙现象可以在色散曲线中体现出来,波在带隙内是无法有效传播的。这些带隙可能是依赖于波矢方向的,也就是说只出现在特定的一些方向上。当然,它们也可能覆盖整个二维或三维布里渊区,那么任何偏振形式和任何入射角的弹性波都将无法通过。显然,这样的结构就仿佛一个理想的镜子,入射波会被完全反射回去。

声子晶体这一概念是在光子晶体[11,12]提出若干年之后才出现的,后者主要针对电磁波的传播。带隙的存在性在固态物理领域中也早已为人所熟知,主要涉及晶体材料的电子能带问题。例如,半导体的性质如电子、导电和光学性质,主要就是由带隙主导的,这些带隙能够将价带和导带分隔开来。通过在半导体中引入缺陷,人们还可以显著改变和调控这些半导体特性,其机理在于带隙内出现了新的电子态(所谓的局域模式,它们与缺陷相关联,在远离缺陷位置处这些模式的波函数是衰减的)。类似地,在声子晶体或光子晶体中引入缺陷,如波导和空腔,也可以为很多潜在的应用提供可能性,如波长尺度上的声波导向、过滤和多路复用等[10],从而为设计制备先进的传感器与声光仪器奠定基础。

声子晶体领域的发展与光子晶体的研究是平行的,不过声子晶体的内容要丰富得多,例如在材料方面,不同组分(固体或流体)之间可以具有很强的弹性差异和更大的声吸收能力。由于其能带结构可以很容易地根据结构维度进行拓展(线弹性理论范畴内),人们已经考察了大量宏观声子晶体结构,涵盖了声波(kHz)和超声波(MHz),并构造了一些简洁的模型对带隙概念与波调控问题(如波导向、受限传播以及传播路径的弯曲等)进行了分析验证。目前,人们仍然在寻求新的声子晶体结构和材料,以期更好地调控能带结构,此外,亚微米尺度的声子晶体的制备也在研究之中,它们可以工作在特超声频段(GHz)。

带隙的发生机理一般是建立在散射波的相消干涉这一基础上的,因而要求散射体材料与基体材料之间应具有较高的弹性差异。对于周期结构来说,这也称作布拉格机理,并且第一带隙一般出现在频率 c/a 处,c 是基体中的波速,a 是结构周期。不过,如果波在基体中的传播过程中受到散射体共振导致的强散射作用的话,那么就可以获得一种混合带隙,它来源于基体中的行波与散射体局域模式的耦合效应[13,14]。这种带隙对周期性是不大敏感的,甚至在结构存在一定程度失谐时也可以发生[15,16]。对于常见材料来说,这两种类型的带隙可能在同一频率范围内出现,因为散射体的局域共振模式所发生的频率是与 c/d 同阶的,这里的 d 是散射体的特征尺寸如直径。显然,由于两种效应的组合,这种情况下的实际带隙往往要更宽。另外值得提及的是局域共振声子晶体(LRSM)这一概念,这是 Ping Sheng 等[17]提出的,后来进一步拓展到了声学超材料领域。他们所给出的结构中的散射体是用非常软的橡胶包覆了一个硬核,因而在非常低的频率范围内产生了共振带隙,其频率要比布拉格带隙低 2 个数量级。显然,这种结构能够实现小尺寸控制大波长这一目的,例如为了隔离千赫的声波只需若干厘米厚度的结构。

在声子晶体中可以通过移除或改变一个或多个散射体来引入点(线)缺陷[18],从而形成空腔或波导[19]。根据这些缺陷处的几何和材料的不同,此类结构物可以在原有带隙中产生新的传播模式,它们对应于局域化的波动模式或凋落波模式,远离缺陷位置时其位移场是不断衰减的[20-22]。因此,这类结构可以用于声波的约束或导向[23,24]。另外,波导和空腔之间的耦合效应也为滤波装置的设计提供了思路[25,26,10]。

在本章中将介绍不同类型声子晶体(由固体或流体组分构成)的色散曲线

及带隙情况。为了简单起见,这里只考虑二维情况,是由无限长的杆件周期置入基体介质中形成的声子晶体。随后,将评介与一些简单缺陷相关的局域模式及其在滤波和多路复用中的应用。最后,还将简要地对声子晶体领域的进一步发展做一总结。

2.2　二维声子晶体的色散曲线和带隙

2.2.1　带隙的形成:布拉格机理和局域共振机理

绝对带隙可以是布拉格类型的,一般在与c/a同阶的角频率ω范围内出现,这里的c是结构基体的声速而a是晶格周期。人们已经从理论上预测了绝对带隙的存在性[4-8],然后在多种声子晶体中进行了实验验证,这些声子晶体可以是固体组分的[27,28],也可以是固体和流体组分组合形式的[29]。研究表明,这些带隙存在与否及其带宽主要依赖于组分材料(固体或流体)的特性、散射体与基体间的物理特性差异(密度和弹性常数)、散射体的阵列形式、散射体几何以及填充率。

绝对带隙也可以是局域共振型的,一般发生在布拉格带隙频率以下,甚至可以比布拉格散射频率低一两个数量级,而不必增大原胞尺寸。在 LRSM 中就可以生成这种带隙,它们的基本单元在特定频率处一般具有局域共振模式[17,30]。在采用这种基本单元构造而成的声子晶体中,共振模式将使得在相应的本征频率处诱发平直能带或共振带隙。由于这些局域共振模式主要依赖于单个散射体单胞的自身特性,因此可以通过合理选择散射体的性质(如弹性或几何)来调节这些模式的频率位置。LRSM 在很多方面都有潜在的应用前景,特别是在隔声领域、高精密机械设备的振动抑制、负折射声学超材料以及声学斗篷等方面。

2.2.2　几何和物理参数对带隙特性的影响

声子晶体是由散射体在基体中周期阵列形成的非均质弹性复合介质,它的一个主要特性就是能够在其透射谱中展现出带隙,从而抑制波的传播。可以根据散射体和基体的物理特性将声子晶体区分为 3 类,分别是固-固、流-流和固-流型。要想获得较宽的声学带隙,一般需要保证两个条件:一是基体和散射体之间应有较大的物理特性差异,如密度和声速的显著失配;二是单胞中的散射体应具有足够大的填充率。人们已经注意到,带隙的频率范围一般跟复合介质的等效声速与晶格周期之比值密切相关。在二维固-固型声子晶体中,振动模式可以解耦为两个部分,面内模式和面外模式。对于面内模式的传播,弹性位移场是垂直于散射体圆柱轴线的,而对于面外模式则是平行于轴线的。在流-流型声子晶体中,只存在纵波模式。在混合型声子晶体中,一般存在着复杂的振动模式,包括流体组分中的纵波模式和固体组分中的纵波与横波模式。在这一节中,我们将给出这 3 类声子晶体的一些实例,考察它们的结构组成与相关性质,计算中主要采用了诸如平面波展开(PWE)和时域有限差分(FDTD)等广泛用于光子晶体研究领域的方法,另外也包括有限元方法(FEM)。

2.2.3　固-固型声子晶体

在 Sigalas 和 Economou[4,7,31] 以及 Kushwaha 等[5,6]的一些工作中,二维固-固型复合介质的能带结构已经得到了研究。这些研究者证实了第一不可约布里渊区中绝对声子带隙的存在性。结构和材料组分参数对带隙的影响也得到了较为详尽的考察[6,8,27]。下面以两种常见材料——硅和树脂——为例,具体分析由此构成的声子晶体的能带结构以及绝对带隙的存在性。硅可以视为一种立方晶格材料,具有一个平行于传播方向的晶轴([001]),而树脂则可视为各向同性材料。这两种材料的物理参数如表 2.1 所列,显然二者的密度和弹性常数都存在着显著差异,硅要比树脂"硬"得多,这一点也刚好满足了前面提到的为产生绝对带隙所需的第一个条件。

表 2.1　硅和树脂的质量密度 ρ 以及弹性常数 C_{11}、C_{44}、C_{12}

$$\left(c_l = \sqrt{\frac{C_{11}}{\rho}}, c_t = \sqrt{\frac{C_{44}}{\rho}}\ \text{分别为纵波波速与横波波速}\right)$$

材料	$\rho/(\mathrm{kg/m^3})$	C_{11} ($10^{11}\mathrm{dyn}^{①}/\mathrm{cm}^2$)	C_{44} ($10^{11}\mathrm{dyn/cm}^2$)	C_{12} ($10^{11}\mathrm{dyn/cm}^2$)	$c_l/(\mathrm{m/s})$	$c_t/(\mathrm{m/s})$
硅	2331	16.57	7.962	6.39	8430	5844
树脂	1180	0.761	0.159	0.443	2540	1161
①1dyn = 10^{-5}N						

本节将主要考察 3 种不同的晶格形式,即方形、六边形和蜂窝形。它们的二维横截面如图 2.1 所示,其中 a 表示晶格参数,同时还给出了相应的布里渊区,(Γ, X, M) 或 (Γ, J, X) 代表了方形晶格或六边形、蜂窝形晶格的第一不可约布里渊区的高对称点。

首先观察软基体中阵列硬散射体这一情形,即硅柱在树脂基体中做周期阵列。对于方形晶格这一布置形式,该复合介质的色散曲线如图 2.2(a)所示,这里的填充率 $\beta = 0.68$。在图中所示的频率范围内,对于面内和面外模式来说存在着两个完全带隙。事实上,这里所选择的填充率 $\beta = 0.68$ 对应的完全带隙的宽度几乎达到最大值。

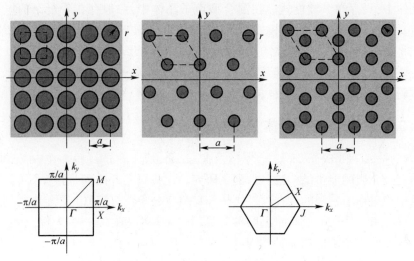

图 2.1　方形、六边形和蜂窝形二维晶格的横截面及其对应的布里渊区

（虚线表示单胞，晶格参数为 a，散射体半径为 r）

图 2.2(b)所示为带隙宽度(白色区域)随填充率的变化情况。第一个完全带隙是最大的，它可以在一个很大的填充率范围内(大于 0.2)形成。应当注意的是，带隙宽度的最大值出现在非常高的填充率条件下，即 $\beta = 0.74$ 时为 $\dfrac{\Delta(fa)}{(fa)_{max}} = 28\%$。第二个带隙较窄，在 $\beta > 0.55$ 时出现。这两个带隙的中心频率都是随着填充率的增加而增大的。

图 2.2(c)中给出了六边形晶格条件下的带隙变化情况，可以看出这里存在 3 个带隙。最大的带隙发生在 $\beta > 0.36$，并且在 $\beta = 0.80$ 附近达到最大宽度，$\dfrac{\Delta(fa)}{(fa)_{max}} = 37\%$。

对于蜂窝形晶格，如图 2.2(d)所示，可以看出存在一个很大的完全带隙，它发生在更高的频率，对应的填充率范围是 $0.24 < \beta < 0.44$。在这种晶格形式中，最大带隙宽度($\dfrac{\Delta(fa)}{(fa)_{max}} = 8\%$，对应于 $\beta = 0.34$)要远小于前面两种晶格情况。对比上述结果可以得出一个结论，即对于软基体中阵列硬散射体的情况，六边形和方形晶格形式能够产生更宽的带隙，并且六边形晶格条件下可以允许更低的填充率。

值得指出的是，带隙还会受到散射体形状的影响。例如，人们已经发现，当散射体截面从圆形改为方形时，带隙的位置和宽度都会发生改变[8]。不仅如此，如果将方柱转动一个角度，那么带隙也会做相应变化。

反过来，如果是硬基体中阵列软散射体的话，即硅基体中周期布置树脂柱，那么在方形和六边形晶格条件下,绝对带隙仅出现在非常高的填充率情况下,从制备角度而言这就不是很有利了。对于蜂窝形晶格(图 2.3),可以发现当填充率超过 $\beta = 0.34$ 时才会出现绝对带隙,这个带隙宽度随着填充率的增加而显著增大,并在 $\beta = 0.60$ 时达到最大值 $\dfrac{\Delta(fa)}{(fa)_{\max}} = 78\%$。

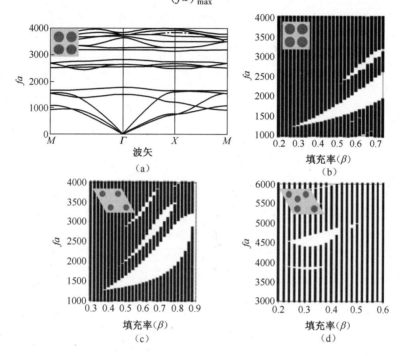

图 2.2　声子晶体的带隙存在性:树脂基体中阵列硅柱

(a)方形晶格条件下的色散曲线,$\beta = 0.68$;(b)~(d)分别表示了方形晶格、六边形晶格和蜂窝形晶格 3 种不同条件下的带隙随填充率的变化情况。

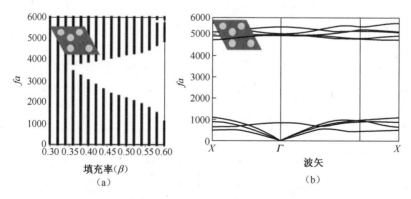

图 2.3　(a)为蜂窝形晶格(硅基体中阵列树脂柱)的带隙图和

(b)$\beta = 0.60$ 时的色散曲线

2.2.4 固-流型声子晶体

下面考察混合型声子晶体,也就是固-流型周期结构。一般而言,在这种声子晶体中,两种材料组分之间存在着很明显的物理参数差异,特别是当流体为气体时。在此类复合介质中,振动模式更为复杂,这是因为流体介质仅支持纵波模式而固体介质却可以同时具有纵波和横波模式。由于这一特点,因而 PWE 方法往往不能用于准确计算混合型声子晶体的能带结构。不过,这一缺点也是可以克服的,只需假设固体散射体是刚性的[32,33],这一假设非常适合于固体散射体在空气中阵列的波动分析。另外,还可以采用 FDTD 方法[34]计算能带结构,此时固体和流体的实际特性就可以纳入计算过程之中[28,35]。在混合型声子晶体中,流体既可以是高浓度液体[28,36,37],也可以是气体介质[38-40]。下面介绍两个案例,一个是固体散射体在液体中阵列的情形,另一个则相反,液体作为散射体在固体中阵列。

首先考察钢柱在水介质中做周期布置而成的声子晶体,两种介质的密度和弹性常数如表 2.2 所列,我们主要分析面内模式。

表 2.2 钢与水的质量密度 ρ 和声速

材料	$\rho/(\mathrm{kg/m^3})$	$c_l/(\mathrm{m/s})$	$c_t/(\mathrm{m/s})$
钢	7780	5825	3227
水	1000	1490	

图 2.4(a)中的左图示出了不可约布里渊区中 ΓX 方向上的能带结构,计算是针对方形阵列进行的,且 $r/a=0.38$。利用 FDTD 方法计算得到的透射系数如图 2.4(a)的右图所示。计算中使用的入射波是一个纵波脉冲,在 X 方向上是均匀的,而在 Y 方向上为高斯分布。通过在波导的横截面上对透射信号(时间函

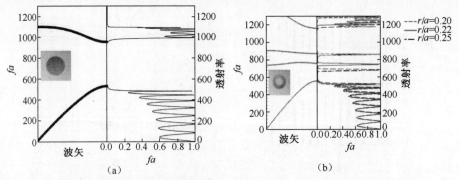

(a)　　　　　　　　　　　　(b)

图 2.4 (a)为色散曲线(左图)和透射曲线(右图):半径为 $r/a=0.45$ 的钢柱在水中阵列
以及(b)中的左图为(内半径 $r_i/a=0.22$)中空圆柱内注水时的色散曲线,右图
为内半径变化时的透射曲线

数)进行记录,然后借助傅里叶变换即可得到透射谱(透射系数—频率),最后相对于无声子晶体条件下的输出信号对透射谱进行了归一化处理。可以看出,在 ΓX 方向上存在一个很大的带隙,其范围是从 500m/s 到约 1000m/s。

我们进一步计算了中空钢柱中填充水介质的情况[22,41],所选择的内半径 $r_i/a = 0.22$,而外半径与前面相同,即 $r/a = 0.38$。可以看出,这种情况下的带隙会变得更宽,其截止频率会变得更大。然而,在透射谱中我们发现的最突出的特征是在带隙中出现了一个窄小的通带,大约位于 $fa = 780$m/s 附近。当内半径从 0.2 增大到 0.25 时,这个通带位置将逐渐降低。

当内半径 $r_i/a = 0.22$ 时,色散曲线表明了在带隙内存在两条平直带。较低的一条位于 $fa = 780$m/s,这与透射谱中观测到的窄通带是相当吻合的。较高的一条出现在 900m/s,它对透射没有贡献。由于对称性的存在,这一能带是不会被激发的,因而人们称为"聋带"[42]。与上述这些振动模式相关的本征矢量的详尽分析可以参阅文献[43]。我们也曾经指出过这些几乎平直的透射分支实际上并不对应于局域在注水腔中的模式,而是具有非常低的群速度的传播模式。

下面考虑水柱在硅基体中阵列构成的二维声子晶体情形,相关结果也可以拓展到水柱填充有液态聚合物的情况[44]。作为参考,我们给出了硅基体中带有空气柱($r/a = 0.18$)阵列时的透射曲线,如图 2.5(a)所示。可以看出,在 3000m/s 以下存在一个很宽的通带,而在 3000~4200m/s 之间是一个带隙。

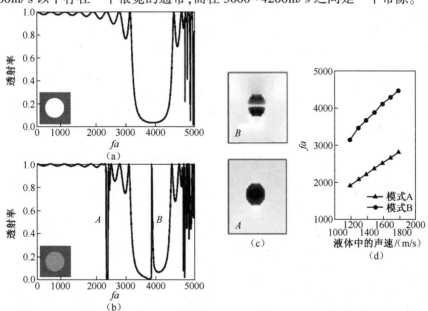

图 2.5　二维方形晶格形式的声子晶体(硅基体中带有周期孔阵列,孔的半径为 $r/a = 0.18$)的透射曲线
(a)孔中为空气;(b)孔中填充水介质;(c)谷点 A 和峰点 B 处的位移场分布;
(d)共振模式 A 和 B 的频率与孔中液体声速的依赖关系。

当孔中填充水介质时,如图 2.5(b)所示,透射曲线展现出了两个新特征,即透射谷值点 A 和带隙中的峰值点 B。为了更深入地理解,图 2.5(c)给出了它们对应的位移场分布情况。可以发现,在谷点 A 和峰点 B,位移场是高度集中于水柱中的。由于水和硅在声速与阻抗上存在巨大差异,因此这两个模式可以理解为几乎刚性的材料内存在孔时的空腔共振情况。于是,它们的频率将非常接近于方程 $J'_m(\omega r/c_{\text{liq}})=0$ 的解,这里的 J'_m 是 m 阶贝塞尔函数的导数,ω 是频率,r 为圆柱半径而 c_{liq} 是水中声速。在图 2.5(b)所示的透射曲线中不难发现,只要空腔共振频率落在通带或带隙中,那么它们就会分别导致透射谷或透射峰现象。当改变孔中液体的声速 c_{liq} 时,A 和 B 点的变化情况如图 2.5(d)所示。显然,增大这个声速会使得共振模式频率也随之增大,这两个特征点的相对频移量也是同阶的,例如当声速相对改变量为 $\Delta c_{\text{liq}}/c_{\text{liq}}=24\%$ 时,它们的变动量约为 $\Delta(fa)/(fa)=20\%$。

混合型结构为测量生化液体的声速[45,46]提供了一条新思路。为构造一个声子传感器,待测的主要特征就必须具有较高的品质因数,还必须对液体声速非常敏感。此外,不同频率处的结果之间应当尽可能地互不影响,从而保证足够宽的工作频率范围。

2.2.5　流–流型声子晶体

下面考察由两种不同流体构成的声子晶体,一个比较有意思的案例就是空气柱(二维)或空气泡(三维)分布在水基体中的情况。由于布拉格散射和共振散射的叠加,无论是何种晶格形式[47-49],这些结构物都会展现出极宽的带隙。图 2.6(a)所示为水中带有方形阵列的空气柱这一声子晶体的透射系数,填充率为 $\beta=20\%$,晶格周期为 $a=20\text{mm}$(目的是为了获得声频范围内的带隙)。可以看出,在 $0.5\sim20\text{kHz}$ 范围内存在一个大的带隙,此后将出现一个高耸的透射峰。显然,这一结构可以在很大的频率范围内隔离声波的传输,而晶格周期可以远小于空气中的声波波长。0.5kHz 以下的少数透射峰主要来自于最低阶色散曲线,而 20kHz 处的峰值点 A 对应了一个局域在空气柱中的振动模式(空气柱的共振)。应当指出,这里的局域模式之所以发生,主要原因在于空气和水介质之间存在着密度和体积模量上的巨大差异。

下面进一步考察一个更为实际的结构,即水中阵列充满空气的聚合物薄壁管。计算得到的不同壁厚条件下的透射系数如图 2.6(b)、(c)所示。两种材料的密度和弹性常数如表 2.3 所列。在文献[34,17]中,聚合物的声速假设为非常低的,就纵波波速而言就显得不切实际,与此不同的是,这里我们选择了文献[50]中给出的更为实际的数值,其纵波波速选定为 1000m/s,横波波速为 20m/ s。尽管如此,应当注意的是,主要取决于聚合物横波波速的相关分析结果仍然

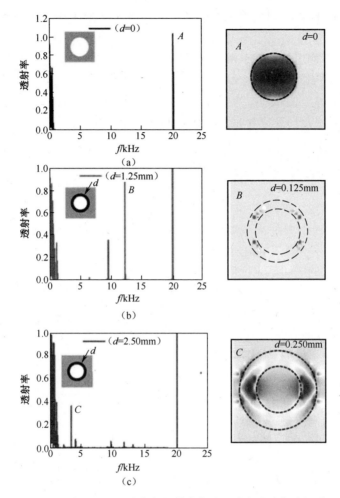

图 2.6　3 种不同大小的聚合物厚度条件下对应的透射系数谱

(a) $d=0$；(b) $d=1.25$mm；(c) $d=2.50$mm。

晶格周期 $a=20$mm，管的内半径(空气柱的半径)为 5mm。靠近透射曲线图
的位移场分布图对应于该情况下的透射峰(A、B、C)。

是跟文献[34]非常相似的。

表 2.3　空气和聚合物的质量密度与声速[50]

材料	$\rho/(\text{kg/m}^3)$	$c_l/(\text{m/s})$	$c_t/(\text{m/s})$
软的聚合物	995	1000	20
空气	1000	340	—

在图 2.6(b)、(c)中，聚合物管的壁厚分别为 1.25mm 和 2.50mm，而空气柱
的半径保持为 $r=5$mm。可以看出，仍然存在一个很宽的低频带隙，不过现在是

从 1.2kHz 开始的。另外,尽管 20kHz 处的峰仍然存在,但是出现了一些新的透射峰,如 B 点和 C 点,根据图中所示的位移场不难看出,在这些峰值点处振动主要局限在聚合物层的内部。根据上述结果,可以得出一个结论:对于水基体中以方形晶格形式周期阵列较软的聚合物管(填充有空气柱)而构成的声子晶体来说,它们是能够生成非常宽的低频带隙的。反之,对于水柱阵列于空气基体中的情形,当采用蜂窝形晶格和非常高的填充率(水柱几乎相互接触)时也能够获得很宽的带隙[34]。

2.2.6　局域共振声子晶体

正如前面曾经提到的,除了布拉格带隙之外,绝对带隙还可以是共振型的,它能够发生在布拉格带隙频率以下频段。此类结构一般称为声学超材料,它们构成了声子晶体研究中的一个重要方面,在声波隔离、负折射以及亚波长成像等方面有着突出的应用研究价值。在这一方面的研究中,一个主要目标就是寻求能够抑制声波传播的尺寸远小于声波波长的结构物。近期大多数研究主要考察了一类新的声子晶体结构,即局域共振材料[17]。这些结构基本上都是由带有软包覆层(如硅胶)的硬核(如金属)与稍硬的基体介质(如树脂等聚合物)组成的。由于软包覆层的存在,局域共振就可以产生了,进而导致在非常低的频率处形成透射谷,这些频率可以比布拉格带隙频率低两个数量级。目前三维和二维局域共振声子晶体都已得到了研究,并发现了上述低频带隙行为。

这一节我们考察一种二维声子晶体,它是在前面所分析的结构基础上拓展得到的,即采用了多层圆柱壳来包覆内部的硬核[30]。该声子晶体的基本结构单元包括一根无限长的圆柱,该圆柱是由多个同轴的壳和一个钢柱芯组成的,并置入水中。同轴的壳包覆在钢柱芯表面,是由多个软材料层和硬材料层(钢)交替组成的。在下面的计算中,假设这个软材料层是聚合物材质,具有非常低的横波波速 $c_t = 19\text{m/s}$,而纵波波速 $c_l = 55\text{m/s}$。另外,我们还将圆柱最外表面的半径固定为 8.4mm,每一个包覆层的厚度为 1.6mm,而整个圆柱的填充率保持不变,即 $\beta = 55\%$。在此基础上,在水中以方形晶格形式阵列了 5 行(晶格参数 $a = 20\text{mm}$)从而构成了这个声子晶体结构物,整体尺寸为 10cm。

图 2.7(a)给出了包覆层仅包含一个聚合物壳和一个钢壳情况下的透射曲线。可以看出,在非常低的频率处出现了一个陡峭的透射谷,大约位于 1.45kHz,对应的位移场(图 2.7(b))表明此时的振动模式是局限在散射体之中的。该模式可以理解为柱芯与外侧钢壳的同步反相运动,而聚合物壳则起到了弹簧的作用(参见图 2.7 中的原理简图)。事实上,在这个透射谷频率区间内,还可以用动态负等效质量密度来刻画上述传播特性[17]。

再来考察包覆层包括偶数个(4 个和 6 个)同轴壳的情况,并设定与水接触的最外层是钢壳。这样实际上就是一个由硬软材质交替排列而成的包覆层了。计算得到的低频透射曲线如图 2.8(a)所示,该图表明低频透射谷的个数是与包覆层中的同轴壳个数有关的,即 2 个双层将导致两个透射谷,而 3 个双层则将导致 3 个透射谷。

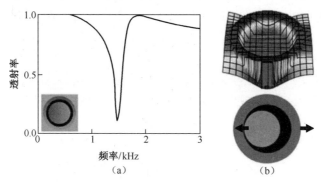

图 2.7　(a)局域共振声子晶体的透射曲线:基体为水,散射体为柱芯,且包覆一个聚合物壳和一个钢壳以及(b)透射谷频率处对应的位移场分布及其振动模式原理简图

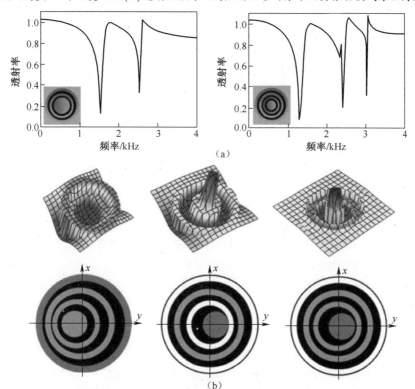

图 2.8　(a)局域共振声子晶体的透射曲线:基体为水,散射体为柱芯,分别包覆 2 个双层(左图)和 3 个双层(右图),每个双层均由一个聚合物壳和一个钢壳组成以及(b)3 个双层情况下透射谷频率处对应的位移场分布,以及钢柱和钢壳的刚体运动原理描述

当采用3个双层包覆壳时,所产生的3个共振模式的位移场如图2.8(b)所示。对于每一个频率,不仅给出了传播方向上的位移分量情况,同时还给出了振动模式简图。这3个模式具有一个共同特征,即散射体的硬材料部分,也就是钢柱芯和3个钢壳,就像刚体那样在做振动,它们之间通过弹簧(聚合物壳)相连接。对于最低阶模式(1.61kHz处),钢柱芯和两个邻近的钢壳沿着传播方向做同相位振动,而最外层钢壳则做反相振动。第二个(3.0kHz)和第三个(3.77kHz)共振模式的位移场对应于这一刚体-弹簧体系的其他振动状态。根据上述结果可以看出,在给定频率范围内完全可以在透射曲线中生成多个透射谷。进一步,如果把两个或更多个不同参数的声子晶体组合起来,那么还可以使一些透射谷的位置叠加起来,从而获得更宽的带隙[30]。

2.3　缺陷导致的局域模式

2.3.1　导向

声子晶体的带隙特性可以用来实现多种不同的功能。由于声子晶体(或者相应的波导)的声学特性可以调节,因而它们对于很多方面的应用都是特别适合的,例如声波换能器、滤波器以及声波导向等。当声子晶体的晶格常数位于微米级时,它们还可以工作在通信频率范围(约1GHz)。这一节我们着重考察声子晶体中带有线缺陷和点缺陷的若干实例,揭示由此带来的一些新现象,例如波束弯曲与分裂[24,52],并分析包含缺陷和不含缺陷的声子晶体波导的透射情况[19,23,53]。

考虑一个混合型(流-固型)二维声子晶体,基体是水,散射体是钢柱,采用的是方形晶格形式。在这一节中我们假设晶格参数为 $a = 3$mm,散射体半径为 $r = 1.25$mm,因而对应的填充率就是 $\beta = 0.55$。这组参数可以确保这个声子晶体在超声频段具有一个很宽的绝对带隙(布拉格型),位于250~325kHz。另外,在后面的数值计算中将采用FDTD方法。

首先构造一个包含直波导的声子晶体,这只需从原声子晶体中沿着波传播方向移去一行散射体即可,参见图2.9(a)。通过计算该结构的透射谱,可以看出在270~300kHz范围内出现了一个全透射带,如图2.9(a)所示,显然它已经覆盖了部分原有带隙。从290kHz处的位移场分布图不难发现,此时的透射主要是由于波场高度局限在波导中而产生的。

通过移除部分散射体还可以在绝对带隙中的一个较宽频段内使波的传播路径发生弯曲[24]。例如,可以构造出带有两个90°转向的弯曲波导,从而使得波沿着该弯曲路径传播出去,该结构及其对应的透射曲线如图2.9(b)所示。可以看出,除了 275kHz 处会出现透射谷以外,该波导确实能够传输原有带隙内的一个较宽频率范围内的波。在图 2.9(b) 中,我们还给出了 290kHz 处的波场分布情况。显然,入射波首先会沿着第一个水平直波导传播,然后与竖直波导发生耦合,最后再沿着第二个水平波导继续传播出去。

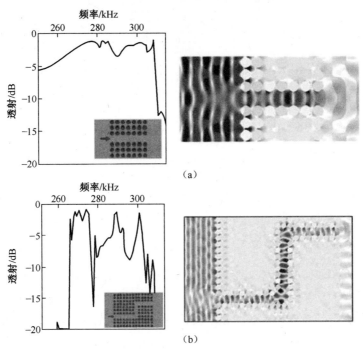

图 2.9　声子晶体带隙内的透射谱与 290kHz 处的位移场
(a)线缺陷(波导);(b)弯曲波导。

2.3.2　滤波

现在考虑上述声子晶体中存在点缺陷的情形。如图 2.10(a) 中的插图所示,这种点缺陷是通过在原有波导邻近位置移除一个散射体而构成的,从而形成了一个共振腔,其长度和宽度均等于晶格周期。与图 2.9(a) 相比可知,此时的透射率几乎是不变的,然而在 290kHz 处会出现一个窄小的透射谷。很明显,这一结果表明存在这个共振腔时,由于干涉作用的存在,该波导的透射性质发生了显著改变。在图 2.10(a) 中还示出了该透射谷频率处对应的位移场分布情况。不难看出,波导中的波会进入到共振腔中,并被腔壁反射,随后又回到了波导的入口处,而波导出口处的透射已经非常微弱了。本质上来说,这一现象是由这个共振腔的本征模式导致的,它能够在声子晶体波导的通带内诱发一个非常窄的带隙。

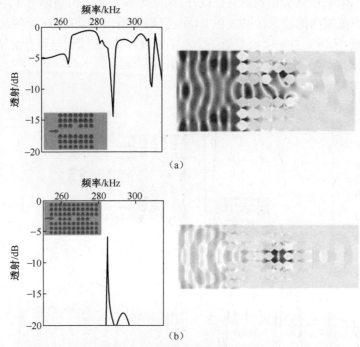

图 2.10　带隙内的透射谱和透射谷频率处对应的位移场

(a)点缺陷位于声子晶体波导的一侧；(b)点缺陷位于声子晶体波导中。

当点缺陷位于波导中时,计算得到的结果如图 2.10(b)所示。尽管该波导的入口和出口被一个共振腔(内含 3 根钢柱)隔离开了,但仍然在该共振腔的共振频率处形成了透射峰。这个透射主要源自于共振腔的振动模式与波导所支持的传播模式之间(通过隧穿效应形成)的耦合作用。事实上,当波导中存在一个共振腔时,后者将对波导的透射产生限制作用,所有透射将主要发生在该共振腔的本征频率附近。

根据上述分析可以看出,同样的共振腔能够产生两种相反的透射效应,它们取决于这个共振腔是位于波导的一侧还是内部,这两种透射效应可以分别用于选择性滤波(允许或阻止透射)。

2.3.3　多路分解

在前面给出的结果基础上,这里我们采用带缺陷的声子晶体来实现信号的分解,即通过在两个平行的波导之间增设合适的耦合单元(由两个位于波导一侧的共振腔组成),使得特定波长的信号可以在这两个波导之间传递[26]。如图 2.11(a)所示,入射波是一个具有高斯分布的纵波脉冲,仅从端口 1(黑色箭头)入射,而端口 4 不受影响。在端口 2(蓝色箭头)和端口 3(红色箭头)记录得到的透射信号如图 2.11(b)所示。可以发现,直接透射到端口 2 的信号在 290kHz 处几乎下降为 0 了,同时,在端口 3 则检测到了一个显著的透射峰,其幅值接近于端口 2 在该频率处的幅值损失。这一现象表明,在此频率处,入射信号实质上已经传递到第二个波导中并从端口 3 透射出去了,其他端口则不受影响。换言之,入射信号隧穿过耦合单元进而在第二个波导中形成了透射。

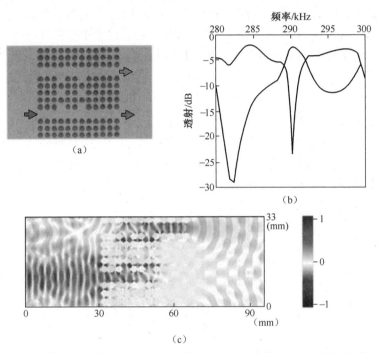

图 2.11　(a)带有两个波导的声子晶体:波导之间通过耦合单元(两个共振腔)耦合起来。黑色、红色和蓝色箭头标记了信号入口和出口以及(b)针对从端口 1 入射的高斯脉冲计算得到的透射谱,在频率 290kHz 处入射波从第一个波导分解出来进入到第二个波导以及(c)290kHz 处沿着传播方向的位移场(时间周期平均值),红色和蓝色分别对应于位移场的最大值和最小值

为了直接验证上述多路分解现象,我们采用 FDTD 方法计算了频率为 290kHz 的单色波入射情况,得到的位移场(沿着传播方向)如图 2.11(c)所示。很明显,从端口 1 入射的信号确实传递到了端口 3,而端口 2 中则不出现该频率的信号。

2.3.4　可调性

声子晶体的一些特性是可调的,例如带隙宽度和某些特殊的波传播频率等,一般可以通过改变几何参数、组分特性[22,41]或者施加外部物理激励等途径来实现。

前面已经分析了一类二维声子晶体,并指出了在带隙内可以生成一个窄的通带。该结构是由水基体和中空圆柱散射体(内部注水)组成的。正如图 2.4(b)所指出的,这个窄通带的位置对散射体内半径 r_i 是非常敏感的。除了注水之外,人们也对中空圆柱注入其他流体的情况做过分析,结果也是类似的。这里选择水银作为填充物,主要是考虑到水银与水之间存在着更大的特性差异。图 2.12(a)给出了 $r_i/a=0.22$ 时的透射系数,其中既包括了注水的情况也包括了注入水银的情况。从这一结果中可以清晰地看出窄通带的频率发生了变动。

图 2.12(b)给出了散射体内半径与窄通带的频率位置之间的对应关系。根据这一特点,我们就能够人为地改变窄通带的频率位置,从而更有利于实现选择性滤波这一目的。当然,除了改变内半径以外,通过改变中空圆柱内的填充流体种类来调节窄通带频率值也是可行的,并且除了被动式调节还可以采用主动式方法来完成,例如主动地注入和排放内部填充流体。

通过设计一种具有窄通带的声子晶体波导,还能够同时实现可调性和导波特性。这里讨论一种 Y 形波导的多路复用和多路分解特性。该波导是由中空圆柱组成的,如图 2.13(a)所示,采用了两种不同半径的中空圆柱体,分别是 $r_i/a=0.24$ 和 $r_i/a=0.20$,这些圆柱体交替排列起来,并在端部形成两个分支。每个分支中只包含一种中空圆柱体,从而只容许一个特定频率(对应于窄通带频率)的波可以传播过去。

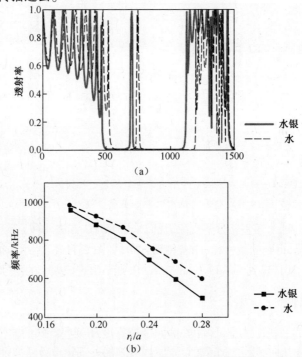

图 2.12　(a)中空圆柱体组成的声子晶体的透射谱:基体为水,散射体内半径 $r_i/a=0.22$,红实线为内部注入水银的情况,黑虚线为注水情况以及(b)窄通带中心频率值与散射体内半径之间的关系

　　为了计算位移场分布,我们在入口处加载了单色波激励,其频率为两种不同内半径条件下的窄通带中心频率。图 2.13 给出了计算结果,可以看出两种频率的单色波都可以在左侧波导中传播,然后分别根据所对应的内半径值的不同被导向到两个分支之中。这一现象意味着,如果在系统的右端输入宽带信号,那么 Y 形波导的每个分支将选择各自能够传输的成分(根据各自的窄通带频率值),然后这两个信号将在左侧波导中叠加起来,因此在透射谱中将包含两个透射峰,从而实现了选择性传输。类似地,如果这个 Y 形波导包含的是相同内半径的散射体,但是采用了不同的流体填充物的话,那么上述结论也是正确的[41]。

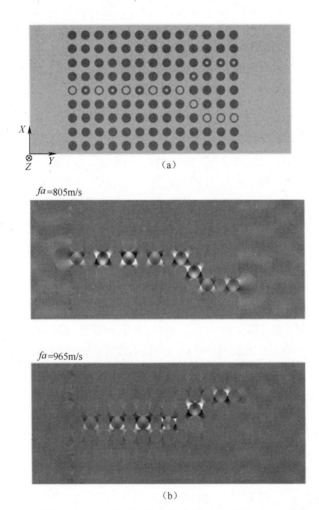

图 2.13 　(a) Y 形波导简图:左侧部分包含了交替排列的两种不同内半径的散射体圆柱,
分别为 $r_i/a=0.24$ 和 $r_i/a=0.20$;右侧每个分支包含一种散射体圆柱,从而使得
两个窄通带被分离开来以及(b) $fa=805\text{m/s}$ 和 $fa=965\text{m/s}$ 处对应的位移场分布

2.4　结　束　语

本章主要介绍了关于声子晶体的一些基本结果,包括了色散曲线和带隙,以及与共振腔和波导相关的局域模式及其在声功能器件中的用途。在后面的章节中我们还将详细介绍另一种局域模式,它主要与表面声模式有关,一般出现在带有平面边界的声子晶体中。分层材料(或超晶格)的表面模式已经得到了广泛的研究[54,2],人们考察了垂直于分层方向切割后的超晶格的瑞利波及其折叠效应[55],分析了垂直于圆柱方向切割的二维声子晶体的表面模式[56,57],并在多年以后得到了实验验证[58-61]。人们已经证实了表面波能带结构中也可以存在绝对带隙[62,59]。此外,其他一些工作还研究了二维声子晶体(沿着平行于圆柱的方向切割得到)[63]和三维声子晶体(球散射体阵列于基体中)[64]的表面波问题。

在过去的十年中,有限厚度的声子晶体也得到了人们的关注,例如带有周期孔阵列的板或带有周期柱阵列的膜等。研究表明,这些结构物也能够展现出绝对带隙行为,因而它们和缺陷相结合之后也可以为我们提供类似于无限声子晶体情况中的一些功能性。在带有周期孔阵列的板中[65,66],为了产生绝对带隙,一般要求该板的厚度应接近于周期长度的1/2。在带有周期柱阵列的膜中[67-70],如果选择合适的几何参数[67,70](特别是选择较小的膜厚),那么除了可以得到较宽的布拉格带隙以外,还能够获得一个低频带隙,后者实际上已经隶属于超材料行为特性了。随着纳米科技的发展,人们还对纳米声子晶体[71,72]产生了极大的兴趣,例如,可以通过在亚微米声子晶体膜内设置波导和共振腔来实现声子晶体电路,它们主要工作在若干吉赫频率。

本章我们还简要介绍了可调声子晶体的若干实例,它们的能带结构可以通过改变几何参数(如转动方柱[8,51])或材料参数(如在中空圆柱内部加填充物[41])来调节。更一般地,还可以通过施加外部激励来动态地改变能带结构,例如引入电场(磁场)和压电材料(磁弹性材料)[73-76],在弹性体材料中引入额外的应力场[77],以及引入温度变化[78,79]来实现材料特性的调节(如使注入在声子晶体孔中的聚合物发生相变)。

声子晶体和光子晶体的混合带隙材料是近期新出现的一个研究主题,由于电磁波和声波同时会受到周期性的调制,因而这类结构物中的声子和光子之间的相互作用会显著增强[80-82]。例如,在声子(光子)晶体膜中,被激发出来的布里渊散射可以发生在非常短的距离上,而一般情况下它只是在若干米长的光纤中才会形成。声子和光子之间的光机相互作用可以在光弹性或者界面形变机制下产生。在过去的几年中人们已经对后者作了较为细致的研究,分析指出可以通过共振子与光的耦合作用来削弱或增强其振动强度。量子层面的光机效应可以出现在同时具有光学和力学自由度的微米或纳米体系中,近期的一些研究表明[83,84],可以利用声子-光子膜和条状波导来产生这一效应。最后,人们还发现可以构造出一类更先进的声子-光子传感器,它能够用于同时测定内置液体的折射率和声速[85,86],事实上,每一种类型的波的透射谱都会表现出窄的透射峰行为,而这些透射峰对于内置液体的相关特性是十分敏感的。

除了与绝对带隙相关的研究主题之外,人们对声子晶体的折射特性也十分感兴趣,特别是负折射现象及其在成像技术和亚波长聚焦中的应用[87-91]、与等频面形状相关的自准直和波束分离行为[92],以及基于超材料理念的声波传输控制,其中重点是隐声和超透镜现象。

另外,声子晶体在热学领域也是有着重要价值的。人们已经发现在非金属纳米结构材料中,热输运会受到特定的声子色散曲线和不同散射机制(如声子-声子相互作用和声子-边界散射作用)的强烈影响,这些影响在太赫频段是尤为重要的[93]。当存在带隙和平直的色散曲线时,热输运将受到抑制,这可以用于一些热电方面的应用。这些问题中的声子是可以位于不同频率域的,这取决于温度和与波长相关的平均自由程,其中关于平均自由程的相关结果可以直接根据分子动力学计算得到。

总的来说,声子晶体领域的研究将受到人们的持续关注,对此类异质结构物中的波动现象的基本认识将会不断得到加强,与此相关的大量技术应用也会应运而生。应当指出的是,声子晶体的应用可以覆盖一个很宽的频率范围,从声频(如隔声和相关超材料特性利用)到吉赫(如通信和声子-光子相互作用),再到太赫频段(如热输运控制),都可以引入声子晶体这一技术和理念。

参 考 文 献

[1] F. Bloch, Z. Phys.**52**, 555 (1928)

[2] For a review, see E.H. El Boudouti, B. Djafari Rouhani, A. Akjouj, L. Dobrzynski, Acoustic waves in solids and fluid layered materials. Surf. Sci. Rep. **64**, 471 (2009)

[3] S.M. Rytov, Sov. Phys. Acoust.**2**, 6880 (1956)

[4] M.M. Sigalas, E.N. Economou, Band structure of elastic waves in two dimensional systems. Solid State Commun.**86**, 141 (1993)

[5] M.S. Kushwaha, P. Halevi, L. Dobrzynski, B. Djafari-Rouhani, Acoustic band structure of periodic elastic composites. Phys. Rev. Lett. **71**, 2022 (1993)

[6] M.S. Kushwaha, P. Halevi, L. Dobrzynski, B. Djafari-Rouhani, Theory of acoustic band structure of periodic elastic composites. Phys. Rev. B **49**, 2313 (1994)

[7] M.M. Sigalas, E.N. Economou, Elastic and acoustic wave band structure. J. Sound Vib. **158**, 377 (1992)

[8] J.O. Vasseur, B. Djafari-Rouhani, L. Dobrzynski, M.S. Kushwaha, P. Halevi, Complete acoustic band gaps in

periodic fibre reinforced composite materials: the carbon/epoxy and some metallic systems. J. Phys.: Condens. Matter **7**,8759-8770 (1994)

[9] For a review, see M. Sigalas, M.S. Kushwaha, E.N. Economou, M. Kafesaki, I.E. Psarobas, W.Steurer, Classical vibrational modes in phononic lattices: theory and experiment. Z. Kristallogr.**220**,765-809 (2005)

[10] For a recent review, see Y. Pennec, J. Vasseur, B. Djafari Rouhani, L. Dobrzynski, P.A.Deymier, Two-dimensional phononic crystals: examples and applications.Surf. Sci. Rep. **65**,229 (2010)

[11] E. Yablonovitch, Inhibited spontaneous emission in solid-state physics and electronics. Phys.Rev. Lett.**58**, 2059-2062 (1987)

[12] J. D. Joannopoulos, R. D. Meade, J. N. Winn, *Molding the Flow of Light* (Princeton UniversityPress, Princeton,1995)

[13] I.E. Psarobas, A. Modinos, R. Sainidou, N. Stefanou, Acoustic properties of colloidal crystals. Phys. Rev. B **65**,064307 (2002)

[14] R. Sainidou, N. Stefanou, A. Modinos, Formation of absolute frequency gaps in three dimensional solid phononic crystals. Phys. Rev. B **66**,212301 (2002)

[15] T. Still, W. Cheng, M. Retsch, R. Sainidou, J. Wang, U. Jonas, N. Stefanou, G. Fytas, Simultaneous occurrence of structure-directed and particle-resonance-induced phononic gaps in colloidal films. Phys. Rev. Lett. **100**,194301 (2008)

[16] C. Croënne, E.J.S. Lee, H. Hu, J.H. Page, Band gaps in phononic crystals: generation mechanisms and interaction effects. AIP Adv. **1**,041401 (2011)

[17] Z. Liu, X. Zhang, Y. Mao, Y.Y. Zhu, Z. Yang, C.T. Chan, P. Sheng, Locally resonant sonic materials. Science **289**,1734-1736 (2000)

[18] M. Torres, F.R. Montero de Espinosa, D. Garcia-Pablos, N. Garcia, Sonic band gaps in finite elastic media: surface states and localization phenomena in linear and point defects. Phys. Rev.Lett. **82**,3054 (1999)

[19] M. Kafesaki, M.M. Sigalas, N. Garcia, Frequency modulation in the transmittivity of waveguides in elastic-wave band-gap materials. Phys. Rev. Lett.**85**,4044 (2000)

[20] A. Khelif, B. Djafari-Rouhani, J.O. Vasseur, P.A. Deymier, P. Lambin, L. Dobrzynski, Transmittivity through straight and stublike waveguides in a two-dimensional phononic crystal. Phys. Rev. B **65**,174308 (2002)

[21] A. Khelif, B. Djafari-Rouhani, J.O. Vasseur, P.A. Deymier, Transmission and dispersion relations of perfect and defect-contained waveguide structures in phononic band gap materials. Phys. Rev. B **68**, 024302 (2003)

[22] A. Khelif, B. Djafari-Rouhani, V. Laude, M. Solal, Coupling characteristics of localized phonons in photonic crystal fibers. J. Appl. Phys. **94**,7944-7946 (2003)

[23] A. Khelif, A. Choujaa, B. Djafari-Rouhani, M. Wilm, S. Ballandras, V. Laude, Trapping and guiding of acoustic waves by defect modes in a full band-gap ultrasonic crystal. Phys. Rev. B**68**,214301 (2003)

[24] A. Khelif, A. Choujaa, S. Benchabane, B. Djafari-Rouhani, V. Laude, Guiding and bending of acoustic waves in highly confined phononic crystal waveguides. Appl. Phys. Lett. **84**,4400(2004)

[25] S. Benchabane, A. Khelif, A. Choujaa, B. Djafari-Rouhani, V. Laude, Interaction of waveguide and localized modes in a phononic crystal. Europhys.Lett.**71**,570 (2005)

[26] Y. Pennec, B. Djafari Rouhani, J.O. Vasseur, H. Larabi, A. Khelif, A. Choujaa, S. Benchabane, V. Laude, Acoustic channel drop tunneling in a phononic crystal. Appl. Phys. Lett.**87**,261912(2005)

[27] J.O. Vasseur, P.A. Deymier, G. Frantziskonis, G. Hong, B. Djafari Rouhani, L. Dobrzy'nski, Experimental evidence for the existence of absolute acoustic band gaps in two-dimensional periodic composite media. J. Phys.: Condens. Matter **10**, 6051 (1998)

[28] J.O. Vasseur, P.A. Deymier, B. Chenni, B. Djafari-Rouhani, L. Dobrzynski, D. Prevost, Experimental and theoretical evidence for the existence of absolute acoustic band gaps in two dimensional solid phononic crystals. Phys. Rev. Lett. **86**, 3012 (2001)

[29] F.R. Montero de Espinosa, E. Jimenez, M. Torres, Ultrasonic band gap in a periodic two dimensional composite. Phys. Rev. Lett. **80**, 1208 (1998)

[30] H. Larabi, Y. Pennec, B. Djafari-Rouhani, J.O. Vasseur, Multicoaxial cylindrical inclusions in locally resonant phononic crystals. Phys. Rev. E **75**, 066601 (2007)

[31] E.N. Economou, M.M. Sigalas, Classical wave propagation in periodic structures: cermet versus network topology. Phys. Rev. B **48**, 13434 (1993)

[32] M.M. Sigalas, E.N. Economou, Attenuation of multiple-scattered sound. Europhys. Lett. **36**, 241 (1996)

[33] M.S. Kushwaha, Stop-bands for periodic metallic rods: sculptures that can filter the noise. Appl. Phys. Lett. **70**, 3218 (1997)

[34] P. Lambin, A. Khelif, J.O. Vasseur, L. Dobrzynski, B. Djafari-Rouhani, Stopping of acoustic waves by sonic polymer-fluid composites. Phys. Rev. E **63**, 066605 (2001)

[35] J.O. Vasseur, P.A. Deymier, A. Khelif, P. Lambin, B. Djafari-Rouhani, A. Akjouj, L. Dobrzynski, N. Fettouhi, J. Zemmouri, Phononic crystal with low filling fraction and absoluteacoustic band gap in the audible frequency range: a theoretical and experimental study. Phys. Rev. E **65**, 056608 (2002)

[36] Z. Liu, C.T. Chan, P. Sheng, A.L. Goertzen, J.H. Page, Elastic wave scattering by periodic structures of spherical objects: theory and experiment. Phys. Rev. B **62**, 2446 (2000)

[37] J.H. Page, A.L. Goertzen, S. Yang, Z. Liu, C.T. Chan, P. Sheng, in *Photonic Crystals and Light Localization in the 21st Century*, ed. by C.M. Soukoulis (Kluwer, Dordrecht, 2001), p. 59

[38] M.S. Kushwaha, B. Djafari-Rouhani, Complete acoustic stop bands for cubic arrays of spherical liquid balloons. J. Appl. Phys. **80**, 3191 (1996)

[39] R. Martinez-Sala, J. Sancho, J.V. Sanchez, V. Gomez, J. Llinares, F. Meseguer, Sound attenuation by sculpture. Nature **378**, 241 (1995)

[40] D. Caballero, J. Sanchez-Dehesa, C. Rubio, R. Martinez-Sala, J.V. Sanchez-Perez, F. Meseguer, J. Llinares, Large two-dimensional sonic band gaps. Phys. Rev. E **60**, 6316 (1999)

[41] Y. Pennec, B. Djafari-Rouhani, J. Vasseur, P.A. Deymier, A. Khelif, Tunable filtering and demultiplexing in phononic crystals with hollow cylinders. Phys. Rev. E **69**, 046608 (2004)

[42] J.V. Sanchez-Pérez, D. Caballero, R. Mártinez-Sala, C. Rubio, J. Sánchez-Dehesa, F. Meseguer, J. Llinares, F. Gálvez, Sound attenuation by a two-dimensional array of rigid cylinders. Phys. Rev. Lett. **80**, 5325 (1998)

[43] Y. Pennec, B. Djafari-Rouhani, J.O. Vasseur, P.A. Deymier, A. Khelif, Transmission and dispersion modes in phononic crystals with hollow cylinders: application to waveguide structure. Phys. Stat. Sol. (c) **1**(11), 2711-2715 (2004)

[44] A. Sato, W. Knoll, Y. Pennec, B. Djafari-Rouhani, G. Fytas, M. Steinhart, Anisotropic propagation and confinement of high frequency phonons in nanocomposites. J. Chem. Phys. **130**, 111102 (2009)

[45] R. Lucklum, J. Li, Phononic crystals for liquid sensor applications. Meas. Sci. Technol. **20**, 124014 (2009)

[46] M. Ke, M. Zubtsov, R. Lucklum, Sub-wavelength phononic crystal liquid sensor. J. Appl. Phys. **110**, 026101 (2011)

[47] M.S. Kushwaha, B. Djafari-Rouhani, Giant sonic stop bands in two-dimensional periodic system of fluids. J. Appl. Phys. **84**, 4677 (1998)

[48] M.S. Kushwaha, B. Djafari Rouhani, L. Dobrzynski, Sound isolation from cubic arrays of airbubbles in water. Phys. Lett. A **248**, 252-256 (1998)

[49] V. Leroy, A. Bretagne, M. Fink, H. Willaime, P. Tabeling, A. Tourin, Design and characterization of bubble phononic crystals. Appl. Phys. Lett. **95**, 171904 (2009)

[50] T. Still, M. Oudich, G.K. Auernhammer, D. Vlassopoulos, B. Djafari-Rhouani, G. Fytas, P.Sheng, Soft silicone rubber in phononic structures: correct elastic moduli. Phys. Rev. B **88**, 094102 (2013)

[51] C. Goffaux, J.P. Vigeron, Theoretical study of a tunable phononic band gap system. Phys. Rev. B **64**, 075118 (2001)

[52] M. Torres, F.R. Montero de Espinosa, J.L. Aragon, Ultrasonic wedges for elastic wave bending and splitting without requiring a full band gap. Phys. Rev. Lett. **86**, 4282 (2001)

[53] J.O. Vasseur, P.A. Deymier, M. Beaugeois, Y. Pennec, B. Djafari-Rouhani, D. Prevost, Experimental observation of resonant filtering in a two-dimensional phononic crystal waveguide. Z. Kristallogr. **220**, 824 (2005)

[54] B. Djafari Rouhani, L. Dobrzynski, O. Hardouin Duparc, R.E. Camley, A.A. Maradudin, Sagittal elastic waves in infinite and semi-infinite superlattices. Phys. Rev. B **28**, 1711 (1983)

[55] B. Djafari Rouhani, A.A. Maradudin, R.F. Wallis, Rayleigh waves on a superlattice stratified normal to the surface. Phys. Rev. B **29**, 6454 (1984)

[56] Y. Tanaka, S. Tamura, Surface acoustic waves in two-dimensional periodic elastic structures. Phys. Rev. B **58**, 7958 (1998) and Acoustic stop bands of surface and bulk modes in two dimensional phononic lattices consisting of aluminum and a polymer. Phys. Rev. B **60**, 13294 (1999)

[57] T.-T.Wu, Z.-G.Huang, S. Lin, Surface and bulk acoustic waves in two-dimensional phononic crystals consisting of materials with general anisotropy. Phys. Rev. B **69**, 094301 (2004)

[58] T.-T.Wu, L.-C.Wu, Z.-G. Huang, Frequency band-gap measurement of two-dimensional air/silicon phononic crystals using layered slanted finger interdigital transducers. J. Appl. Phys. **97**(094916) (2005)

[59] S. Benchabane, A. Khelif, J.-Y. Rauch, L. Robert, V. Laude, Evidence for complete surface wave band gap in a piezoelectric phononic crystal. Phys. Rev. E **73**, 065601 (2006)

[60] B. Bonello, C. Charles, F. Ganot, Velocity of a SAW propagating in a 2D phononic crystal. Ultrasonics **44**, 1259-1263 (2006)

[61] S. Benchabane, O. Gaiffe, R. Salut, G. Ulliac, Y. Achaoui, V. Laude, Observation of surface guided waves in holey hypersonic phononic crystal. Appl. Phys. Lett. **98**, 171908 (2011)

[62] V. Laude, M. Wilm, S. Benchabane, A. Khelif, Full band gap for surface acoustic waves in a piezoelectric phononic crystal. Phys. Rev. E **71**, 036607 (2005)

[63] B. Manzanares-Martinez, F. Ramos-Mendieta, Surface elastic waves in solid composites of two-dimensional periodicity. Phys. Rev. B **68**, 134303 (2003)

[64] R. Sainidou, B. Djafari Rouhani, J.O. Vasseur, Surface acoustic waves in finite slabs of three dimensional phononic crystals. Phys. Rev. B **77**, 094304 (2007)

[65] A. Khelif, B. Aoubiza, S. Mohammadi, A. Adibi, V. Laude, Complete band gaps in two dimensional

phononic crystal slabs. Phys. Rev. E **74**,046610 (2006)

[66] J.O. Vasseur,P. Deymier,B. Djafari Rouhani,Y. Pennec,A.C. Hladky-Hennion,Absolute forbidden bands and waveguiding in two-dimensional phononic crystal plates. Phys. Rev. B**77**,085415 (2008)

[67] Y. Pennec,B. Djafari Rouhani,H. Larabi,J. Vasseur,A.C. Hladky-Hennion,Low frequency gaps in a phononic crystal constituted of cylindrical dots deposited on a thin homogeneousplate. Phys. Rev. B **78**,104105 (2008)

[68] T.T. Wu,Z.G. Huang,T.-C. Tsai,T.C. Wu,Evidence of complete band gap and resonances in a plate with periodic stubbed surface. Appl. Phys. Lett. **93**,111902 (2008)

[69] T.C. Wu,T.T. Wu,J.C. Hsu,Waveguiding and frequency selection of Lamb waves in a plate with a periodic stubbed surface. Phys. Rev. B **79**,104306 (2009)

[70] Y. Pennec,B. Djafari Rouhani,H. Larabi,A. Akjouj,J.N. Gillet,J.O. Vasseur,G. Thabet,Phonon transport and waveguiding in a phononic crystal made up of cylindrical dots on a thin homogeneous plate. Phys. Rev. B **80**,144302 (2009)

[71] S. Mohammadi,A.A. Eftekhar,W.D. Hunt,A. Adibi,High-Q micromechanical resonators in a two-dimensional phononic crystal slab. Appl. Phys. Lett. **94**,051906 (2009)

[72] C.M. Reinke,M.F. Su,R.H. Olsson,I. El-Kady,Realization of optimal bandgaps in solid-solid,solid-air, and hybrid solid-air-solid phononic crystal slabs. Appl. Phys. Lett. **98**,061912(2011)

[73] Z. Hou,F. Wu,Y. Liu,Phononic crystals containing piezoelectric material. Solid State Commun.**130**(11), 745-749 (2004)

[74] X.-Y.Zou,Q. Chen,B. Liang,J.-C. Cheng,Control of the elastic wave bandgaps in two dimensional piezoelectric periodic structures. Smart Mater.Struct.**17**,015008 (2008)

[75] Y.-Z.Wang,F.-M.Li,K. Kishimoto,Y.-S.Wang,W.-H. Huang,Elastic wave band gaps in magnetoelectrostatic phononic crystals. Wave Motion **46**(47) (2009)

[76] J.-F. Robillard,O. Bou Matar,J.O. Vasseur,P.A. Deymier,M. Stippinger,A.C. Hladky-Hennion,Y. Pennec,B. Djafari-Rouhani,Tunable magnetoelastic phononic crystals. Appl.Phys. Lett.**95**,124104 (2009)

[77] K. Bertoldi,M.C. Boyce,Mechanically triggered transformations of phononic band gaps in periodic elastomeric structures. Phys. Rev. B **77**,052105 (2008)

[78] Z.-G.Huang,T.-T.Wu,Temperature effect on the band gaps of surface and bulk acoustic waves in two-dimensional phononic crystals. IEEE Trans. Ultrason. Ferroelectr. Freq. Contr. **52**,365(2005)

[79] A. Sato,Y. Pennec,N. Shingne,T. Thurn-Albrecht,W. Knoll,M. Steinhart,B. Djafari-Rouhani,G. Fytas, Tuning and switching the hypersonic phononic properties of elastic impedance contrast nanocomposites. ACS Nano **4**,3471 (2010)

[80] M. Maldovan,E.L. Thomas,Simultaneous localization of photons and phonons in two dimensional periodic structures. Appl. Phys. Lett. **88**,251907 (2006)

[81] S. Mohammadi,A.A. Eftekhar,A. Khelif,A. Adibi,Simultaneous two-dimensional phononic and photonic band gaps in opto-mechanical crystal slabs. Opt. Express **18**,9164 (2010)

[82] Y. Pennec,B. Djafari-Rouhani,E.H. El Boudouti,C. Li,Y. El Hassouani,J.O. Vasseur,N.Papanikolaou, S. Benchabane,V. Laude,A.Martinez,Simultaneous existence of phononic and photonic band gaps in periodic crystal slabs. Opt. Express **18**,14301 (2010)

[83] M. Eichenfield,J. Chan,R.M. Camacho,K.J. Vahala,O. Painter,Optomechanical crystals.Nature **462**,78 (2009)

[84] Y. Pennec,B. Djafari-Rouhani,C. Li,J.M. Escalante,A. Martinez,S. Benchabane,V. Laude,N. Papaniko-laou,Band gaps and cavity modes in dual phononic and photonic strip waveguides. AIP Adv.**1**,041901（2011）

[85] S. Amoudache,Y. Pennec,B. Djafari Rouhani,A. Khater,R. Lucklum and R. Tigrine,Simultaneous sensing of light and sound velocities of fluids in a two-dimensional phoXonic crystal with defects,J. Appl. Phys.**115**,134503（2014）

[86] R. Lucklum,Y. Pennec,A. Kraych,M. Zubstov,B. Djafari Rouhani,in *Phoxonic CrystalSensor*,SPIE Pho-tonics Europe,Photonic Crystal Materials and Devices X,Brussels,Belgium,April 16-19,2012,Proc. SPIE-Int. Soc. Opt. Eng.,8425（2012）84250N-1-8,ISBN 978-0-8194-9117-6. doi:10.1117/12.922553

[87] S. Yang,J.H. Page,Z. Liu,M.L. Cowan,C.T. Chan,P. Sheng,Focusing of sound in a 3D phononic crystal. Phys. Rev. Lett. **93**,024301（2004）

[88] K. Imamura,S. Tamura,Negative refraction of phonons and acoustic lensing effect of a crystalline slab. Phys. Rev. B **70**,174308（2004）

[89] X. Zhang,Z. Liu,Negative refraction of acoustic waves in two-dimensional phononic crystals. Appl. Phys. Lett. **85**,341（2004）

[90] A. Sukhovich, L. Jing, J. H. Page, Negative refraction and focusing of ultrasound in two dimensional phononic crystals. Phys. Rev. B **77**,014301（2008）

[91] A. Sukhovich,B. Merheb,K. Muralidharan,J.O. Vasseur,Y. Pennec,P.A. Deymier,J.H. Page,Experimental and theoretical evidence for subwavelength imaging in phononic crystals. Phys. Rev. Lett.**102**, 154301（2009）

[92] J. Bucay,E. Roussel,J.O. Vasseur,P.A. Deymier,A.-C. Hladky-Hennion,Y. Pennec,K.Muralidharan,B. Djafari-Rouhani,B. Dubus,Positive,negative,zero refraction,and beam splitting in a solid/air phononic crystal: theoretical and experimental study. Phys. Rev. B**79**(214305)（2009）

[93] P.E. Hopkins,C.M. Reinke,M.F. Su,R.H. Olsson III,E.A. Shaner,Z.C. Leseman,J.R. Serrano,L.M. Phinney,I. El-Kady,Reduction in the thermal conductivity of single crystalline siliconby phononic crystal patterning. Nano Lett.**11**,107（2011）

第3章 三维声子晶体

Badreddine Assouar, Rebecca Sainidou,
Ioannis Psarobas

3.1 引 言

　　凝聚态物理领域的结晶物概念使得人们开始从原子动力学层面来理解和认识晶体形态规律。对于一个原子体系来说,一个确定的原子平衡态要求原子的排列是规则的,从而使得在给定外部条件下构成晶体的原子本性能够决定其标准分布,一般来说总共可以有230种对称性。由于组分和环境的不同,自然界中的晶体形态是非常丰富的,它们都具有某些对称性。对于晶体的物理特性来说,晶格动力学可以很好地对其进行描述,并且它还指出了量子力学和对称性之间的极为重要的内在联系。事实上,对称性在原子排列和分子谱方面起到了非常重要的作用,而我们可以从量子物理层面来深刻认识之。三维声子晶体[28,35]是自然晶体的一个非常好的类似物,它是一种复合结构,是由相同的宏观散射体周期分布在一个均匀基体介质中形成的,这些散射体所占据的空间位置对应了一个三维晶格点阵。三维声子晶体的振动谱可以利用多重弹性–声散射方法来确定,这种方法实际上考察的是波长与晶体特征尺度(晶格常数或散射体尺寸)可比拟的弹性波在传播过程中发生的相互作用。类比低维声子晶体可知,三维声子晶体也应当能够展现出带隙特性,特别是全方向上的弹性波抑制行为[53]。对于具有全方向弹性波带隙的结构,人们对其拓扑的认识如下:

　　"全方向的声子频率带隙更容易在孤立离散拓扑结构(非接触式的周期散射体分布结构)中产生,这一点截然不同于光子晶体,后者主要面向连续网络拓扑结构"[53]

　　由于结晶物中的电子传输与声子晶体中的弹性波传播行为存在着诸多的相似性[28],因此电子结构计算中常用的一些方法,如多散射(MS)方法和其他传统方法,已经被人们移植到声子晶体领域。声子晶体的色散性质(沿着k空间的对称点),或者说声子能带结构,可以借助平面波(PW)方法[19,52]或更高效的

MS 方法(源于经典的 KKR 方法)进行计算。另外,一些成熟的纯数值方法如 FDTD 方法[10]也为能带计算工作提供了有益的补充,它们能够很好地用于计算三维声子晶体板(有限结构)的散射特性,如透射率、反射率和吸收率等,当然,这些数值方法对于二维问题[62]要更为高效。应当注意的是,在三维声子晶体问题中,PW、FDTD 和其他一些有限差分方法是不足以揭示问题的物理本质的,而且很多情况下这些方法的计算复杂度也是相当可观的。与此相反,层多重散射(LMS)法[37,46]则是一种非常强大的计算三维声子晶体的手段,它十分类似于低能电子衍射问题(LEED)中的层 KKR 方法[27,28,33]。与时域计算不同,这种方法是在频域中求解弹性波动方程的,因而允许组分材料的弹性参数随频率变化,包括任何形式的吸收损耗。除了可以计算无限晶体在给定晶面内的复能带结构,LMS 方法也能用于计算有限声子晶体板的入射波(任何偏振方向和任何入射角)的透射、反射和吸收系数,正因如此,这种方法还能够用于刻画透射实验的相关过程与结果。不仅如此,该方法还有另一个优点,它不要求在垂直于层的方向上具有周期性,这使得我们可以以一种更为直接的方式来处理一些有趣的构型,例如面缺陷[38]、异质结构[36]、堆垛无序[47]、带有匀质基板或半无限基础的声子晶体层[41]等。最后,LMS 方法还可以把多重散射格林函数技术[44]综合进来,这一技术能够帮助我们计算弹性场的(局部)态密度并可以用于处理缺陷[49]、失谐[47]以及分析外部扰动情况下的系统响应[40]。现有研究已经表明 LMS 方法对于由球状粒子组成的声子晶体的分析计算是非常有效的,它适用于任何形式的材料组合(流体或固体,计算效率相同),借助于内嵌的强大的迭代算法,这种方法还可处理带包覆层的球和更一般的球状粒子,例如由任意个同心球壳组成的粒子[46]。近期,这一方法已经得到了拓展,在引入扩展边界条件(EBC)技术之后已经可以处理散射体为任意形状的情况[9,15]。总之,LMS 方法是一种物理意义更加清晰、计算效率更高的方法,为我们考察各种复杂声子晶体结构提供了一个高效而通用的技术手段。本章将把这种方法作为主要的分析工具,揭示三维声子晶体的物理特性并讨论其应用方面的相关问题。

最后顺便提一下三维声子晶体结构的相关实验问题。尽管此类结构物的制备一般要比二维情况更为困难[12,18,26],不过近期已经出现了一些新的化学技术手段和无损检测方法,例如布里渊光散射法,它们可以帮助我们构建和考察工作在特超声(GHz)频段的纳米声子结构,这些结构物的结构或组分可以是复杂的球状散射体[5,57-60]。另一方面,宏观尺度上的三维声子晶体结构物要容易构造一些,其实验制备和相关研究也一直在进行中,并且所得到的结果跟 LMS 方法计算得到的理论结果相当吻合[25,30,61,65]。

3.2　声　子　晶　格

3.2.1　多重散射和层多重散射方法

　　任何多重散射理论的核心都在于以一种显式、精确且自洽的方式来考察所有散射过程,这些散射过程发生在含有散射体(中心位置为 $\boldsymbol{R}_n$)集合的均匀介质中。从第 n' 个散射体出发的外行波在到达第 n 个散射体的这一过程中,其路径可以是直接的,也可以是间接的,也就是说这一外行波可以被任意数量个散射体(包括位置 $\boldsymbol{R}_n$ 和 $\boldsymbol{R}_n'$ 处的)散射任意次之后再到达。可以从两个不同的子过程来分析发生在 $\boldsymbol{R}_n$ 的散射过程:第一个子过程可由每一个散射体的散射特性来描述(借助其散射矩阵 $\boldsymbol{T}$);另一个子过程则描述了从其他位置的散射体出发经过所有可能路径到达 $\boldsymbol{R}_n$ 的入射波总和。后者可以通过引入格林函数来实现。与此相关的内容,在文献[28]中已经给出了较多的介绍,读者可以参阅,另外在3.3.2 节中也会有所涉及。

　　当散射体以三维周期晶格形式布置时,LMS 方法分析多散射过程是非常有效而方便的。以球状散射体为例,在这个三维晶体中,在给定的晶向上(这里假定为 z 轴方向)一系列完全相同的特征平面(层)形成了连续的堆叠,每个层中的散射体是以二维晶格形式分布的,其晶格矢量可记为 $\boldsymbol{a}_1$ 和 $\boldsymbol{a}_2$,参见图 3.1(a)。每一层与相邻层相差一个平移晶格矢量 $\boldsymbol{a}_3$,如图 3.1(b)所示。层的厚度可以记作 $d = a_{3z}$。当把 N 个这样的层组合起来时,也就得到了一个厚度为 Nd 的有限三维声子晶体板(层)了。现在假设一个角频率为 ω 的平面波入射到这个声子晶体板上,平行于 xy 面的波矢分量记作 $\boldsymbol{k}_{/\!/}$,它是不变的。利用 LMS 方法,根据多散射过程,通过计算每一层的 4 个透射和反射矩阵 $\boldsymbol{Q}$[37,46],就可以逐层地分

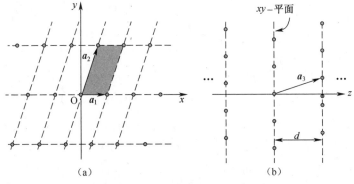

(a)　　　　　　　　　　　　　(b)

图 3.1　(a)由 xy 平面上的二维散射体阵列构成的晶体层以及
(b)声子晶体可以视为完全相同的层沿着 z 方向的连续堆叠

析得到每一层的精确解。然后,联立这些 Q 矩阵,考虑不同层的匹配条件,就可以获得整个复合结构的总矩阵,据此可以考察声子晶体板的透射、反射和吸收等方面的特性。

这里考察一个实例[42]。由半径为 S 的球状散射体构成的二维方形晶格,晶格常数是 a_0。图 3.2 对相关理论计算结果和实验结果进行了比较[12,26],可以看出二者是相当一致的,这验证了 LMS 方法的有效性。图 3.2(e)和(f)中给出了有限声子晶体板(包含 N 个层,总厚度为 Nd)的纵波和横波透射曲线,考虑的是法向入射情况。显然,板越厚时,透射率显著下降的频率范围越发清晰,当足够厚时,将趋于对应的无限晶体的带隙。

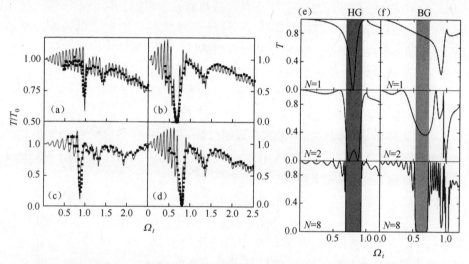

图 3.2　法向入射到方形晶格的弹性纵波的归一化透射率(引自文献[42]):基体为 7cm
厚的聚酯板(浸入水中),板中分别阵列(a)玻璃球($S=0.56\text{mm}$,$a_0=2.63\text{mm}$);
(b)铅球($S=0.60\text{mm}$,$a_0=2.63\text{mm}$);(c)钢球($S=0.585\text{mm}$,$a_0=3.95\text{mm}$);
(d)钢球($S=0.585\text{mm}$,$a_0=2.63\text{mm}$)。图中的实线为理论结果,方块标记为实验结果。
(e)和(f)分别给出了法向入射到另一种板上的纵波和横波的透射率,该板包括了
N 个 fcc 晶体层($a=a_0\sqrt{2}=3.72\text{mm}$),每层均平行于(001)晶面,并由钢球
($S=0.585\text{mm}$)在无损耗的聚酯基体中阵列构成。图中的 $\Omega_t=\omega a_0/(2\pi c_t)$,
阴影区域代表了对应无限晶体的带隙(参见图 3.3)

将无限晶体视为一系列连续的层(从 $z=-\infty$ 到 $z=\infty$ 覆盖了整个空间),就可以计算出复能带结构。引入周期边界条件,根据 Bloch 定理,对于一个给定的 $\boldsymbol{k}_{//}$ 即可确定三维波矢 $\boldsymbol{k}=[\boldsymbol{k}_{//},k_z(\omega)]$ 中的 $k_z(\omega)$,图 3.3(a)给出了与图 3.2 对应的计算结果。可以看出,一般存在着两种带隙,分别如下:

(1)布拉格带隙(BG):主要成因是周期层在给定晶向上对行波的相消干涉

作用,从而在布里渊区(BZ)的边界处($k_z d/\pi = 0$, ±1)打开。在图 3.3(a)中,横波 BG 带隙出现在大约 $\omega a/c_t \sim 2\pi$ 处,参见图 3.3(b)。注意,除非特别说明,这里和本章后面的 c_l 和 c_t 分别代表基体中的纵波和横波波速。

(2) 杂化带隙(HG):当具有相同对称性的两个能带相互交叉时将出现这种带隙,通常来说,最窄的 HG 是由局域在晶体基本单元(球)中的虚束缚态诱发的。图 3.3(a)中的纵波能带中出现了一个 HG,图 3.3(c)和(d)则对此作了更清晰地描述。当单个钢球置入在聚酯基体中时,在 $\Omega_t = 0.51$ 处将存在一个偶极型位移场的虚束缚态(有限寿命的共振态),局域在球的内部。这一点可以通过计算态密度($\frac{1}{\pi}\partial_\omega [\,\mathrm{Imtr}\,\ln(I + T)\,]$)来加以证实[44]。当把很多球体组合为一个晶体层(fcc,(001))之后,对于 $k_{/\!/} = 0$ 的情况,由于这些球体的共振态之间的相互作用,纵波位移场将出现共同的虚束缚态,它在图中"单层情况"标记的附近达到峰值,而在两侧则迅速降低。对于晶体层情况来说,态密度可以根据 $\frac{1}{\pi}\partial_\omega \{\mathrm{Im}\,[\,\mathrm{tr}\,\ln(I + T) - \mathrm{tr}\,\ln(I - T\Omega]\,\}$ 计算[44],结果也证实了该虚束缚态确实是出现在 $\Omega_t = 0.80$ 处。因此,相邻球层的虚束缚态只会发生很弱的耦合效应,这也就导致了一个相对平直的能带,参见图 3.3(c)。

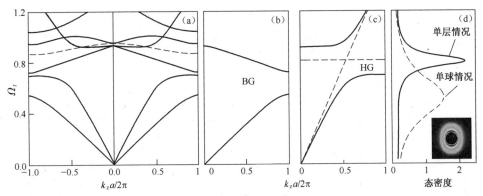

图 3.3 (a)引自文献[42]:垂直于某 fcc 晶体($a = 3.72\mathrm{mm}$,钢球($S = 0.585\mathrm{mm}$)分布于无损耗聚酯基体中)的(001)晶面方向上的声子能带结构。细(粗)实线分别为纵(横)波能带,虚线为声带以及(b)布拉格带隙以及(c)杂化带隙,实线和虚线分别示意了相互作用发生前后相应的杂化和非杂化能带以及(d)态密度,虚线为单个球体情况,实线为单个 fcc(001)晶体层情况。插图反映了单个球体处于共振时的特征模式,可以看出强烈的局域化现象

值得注意的是,从图 3.2(e)可以看出,HG 在晶体板的传输谱中体现为透射谷,这一现象即便是在板非常薄(如单层)的情况下也会形成,而并不需要周期性的存在[57]。与此不同的是,BG 在传输谱中表现出的透射谷将随着板厚(Nd)的增大而不断加强,并且仅当板厚足够大时该带隙才会变得比较明显,参见图

3.2(f)。

3.2.2　全方向带隙、衰减与隧穿

　　LMS 方法的一个优点在于缩减了 k 的区域,只需采用面布里渊区(SBZ)即可完全等效于常用的体布里渊区(BZ),也就是说,如果 SBZ 中存在某个点,那么该点一定也存在于 BZ 中,反之亦然,它们之间相差一个三维倒晶格矢量,参见图 3.4。利用 LMS 方法可以作完整的多散射计算,以一个由相互接触的石英球构成的 fcc 晶体(在空气中)为例,图 3.5 给出了相应的结果,包括了透射情况和复能带结构,以及在(111)这个 SBZ 上的投影,这些结果明确揭示了该晶体存在着一个全向声子带隙。根据这一实例和进一步对胶体声子晶体的研究结果[39],人们已经发现了此类能带结构存在着有趣的对称性,并且还给出了杂化带隙生成机理的清晰的物理解释[45,60]。

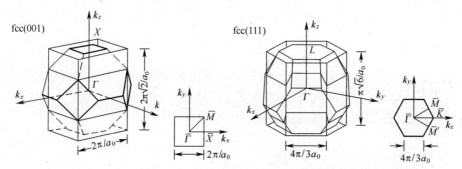

图 3.4　与 fcc 晶体的(001)和(111)晶面相关的简约 k 区域及其对应的 SBZ 和 BZ

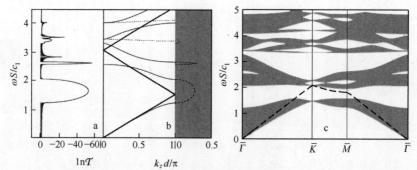

图 3.5　引自文献[45]:(a)由空气中相互接触的石英球构成的晶体板的透射率(包含 $N=32$ 个 fcc(111)晶层,法向入射)以及(b)垂直于对应的无限晶体(111)晶面方向上的复声子能带结构,黑色实线和虚线分别表示具有 Λ_1 和 Λ_3 对称性的能带,灰色线表示基于等效介质的近似结果。阴影区域为虚部,带隙内的虚线代表了最小虚部所对应的能带以及(c)上述晶体(填充率74%)的声子能带在 SBZ(fcc(111))上沿着高对称线方向的投影(参见图3.4)。对于晶体板而言,空气中的行波可以在某个频率阈值上存在,该阈值是 $k_{/\!/}$ 的函数,即 $\omega_{\text{inf}} = c_l |k_{/\!/}|$,见图中虚线。

一般而言,在三维固体声子晶体中是不易出现绝对带隙的。原因很简单,在此类声子晶体中,弹性波可以同时存在纵波和横波分量,因此要想生成绝对带隙,就必须使得在所有方向上这两种分量的带隙有所重叠。显然,如果从这两种分量具有不同的传播速度这一点来看,这一要求是难以满足的。不过,在某些特定条件下,这种绝对带隙也是可以产生的。例如人们已经发现,对于非重叠的高密度球置入低密度基体而构成的二组元周期复合介质[17],以及由带包覆层的球置入基体而构成的三组元声子晶体[25],它们都确实展现出了绝对带隙现象。这些带隙中的最宽者并不是 BZ 边界处对应的布拉格带隙,而是杂化带隙。实际上,在这些结构物的能带结构中还存在着与单个散射体的共振模式(相邻散射体间的耦合较微弱)对应的能带,它们一般是比较窄的,参见图 3.3。这些能带可以跟等效均匀介质中传播的(近似)自由行波的能带产生混杂[37,39,43],进而形成杂化带隙。填充率越大,这种杂化带隙就越容易形成,不过同时共振能带也会变得更宽一些。当然这一点可以通过在散射体中引入轻微的耗散来改善[34]。在图 3.6 中,我们针对由钢球和聚酯基体构成的几种不同的声子晶体(立方、四方晶格以及它们之间的多种配置方式),计算并绘出了绝对带隙的相对宽度 $\Delta\omega_G/\overline{\omega}_G$(带隙宽度与中心频率之比值)随钢球体积百分数 f 的变化曲线。可以发现,在较大的填充率时存在着最宽的绝对带隙,不过这一填充率是低于 f_{max} 的。如果进一步计算密堆六方晶格(hcp, f_{max} = 74%)这种紧凑的配置方式和钻石晶格这种非紧凑的配置方式,通过结果对比就不难得到如下一个结论:

“对于散射体和基体的密度差异较大的固-固型三维声子晶体而言,配置方式越紧凑,就越容易得到较宽的绝对带隙,因此在三维情况下,对于绝对带隙来说,结构几何是相当重要的一个方面。[43]”

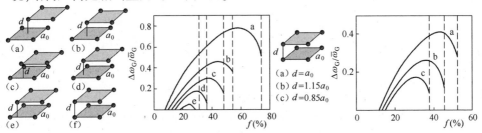

图 3.6　引自文献[43],左图给出的是不同配置方式下的声子晶体的绝对带隙情况:钢球以不同的布拉菲晶格形式布置在聚酯基体中,这些晶格的基矢为 $a_1 = a_0(1,0,0)$, $a_2 = a_0(0,1,0)$, $a_3 = a_0(\alpha,\beta,\sqrt{2}/2)$。(a) $\alpha = 0.5, \beta = 0.5$(fcc 晶格);(b) $\alpha = 0.5, \beta = 0.25$;(c) $\alpha = 0.5, \beta = 0$;(d) $\alpha = 0.25, \beta = 0.25$;(e) $\alpha = 0.25, \beta = 0$;(f) $\alpha = 0, \beta = 0$。垂直于横坐标轴的虚线示出了对应于上述配置方式的最大填充率 f_{max}。对于 $\alpha = 0, \beta = 0$ 情况(简单四方晶格, f_{max} = 26.2%)不出现绝对带隙。右图给出的是四方晶格在不同晶面间距 d 条件下的绝对带隙情况($d = a_0$ 的特殊情况对应于简立方晶格)

　　阻尼效应在声子晶体结构制备中是有用的[14],特别是为了满足某些应用方面的特定需求时更是如此。举例来说,对于一个由橡胶球密堆积在空气中形成的 fcc 晶体[34],散射体导致的共振吸收将使得该声子晶体能带中的共振态受到干扰,进而导致全向带隙和方向带隙变得不那么清晰(图 3.7)。显然这一点对于波导方面的应用是极为有用的。

　　除了绝对带隙问题以外,另外一些特性也得到了研究。例如,针对由树脂基体和碳化钨珠(或钢珠)构成的三维声子晶体板[30],人们发现这一结构物表现出了有趣的超声隧穿现象,并在带边形成了异常的超声色散。当不考虑耗散效应时,超声隧穿时间是与声子晶体厚度无关的,在带隙中部 $\Delta\omega_{gap}t_{tun}\sim1$,其中 t_{tun} 为隧穿时间,$\Delta\omega_{gap}$ 是带隙宽度。

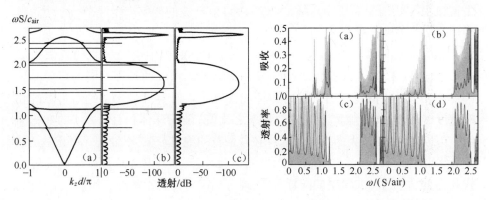

图 3.7　左图:(a)fcc 晶体的(111)面布里渊区中心处的能带结构,晶体由空气基体和密堆积无损耗的橡胶球构成,晶格常数为 a。(b)16 层晶体板(无损耗)的透射曲线。
(c)16 层晶体板(橡胶球具有小黏性阻尼)的透射曲线。d 为相邻(111)晶面之间的距离。
右图:(a)、(c)和(b)、(d)分别为 8 层和 32 层橡胶球组成的声子晶体板的吸收和透射曲线。
黑线和阴影曲线分别表示了小黏性和大黏性情况。引自文献[34]。

3.2.3　新一代三维声子结构

　　近年来 LMS 方法已经拓展到用于处理非球状粒子,这些粒子可以用于设计制备具有各种功能的声子结构,从而实现偏振方向的分离与选择,以及构造某些新型声光器件[9]。人们已经详细考察了由此类粒子构造而成的有限声子晶体板的透射谱,通过与对应的复能带结构和态密度图的对比,可以发现此类非球状粒子能够提供更多的自由度,这使得我们可以更好地去调节弹性波场的各种模式。事实上,球状散射体的变形效应有很多方面的应用,例如单模声波导就是一例,它建立在声子晶体内的弱耦合缺陷基础上。单个球状缺陷的模式简并意味着在缺陷链具有的带隙频率范围内将存在大量的能带。通过改变球状外形,单一能带可以发生分裂,从而可以在给定频率范围内实现单模工作方式,图 3.8 就给出了一个由 PMMA 扁球状粒子构成的声子晶体案例。

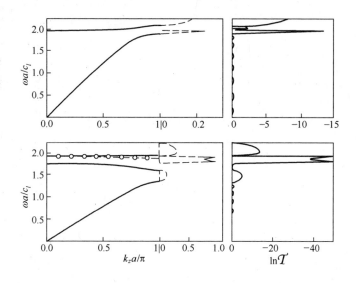

图 3.8　引自文献[9]:左图为(由 PMMA 扁球状粒子和硅基体构成的)声子晶体的[001]
　　　方向上的能带结构,sc 晶格,$A = 0.88a$,$B = 3A/4$。带隙中的虚线表征了 k_z 虚部
　　绝对值最小时所对应的能带,阴影部分代表了虚部范围。右图为(001)方向上包含
　　　　8 层的晶体板的透射曲线(法向入射)。上方两图为纵波情况,下方两图为横波情况

　　经典波在周期介质中的传播性质已经被人们用于调控光波和声波,随着声子–光子晶体[31]的出现,光波和声波还可以同时被控制,这是一类特殊的材料,它可以通过多种方式来同时调节光、声甚至热的传输特性。这种新一代结构物能够用于传感器设计,局域光子态(声光交互)可以通过特超声来调控[32,40],而声子态则可通过光力学来构造[6]。特别地,在纳米光子和声子晶体这一交叉领域,声光交互作用还可以在非常小的空间内实现前所未有的声光控制功能[32,40]。在非弹性光散射方面,可以实现声子辅助光发射,还可以借助布里渊散射来控制光速;另外也可构造出高灵敏度的声子–光子传感器。尽管对于一维和二维声子–光子晶体来说,生成全向谱带隙是相当容易的,不过三维条件下要同时实现声和光两个方面的功能性确实是相当困难的,原因在于光子和声子结构对于拓扑参数的要求具有较大差异。下面给出了一个三维实例,参见图 3.9。该三维声子–光子晶体是由纳米金球和树脂基体构成的,采用了简立方晶格,填充率大于 40% 时在波长 1.55 μm 附近形成了一个绝对光子带隙,相对宽度约 15%,同时,在 2GHz 特超声频率附近还形成了一个相对宽度约 53% 的绝对声子带隙。

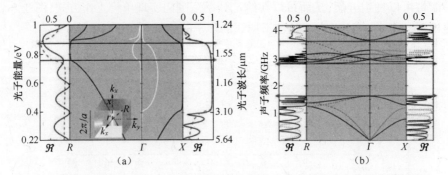

图 3.9　引自文献[31]:(a)由金球和树脂基体构成的声子晶体的复光子能带结构与
反射率 $\mathscr{R}$(sc晶格,晶格常数 $a=480$nm,金球直径460nm, ΓX 和 ΓR 方向)。
白色线表征了波矢的虚部。计算中采用了金的介电函数实验值,其中包含了损耗。
能带图旁边的曲线是(001)和(111)方向上的5层晶体板的反射谱,其中虚线为半无限晶体
的反射率。水平直线标出了绝对带隙的范围。(b)同一结构物的声子能带结构与反射率。
实线和虚线分别表示双重简并(横波)和非简并(纵波)能带(或声带)。能带图旁边的曲线
仍然为5层晶体板的反射谱,实线和虚线分别表征横波和纵波情况。水平直线同样标出
了绝对带隙的范围。

3.3　非理想声子结构:从周期到失谐

在固体物理和电磁理论中,非严格的周期性往往可以导致多种有趣的现象
发生,例如固体中电子的安德森局域化[2]、导波、带隙内的杂质态以及隧穿现象
等。类似地,基于完全相同的基本原理,人们预期这些现象也会体现在弹性波范
畴内,尽管弹性问题的全矢量特点增大了问题的复杂度。

3.3.1　分层非严格周期异质结构

在3.2.1节中曾经提到,一个具有理想周期性的三维声子晶体总可以看成
是由完全相同的层在给定晶向上(如 z 轴方向)的连续堆叠物,每一层中的散射
体是以相同的二维晶格形式分布的(参见图3.1)。因此,构造非严格周期性的
最简单的办法就是令每层都具有自身的特性(散射体的尺寸和材料、层厚等)。
例如,可以沿着 z 向上引入一些面(层)缺陷[38],或者逐渐改变层的特性(如梯
度变化[36]),甚至可以引入尺寸或位置失谐的随机分布(fcc层错结构就是最著
名的案例)[47]。应注意的是,在这些情况中,在 xy 面上仍然是二维晶格,具有周
期性。后面几节将对这些内容做详细介绍。

LMS方法稍作修改后就能够非常有效地处理上述这类异质结构,因为这种
方法是对每一个层单独做多散射分析的,唯一的要求是所有层都应具有相同的

二维周期性。这里我们将利用文献[46]中给出的计算程序,对这类复合介质板(周期或非周期)在 z 向上的透射、反射和吸收等特性进行分析和讨论。

3.3.1.1 面缺陷情况

这里以一个理想的晶体为例,该晶体是由半径 $S = 0.25a$ 的铅球以 fcc 晶格形式无交叠地分布于树脂基体中而构成的,a 为晶格常数。计算结果表明,在 $\omega a/c_t = 5.29 \sim 7.38$ 范围内出现了一个绝对带隙。我们将指出,当引入轻微的失谐时(面缺陷),入射到晶体板的弹性波的透射将发生显著的改变(详细的分析读者可以参阅文献[38])。当把上述晶体板的某一层中的球半径改变时,在原晶体的带隙内将会出现一些局域化振动模式,它们发生在这个缺陷层中,如图 3.10(a)所示。正如图 3.10(b)和(c)所体现出的,这些振动模式将表现为晶体

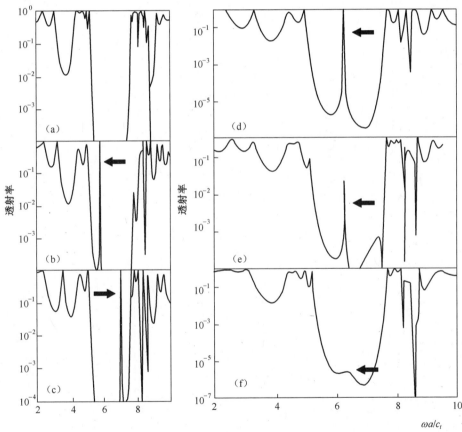

图 3.10 引自文献[38]:弹性横波法向入射到晶体板的透射率,晶体板包含 5 层(平行于(001)晶面),由铅球和树脂基体构成,fcc 晶格排列。左图:除了中间层中的球半径为 S_i[(a)$S_i = S$;(b)$S_i = 0.8S$;(c)$S_i = 0.6S$]以外,其他各层球的半径均为 $S = 0.25a$。右图:除了中间层(d)或第二层(e)或第一层(f)中的球半径为 $S_i = 0.7S$ 以外,其他层的球半径均为 $S = 0.25a$。红色箭头指出了由于面缺陷导致的透射峰

板透射曲线上较为陡峭的共振峰。这个共振峰出现在带隙内,它使得在这个缺陷层中,弹性波可以在平行于层的方向上传播(以布洛赫波形式),而在垂直于层的方向上将快速衰减。

当面缺陷(杂质层)位于晶体板的正中间时,共振频率处的透射系数等于1,而当面缺陷处于其他层时,该透射系数将小于1,如果位于晶体板的最外一层,那么共振峰将消失,这些现象均可从图3.10(d)~(f)中观察发现。对于面缺陷位于表面层的声子晶体板的更为详尽的分析可参考文献[50]。

此外,如果在给定方向上周期布置杂质层,那么还将会在原有带隙(理想晶体)中生成窄小的能带,其宽度取决于这些能带在带隙中的位置以及杂质层的间距。

3.3.1.2 梯度分层结构

文献[36]中曾给出了一个梯度分层异质结构的实例。原声子晶体是由水银球和铝基体构成的,fcc晶格,晶格常数为a。计算结果表明了当填充率f在5.2%~12.1%之间时将出现绝对带隙,最宽的绝对带隙出现在填充率为8.2%处,相对宽度为2.52%,如图3.11(a)所示。这一声子晶体的带隙特性可以作进一步改善,即令不同的晶体层(晶体板)具有不同的填充率f,通过堆叠7块具有不同半径球散射体的晶体板,就可以使得各自的绝对带隙发生重叠,从而得到更宽的总体绝对带隙($\Delta\omega_G/\omega_{MG}=14.4\%$),如图3.11(b)所示。这里采用的系列填充率分别为5.9%、6.3%、6.8%、7.5%、8.23%、8.93%和9.6%,参见图3.11(b)中的竖直线。应当注意的是,为了使晶体完整的带隙特征得以体现,至少需要8层散射体,因此堆叠的晶体板需要的最小宽度应为$4a$,于是上述异质结构的总宽度至少应为$28a$。此外还要注意的是,所有这些(001)方向上的fcc晶体板在xy面内都具有相同的二维周期性。

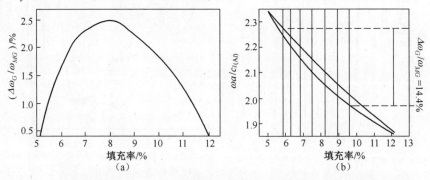

图3.11 引自文献[36]:(a)绝对带隙的相对宽度与填充率的关系曲线:fcc晶体,水银球阵列于铝基体以及(b)绝对带隙的带边随填充率的变化

3.3.1.3 面失谐

下面我们在结构的z向上引入随机分布的缺陷层,它们可以具有不同的位

置或者不同的散射体球尺寸(相对于作为参考的具有严格周期性的声子晶体)。

作为参照,我们把由钢球(半径 $S=0.31a_0$)以 fcc 晶格形式置入聚酯基体而构成的声子晶体称作体系I。该晶体所具有的一个绝对带隙位于 $\omega a_0/c_l = 2.32 \sim 3.23$ [43]。在图 3.12(a)中,我们给出了垂直于(111)晶面方向上的能带结构。

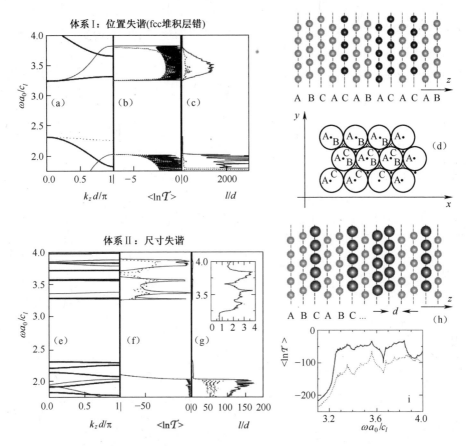

图 3.12　引自文献[47]:上图——堆积层错:(a)体系Ⅰ(无失谐)在[111]方向上的能带结构,细实线/虚线/粗实线分别代表了具有 $\Lambda_1/\Lambda_2/\Lambda_3$ 对称性的能带;(b)纵波法向入射到晶体板(浸入水中)的透射率$\langle \ln T \rangle$,板为 128 层,实线和虚线分别代表了无层错和 20%层错情况;(c)20%层错情况下的 l/d,虚线和实线分别代表了 $N=128$ 和 $N=2048$ 两种情形;(d)由 fcc堆积层错带来的失谐示意图。下图——尺寸失谐:(e)体系Ⅱ(无失谐)在[111]方向上的能带结构,细实线/粗实线分别代表了具有 Λ_1/Λ_3 对称性的能带;(f)纵波法向入射到晶体板(浸入水中)的透射率$\langle \ln T \rangle$,板为 65 层,实线和虚线分别代表了无尺寸失谐和 20%尺寸失谐的情况;(g)20%尺寸失谐情况下的 l/d,虚线和实线分别代表了 $N=65$ 和 $N=256$两种情形;(h)沿着[111]方向尺寸失谐的示意图;(i)法向入射到体系Ⅱ上的透射率$\langle \ln T \rangle$,64 层,浸入水中,实线和虚线分别代表了 20%和 40%的尺寸失谐情况。

当纵波法向入射到有限晶体板(平行于(111)面),只有非简并的纵波能带(细线)被激发出来,而对于双重简并(粗线)和聋带(虚线)情况则并非如此。这个晶体板包含了 N 个(111)晶层,厚度为 Nd(d 为晶面间距)。如果晶体板足够厚($N=128$),同时浸入水中,那么正如所预期的,对于纵波法向入射情况,透射系数(图 3.12(b)中的实线)将在纵波能带所在范围内出现,而在其他区域为 0。

　　下面来考察位置失谐,我们引入一类最简单的情形,即 fcc 堆积层错。在无失谐情况下,一块 fcc 晶体板在[111]方向(假设为 z 向)的生长可以视为一系列平行的球层:⋯ABCABC⋯。这些层 A、B 和 C 是完全相同的,且在 xy 面内有着同样的二维周期性,每一层相对于前一层存在一个位移($\boldsymbol{a}_3 = \boldsymbol{a}_0(1/2, \sqrt{3}/6, \sqrt{6}/3)$),参见图 3.12(d)。当在这个堆积过程中引入一个位错 $\boldsymbol{B}$(对应的位移为 $\tilde{\boldsymbol{a}}_3 = \boldsymbol{a}_0(-1/2, -\sqrt{3}/6, \sqrt{6}/3)$),那么将使得原序列遭到破坏,产生类似于⋯ABC BABC⋯的排列。假定在原序列的每个点上发生位错的概率是 20%,在此设定下,考虑法向入射到晶体板的纵波,计算得到的透射率(总体平均值的对数,$\langle \ln T \rangle$)如图 3.12(b)中的虚线所示,图中的实线对应于无位错情况。这里的 $\langle \ln T \rangle$ 是对 100 个随机产生的层序列(20% 失谐概率下)进行平均的。可以发现,与无位错情况相比,在带隙范围以外透射率减小了,但减小得并不显著,这主要是由安德森局域化效应导致的。此时下面这个量必须与 N 无关(当 N 足够大):

$$l/d = -2N/\langle \ln T \rangle \tag{3.1}$$

仅当此时我们可以把 l 称为局域化长度。图 3.12(c)给出了 $N=128$ 和 $N=2048$ 时的 l/d,可以看出 l 在带隙上方的某些频率处收敛了,这证实了这些频率处的安德森局域化效应,它使得即使层数非常多($N=2048$),也不会导致透射率的显著差异。

　　当引入尺寸失谐时,将会出现较强的安德森局域化效应,从而使得绝对声子带隙变得更宽。这里把由 fcc(111)球层序列构成的参考晶体称作体系Ⅱ,与前面不同的是,这里把 5 层中的最后一层的球半径设定为 $S'=1.2S$,而其他层的球半径均为 $S=0.31a_0$。体系Ⅱ要比体系Ⅰ的周期大 5 倍,因此体系Ⅰ相对较宽的能带将被折叠到比原简约区小 5 倍的范围中。这使得体系Ⅱ会出现很多窄能带,并在它们之间形成布拉格带隙,参见图 3.12(e),同时,图 3.12(a)中的带隙仍然存在。这里可以将两种不同条件下的透射率进行比较,一种是纵波法向入射到 65 层的浸入水中的晶体板(图 3.12(f)中的实线),另一种是具有 20% 尺寸失谐(每层中的球可以更大,参见图 3.12(h))概率的失谐晶体板(图 3.12(f)中的虚线),结果表明在无失谐晶体的频率带隙上方,后者的透射率表现出了显著的降低。这一现象当然归因于安德森局域化效应,正如图 3.12(g)所指出的,在带隙上方, l 收敛到一个与板厚无关的值, 并且更为重要的是, 由于局域化长度相对很小 (小于 5 层的厚度), 因此具有合理厚度的板即可产生这一效应。此外, 在带隙内, 失谐板的透射率仍然是很小的。

引入尺寸失谐之后带来的局域化的窄能带, 对于形成安德森局域化效应从而扩大透射带隙 (至少是原带隙的两倍宽) 是很有利的。这种情况不仅可以发生在法向入射情况下, 其他入射条件也是如此。另外, 如果在晶体板的一侧把水换成聚酯物, 这种现象也同样会出现, 于是横波的传输也是类似的了。换言之, 无论入射波的方向还是偏振类型, 上述现象都同样存在[47]。最后还应注意, 当增大尺寸失谐程度时, 例如从 20% 增大到 40%, 在大多数频率处透射率将会进一步呈指数形式下降 (参见图 3.12(i))。

3.3.2　线缺陷

这里所讨论的所有非周期结构物, 在平行于它们的特征面方向上仍然是具有周期性的, 因而 LMS 方法[37,46]可以很好地用于其理论描述和分析。然而, 对于点、线缺陷或者三维失谐, 就有必要采用原始的多散射 (MS) 方法了, 也就是在整个空间中对散射过程加以分析。

这一节我们不去探讨完全随机的体系。当然, 这一方面的工作已经有了一些, 例如体积失谐的多泡液体的多散射分析[67]。近期人们还实验研究了由固体球和流体基体组成的随机复合介质在超声[11]和特超声[57]范围内的特性, 其中分别假设了位置失谐或位置与尺寸同时失谐的情况。另外, 三维准声子晶体也得到了实验分析, 这些结构物表现出了周期和随机结构物的"混合"行为特性[61], 即布拉格带隙和杂化带隙以及局域化导致的透射率降低现象。根据已有研究可以归纳出这样一个结论: 尽管具有理想周期性的声子晶体的主要特征是带隙现象, 不过周期性并不是带隙存在的必要条件, 事实上, 当周期性不存在时, 由于单个散射体的共振行为 (局域在结构的基本单元中), 仍然可以产生杂化型的带隙[57,61]。

下面考察声子晶体中存在线缺陷的情形, 这种情形是与波导直接相关的。首先我们将给出多散射过程的一般描述, 当然, 这一描述也适用于随机介质。

3.3.2.1　真实空间中的多散射

这里先给出一般情况下的多散射基本原理, 即复合介质的非均匀性 (本例中是球状散射体) 是随机分布的, 并且不同位置处可以是不相同的。我们知道, 对于匀质空间中频率为 ω 的波而言, 它从位置 n' (位置矢量 $R_{n'}$) 传播到另一个位置 n (位置矢量 R_n) 的过程可以用自由空间中传播函数 $\Omega_{nn'}$ 加以描述 (图 3.13(a))。另一方面, 当波入射到位置 R_n 处的球上时将发生散射, 该过程可用散射矩阵 T_n^0 刻画, 它给出了从球体向外行进的波的幅值 (图 3.13(b))。上述这两个量的表达式可以在文献[44,46]中找到。现在先来考察一个周期体系(未扰体系),如图3.13(c)所示,应当说明的是,这里针对这一体系给出的过程对于任何类型的失谐(尺寸、材料或者位置等)也同样是正确的。对于这一体系,为描述从位置 n' 到位置 n 的波传播过程,$\Omega_{nn'}$ 和 T_n^0 是最核心的两个量。我们首先需要知道该体系的传播函数 $D_{nn'}^0$,它应给出从 R_n' 处的球体出发到达 R_n 处球体的波(作为入射波)的幅值信息。如图3.13(d)所示,这些传播函数实际上是对从 n' 到 n 所有可能的波传播路径的求和,波可以不通过任何散射而直接到达,也可以经过位置 n'' 处的一次散射之后再到达,还可以是经过位置 n'' 和 n''' 处的两次散射之后再到达,以此类推。于是可以记作:$D_{nn'}^0 = \Omega_{nn'} + \sum_{n''} \Omega_{nn''} T_{n''}^0 \Omega_{n''n'} + \sum_{n'',n'''} \Omega_{nn''} T_{n''}^0 \Omega_{n''n'''} T_{n'''}^0 \Omega_{n'''n'} + \cdots$,经过简单的矩阵处理后可以得到[44]:

$$D_{nn'}^0(\omega) = \Omega_{nn'}(\omega) + \sum_{n''} \Omega_{nn''}(\omega) T_{n''}^0(\omega) D_{n''n'}^0(\omega) \tag{3.2}$$

上面的符号中的上标"0"代表未扰体系,目的是与下面将要介绍的受扰体系区分开来。式(3.2)也适用于任何形式的失谐和(或)缺陷情形,也就是说适用于任何类型的(材料或尺寸)以及任何布置形式的球状散射体。当应用到周期体系时,每个位置 n 都位于某个晶格点处,而每一点处都有 $T_n^0 = T^0$。

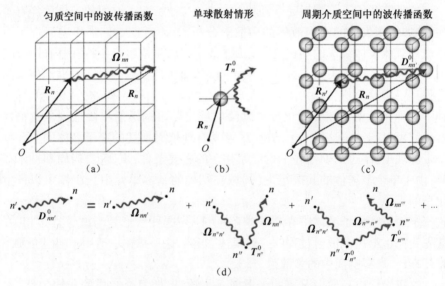

图 3.13　非均匀介质中的多散射过程基本原理

(a)匀质空间中两个位置之间的波传播函数;(b)用于描述非均匀性(球)产生的波散射的 T 矩阵;
(c)周期体系中两个位置之间的波传播函数;(d)基于多散射方法的传播函数的物理涵义。

现在我们在上述周期体系中引入一些缺陷,即不同尺寸和(或)不同材质的球,那么此时可以采用新的 T 矩阵来描述,记作 T_n。类似于式(3.2),这个受扰体系的传播函数为[44]:

$$D_{nn'}(\omega) = D_{nn'}^0(\omega) + \sum_{n''} D_{nn''}^0(\omega) \Delta T_{n''}(\omega) D_{n''n'}(\omega) \qquad (3.3)$$

式中：$\Delta T_n = T_n - T_n^0$，T_n 为受扰体系位置 R_n 处的 T 矩阵，而 T_n^0 是未扰体系位置 R_n 处的 T 矩阵。很显然，上式的晶格求和现在只限于在那些散射体球发生替换的位置上。式(3.3)的重要性在下一节中将会进一步得以体现。

可以看出，上面这些矩阵是定义在 $\{P\ell m\}$ 域上的，其中包括了波的偏振类型 P（一个纵波和两个横波），以及在弹性波的球面展开中用到的角动量量子数(ℓ, m)。

3.3.2.2　波导

三维声子晶体中波的导向问题目前研究得还很有限[4,49]。声子晶体中的波导一般是通过移除一行散射体(柱或球)构造而成的，因此类似于经典的波导结构，角频率为 ω 的弹性波可以在这些通道中传播，而在通道壁上发生反射，只要该频率落在原声子晶体的绝对带隙范围之内。在二维声子晶体中，这种波导问题已经得到了广泛的研究，其中既包括理论方面也包括实验方面，然而，据我们所知，目前还只有一项研究[4]将这一思路应用于三维声子晶体，它针对的是一个固-固型复合介质(铅球置于树脂基体中)，采用了 FDTD 方法。另外一种波导机制主要建立在弱耦合效应(通过链中的缺陷)上，称为耦合腔波导(CCW)，这里我们要介绍的也正是这一种。这种机制首先是出现在光子晶体领域中的[55]，然后人们将其引入到声学领域，考察了一类多泡液态晶体[49]，其中只涉及纵波。

对于一个有效的声子晶体波导而言，其工作频率必须位于该声子晶体的绝对带隙范围内。这里我们考虑一个由半径为 $S_0 = 0.20a$ 的球状气泡以简立方晶格形式分布在水中而构成的声子晶体，晶格常数为 a，经过计算可知该晶体在 $\omega a/c = 0.087 \sim 2.228$($c$ 为水中声速)范围内具有一个很宽的绝对带隙，参见图 3.14(a)中的左图。这一杂化带隙主要源于单个散射体的单极 Minnaert 共振。正如[001]方向上的复能带结构所体现出的(参见图 3.14(a)中的右图)，单极近似(纵波场的球面展开式中的 $\ell = 0$ 项)与精确结果(在 $\ell_{max} = 3$ 处截断)在上述频率范围内确实是相当吻合的。正因如此，在下面将只考虑 s 波散射(即单极近似，$\ell_{max} = 0$)。

由于上述原因，与前一节所述的多散射相关联的所有矩阵都将退化为标量形式，该系统可以作精确(几乎解析的)求解，并由此揭示出物理本质。这里从式(3.2)出发来计算前述声子晶体中 s 波的传播函数 $D_{nn'}^0$，此时的 T^0 是(与 s 波散射相关的)单个球的 T 矩阵元素，它具有非常简单的形式[49]。基体介质中的 s 波的传播函数为

$$\Omega_{nn'} = \frac{\exp(iq|R_n - R_{n'}|)}{iq|R_n - R_{n'}|}, n \neq n' \qquad (3.4)$$

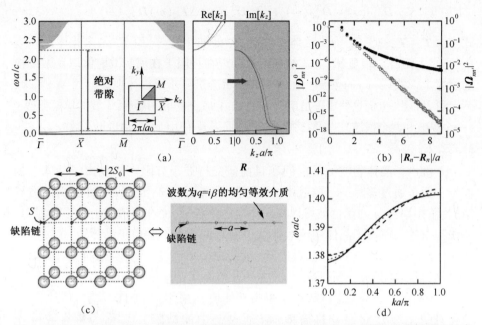

图 3.14　引自文献[49]：(a)左图——由球状气泡($S_0 = 0.20a$)和水以简立方晶格构成的声
子晶体在 SBZ((001)平面,见插图)内高对称线上的投影能带;右图——[001]方向上的
复能带结构,阴影区域中给出的是带隙内具有最小虚部的 $k_z(\omega)$,虚线为单极近似结果。
空白区域对应于频率带隙(所有的 $k_z(\omega)$ 都是复数)以及(b)空心圆圈表示的是(a)
中晶体的传播函数与距离之间的关系曲线,实心圆圈为自由传播函数曲线,二者的频率均为
$\omega a/c = 1.39$(大约位于(a)中绝对带隙的中间,见红色箭头)以及(c)左图——实际的波导;
右图——等效紧束缚描述以及(d)通过在(b)中的声子晶体内沿着[001]方向引入无限长线性
缺陷球链($S = 0.01a$)而生成的缺陷能带。实线为精确解,虚线为最邻近且频率无关的传播
函数近似,短画线为式(3.7)的最佳拟合线。能带的负 k 部分与所给出的曲线是对称的

其中 $q = \omega/c$,而根据定义还有 $\boldsymbol{\Omega}_{nn} = 0$。根据这一式子,可以看出随着距离
$|\boldsymbol{R}_n - \boldsymbol{R}_{n'}|$ 的增大,$\boldsymbol{\Omega}_{nn'}$ 将逐渐减小,因而在 $\boldsymbol{D}_{nn'}^0$ 的计算中一般会包括对大量
晶格位置的求和运算。不过,式(3.2)中的晶格求和项在绝对带隙中的频率处
将快速地收敛,原因在于传播函数 $\boldsymbol{D}_{nn'}^0$ 是随着距离呈指数衰减的,如图 3.14(b)
所示,其中给出了针对上述绝对带隙中某个特定频率的情形。不仅如此,$\boldsymbol{D}_{nn'}^0$ 实
际上还是呈各向同性变化的,可以用函数 $C\exp\left(-\beta|\boldsymbol{R}_n - \boldsymbol{R}_{n'}|/(\beta|\boldsymbol{R}_n - \boldsymbol{R}_{n'}|)\right)$
(对于 $n \neq n'$)来很好地拟合,其中 C 是复常数(在 $q = i\beta$ 时,与式(3.4)的 $\boldsymbol{D}_{nn'}$
和 $\boldsymbol{\Omega}_{nn'}$ 之间的类推比较)。在给定频率处,根据这一拟合得到的 β 值将与 $\mathrm{Im}k_z$
接近(误差小于 2%),参见图 3.14(a)右图中的红色箭头。为此,我们可以说,
对于带隙内的各个频率,上述声子晶体就像一种均匀各向同性的等效介质一样,
其特性可以用虚波数 $i\beta \approx i\mathrm{Im}[k_z(\omega)]$ 来描述。

　　下面引入受扰体系,即把某直线方向(如[001])上的球体替换成直径为 $S = 0.01a \neq S_0$ 的气泡(参见图 3.14(c))。通过求解式(3.3)可以得到该受扰体系的传播函数 $D_{nn'}$,其中的 $\Delta T_n = T - T^0$, T 和 T^0 分别是受扰体系和参考体系中 s 波的 T 矩阵,且限于缺陷所处的位置 $R_n = (0,0,na)$。应当注意, $T_n = T$ 是与 n 无关的,即所有的缺陷是相同的。利用这个缺陷链的一维周期性,式(3.3)可以化为 $D(\omega,k) = [1 - D^0(\omega,k)\Delta T(\omega)]^{-1}D^0(\omega,k)$,其中的 $D^0(\omega,k)$ 和 $D(\omega,k)$ 分别为 $D^0_{nn'}(\omega)$ 和 $D_{nn'}(\omega)$ 的傅立叶变换。$D(\omega,k)$ 的极点决定了该链的波场特征频率(作为 k 的函数),同时由于 $D^0(\omega,k)$ 在未扰体系的频率带隙内没有极点,所以这些特征频率将由下式的根给出:

$$1 - D^0(\omega,k)\Delta T(\omega) = 0 \qquad (3.5)$$

其中的 k 应取遍整个一维布里渊区,即 $-1 < ka/\pi \leqslant 1$。

　　通过式(3.5),可以计算得到线性无限缺陷链的能带,参见图 3.14(d)中的实线,它们会出现在带隙中。这个非退化的窄能带产生于那些局限在缺陷球处的 s 模式。在这个窄能带上,我们可以假设只有相邻球体之间的相互作用是主要的,并且将相关的传播函数 $D^0_{nn'}$ 看成是与频率无关的常数,即 $D^0_{nn}(\omega) \approx d_0$, $D^0_{n;n\pm1}(\omega) \approx d_1$,否则 $D^0_{nn'} \approx 0$。根据这些近似,式(3.5)可化为

$$\frac{1}{\Delta T(\omega)} = d_0 + 2d_1\cos(ka) \qquad (3.6)$$

上式可以给出相当一致的结果,参见图 3.14(d)中的虚线。

　　这里对比一下从式(3.6)得到的色散曲线(图 3.14(d))和利用紧束缚方法得到的结果。正如已经在图 3.14(b)中所指出的,在带隙中部的一个窄小频率范围内,该晶体可以利用一个等效均匀介质来等效,其特性由虚波数 $i\beta$ 来体现(参见图 3.14(c)),且与方向和频率无关。当存在单个缺陷球时,将在缺陷处出现一个局域态,在缺陷球以外它将以 $\exp(-\beta r)/r$ 衰减, r 为从缺陷球中心开始的径向距离。该局域态的特征频率 ω_0 可以通过计算(匀质等效介质中存在气泡时的)T 矩阵的极点而得到,在该极点附近近似有 $T(\omega) \approx A/(\omega - \omega_0)$, A 为实数。在上述等效介质中,对于球链情况,从最邻近的第 $n-1$ 个和第 $n+1$ 个球出发的波入射到第 n 个球上,所产生的波的行为近似为 $a_n\exp(-\beta|\boldsymbol{r} - \boldsymbol{R}_n|)/|\boldsymbol{r} - \boldsymbol{R}_n|$。利用 $\Omega_{nn'}$ 可以将入射波在第 n 个球处展开(式(3.4), $q = i\beta$),由此可得 $a_n = T(\Omega_{n;n-1}a_{n-1} + \Omega_{n;n+1}a_{n+1})$。对于无限周期链,根据布洛赫定理应有 $a_{n\pm1} = a_n\exp(\pm ika)$,进而可导得如下的色散关系:

$$\omega = \omega_0 + 2W\cos(ka) \qquad (3.7)$$

式中: $W = -A\exp(-\beta a)/(\beta a)$。一般来说,式(3.7)中的 ω_0 和 W 是可调参数,也可以根据上述的等效介质近似得到[49]。

值得注意的是,对于包含 N 个缺陷球的有限链情况,式(3.6)也给出了相同的结果[49]。

上述分析过程可以拓展到更为复杂的包含固体组分的情况,其散射体可以是带有高阶角动量的球面波成分。

3.4 多组分三维声子晶体——局域共振和声学超材料

这一节首先对三维局域共振声子晶体做一回顾,包括三维和 2.5 维情况,后者一般是指板结构。然后简要概述声学超材料。对于这些周期的声学材料,这里将给出定义和相关描述,并讨论一下不同寻常的特性,这些特性对应于一些新颖的物理现象,并且具有新颖的应用前景。

3.4.1 局域共振声子晶体

3.4.1.1 三维结构

在过去的十年中,由于 P. Sheng 及其合作者的开创性工作,局域共振声子晶体(LRPC)或局域共振声学材料(LRSM)这一术语已经建立起来,它所代表的结构物可以在非常低的频率处表现出窄的杂化带隙,这一点明显区别于那些具有布拉格带隙的结构物。一般地,布拉格带隙对应的角频率是与 $\pi c_{l(t)}/a$ 同阶的,这里的 a 是指结构的晶格周期,因而频率是较高的。对于杂化带隙来说,它产生于结构单元(散射体)的局域共振,所发生的频率非常接近于对应的局域共振特征频率。当散射体中的波长与其特征长度同阶时,即 $\lambda_s \sim \Gamma$,这种低阶的局域共振就会产生。显然,这种杂化带隙的位置主要依赖于散射体的材料和尺寸,并且对结构的变化有着很强的健壮性[57]。因此,选择合适的组分材料就可以把带隙调整到所需的频率范围,而不必改变结构单元的尺寸。

P. Sheng 及其合作者们利用多层球散射体构造了一种声子晶体[24,25],这种散射体包括相当硬的弹性芯和一个软壳,并置入到较硬的基体介质中。分析指出这种声子晶体存在着局域在芯或壳区域的共振模式,进而导致了杂化带隙[24,25,56]。针对包覆有软硅胶的铅球以立方晶格形式阵列于树脂基体中的情况(图 3.15(a)、(b)),他们还得到了一个杂化带隙,其对应的基体中的波长 λ 要比晶格常数 a 大两个数量级[25],如图 3.15(c)、(d)所示。注意,这些波长对应的是线性色散区域(长波极限),在这一区域中的远离共振频率处,整个晶体可以借助等效匀质介质来描述,参见图 3.15(d)中的蓝线。更重要的是,在靠近这些杂化带隙的频率上,这种线性描述不再适用了,人们可以观察到一些弹性参数的负值(等效)行为[25]。这些频率范围可以通过改变结构单元的尺寸和几何来进行调节。

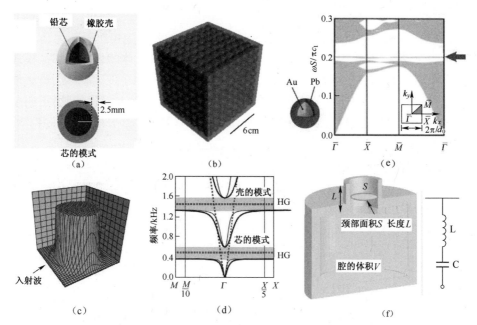

图 3.15　(a)带有硅胶覆盖层的铅球的横截面以及(b) $8 \times 8 \times 8$ 的声子晶体以及 (c)芯-壳结构的球体可以表现出局域共振,进而导致非常低的频率处出现杂化带隙以及(d) 能带结构,虚线代表非杂化能带,红线代表局域在芯或壳区域的共振态以及(c)、(d)都是采用 文献[46]给出的代码计算得到的以及(e)局域共振声子晶体实例,共振态在绝对带隙中导致 了一个平直带(红色箭头);以及亥姆霍兹共振腔的横截面,该腔是从刚性材料(灰色区域)中 挖出的,并通过颈部连接到外部。插图给出了对应的 LC 电路。(引自文献[7,25,56])

　　采用与多层球体相似的思路,即硬-软-硬的组合,如果选用比上述情况更 硬的材料,并挑选合适的包覆层尺寸,那么可以得到更高频率的杂化带隙,同时 在带隙中还将出现一条平直带,如图 3.15(e)所示。该图所示的是金芯和铅壳 的情形(置入到硅基体)[24,56]。这种特性在一些应用中是非常有用的,例如滤 波和波导等。在由中空聚合物球或柱所构成的结构物中,也或多或少地存在类 似的能带现象,即源于散射体内部局域态的平直带现象。通过改变壳尺寸,这些 共振模式可以被调节到非常低的频率[48]。总的来说,可以认为,对于由两种或 更多种组分材料以硬和软交替形式构成的散射体,每个单元的行为类似于弹簧 -质量-阻尼型振子[7,20,24,25,48]。

　　附带提及的是,除了多层散射体以外,利用亥姆霍兹共振腔也可以形成上述 的弹簧-质量行为[7]。它包括一个由刚性壁包围而成的腔,该腔具有一个很窄 的颈部,参见图 3.15(f)。颈部内的流体介质可以近似视为质量,而腔中的可压 缩流体介质可视为弹簧。通过合理选择颈部和腔体的尺寸,这个亥姆霍兹共振 腔就能够在深度亚波长范围内发生共振[8]。据我们所知,这种共振腔尚未应用到二维或三维阵列结构中。

还有另外一种方法可以实现 LRSM,主要采用的是相速度远低于基体的散射体[8],而不必选用多组分单元。实际上,在共振处,散射体的最低阶特征模式发生在 $\lambda_s \sim \Gamma$ 情况下,由于 $\Gamma \sim a$,因而我们可以认为,为了使 $\lambda >> a$,就必须选择具有非常低的相速度的材料。最常用的材料一般可以选用软硅胶,它的相速度要比典型的固体材料低两个数量级。此外也有很少一部分研究者采用了软橡胶散射体[21,63]。

3.4.1.2　有限板结构

关于由三维声子晶体构成的有限板的分析目前还较少,文献[41]中将方形的聚合物球层放置在薄玻璃基板上(置入水中),进行了分析。在这一体系中,球体的共振模式将与板的折叠兰姆波模式(源于二维周期性)发生相互作用,从而在布拉格带隙附近形成非常窄的杂化带隙。在这篇文章中还对若干波导和准波导情况进行了理论分析,并讨论了对应模式的群论对称性,不过,这一结构并不能归类到 LRSM 中,因为它所产生的杂化带隙并不是发生在很低的频率上(相对于布拉格带隙而言)。

对于特征平面内包含有二维散射体阵列(除了球散射体,可以是任何其他类型的有限尺寸散射体,如有限长度的柱、圆盘或椭圆体)的有限薄板,一般可视为 2.5 维体系。它们已经引起了人们的兴趣,这是因为它们能够限制波动能量的传输,同时制备起来也很方便[13,29,64]。与有限声子晶体厚板不同之处是,这里必须处理的是兰姆波,而不是体波。

为了构造出局域共振声子晶体薄板,需要选择合适的散射体,就像上面所阐述的那样。这里我们将此类系统区分为两个主要类型,即板中内置共振子情形和板上带有短柱的情形。T-T. Wu 及其同事们给出了前者的一个实例,他们考察了一个由软橡胶散射体置入树脂基体而构成的两组元局域共振板,如图 3.16 (a)所示[13]。通过改变板厚和散射体直径,该板的低频带隙可以进行调节。对于带有附加短柱的局域共振板,近期人们也考察了两组元和三组元局域共振结构[29,64]。例如,这些结构可以是带有硅胶柱的,也可以是带有复合柱的,即橡胶柱上附着有铅柱,参见图 3.16(b)。弹性匀质板上的这些短柱的作用类似于弹簧-质量振子,它们能够表现出不同偏振性质的局域共振模式(图 3.16(c))。当这些共振模式与板中的兰姆波模式发生相互作用时,将在对应的这些特征频率附近产生非常窄的杂化带隙。与布拉格带隙相比,这些带隙可以出现在非常低的频率处。图 3.16(d)给出了一系列计算得到的能带结构,它们表明了杂化带隙的形成与短柱高度之间是相关联的。事实上,这些带隙位置和宽度的变化可以很容易地通过弹簧-质量模型加以解释[29]。由于可以单独地改变等效"弹簧"常数和总质量,因而这类带有短柱的局域共振板不仅比较容易制备,而且它们的物理机制也很易于理解和认识。

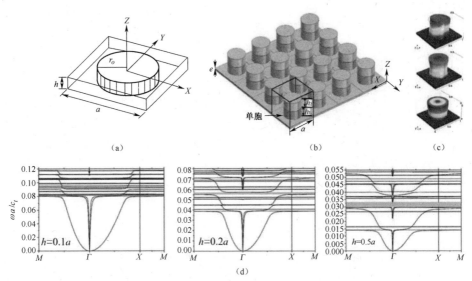

图 3.16　(a)一种声子晶体板的单胞以及(b)由附加的短圆柱以方形阵列形式构成的声子晶
体板:短圆柱半径为 r,高度为 h,附着在一块薄的树脂板上;短圆柱可以由一层橡胶材料
构成,也可以由一层橡胶材料(厚度为 h_1)和一层铅材料(厚度为 h_2)组成以及
(c)一些具有不同偏振类型的局域模式的位移分布,从上到下分别对应于剪切、拉伸和呼吸
模式以及(d)带有简单短圆柱(即一层橡胶短柱情况)的声子晶体板的能带结构:
$$r = 0.48a , h = h_1 取不同值$$

局域共振声子晶体的主要不足之处在于工作频率只能位于一个较窄的范围
内。为了克服这一不足,首先我们可以构造由多组带短柱的声子晶体板组成的
三维结构,其主要优点除了能够生成更宽的局域共振带隙之外,还可以使得结构
只包含气固两种组分,因而能够由此设计出可用于声频范围内的轻质而坚固的
三维结构。图 3.17(a)给出了一个实例,它包括了金属框架(铝、钢或铜)和短柱
共振子(软、中硬或硬橡胶)。这种结构物能够展现出全向(完全)带隙和慢声模
式(平直带)。以橡胶共振子和铝板构成的情况为例,若令面内和面外方向上的
晶格常数为 $a = 1cm$,橡胶振子的直径为 $0.6cm$,计算结果如图 3.17(b)所示。
可以看出,带隙出现在归一化频率约 $fa = 52ms^{-1}$ 处($f = 5.2kHz$)[3]。这种结构
的灵活性使得我们可以通过调节几何特性来制备具有预期功能的更为复杂的结
构。例如,可以通过堆叠多层具有不同周期或不同厚度的这样的板,从而构造出
"梯度结构",如图 3.17(c)所示。如同 3.3.1 节中针对异质结构的介绍一样,这
里的基本原理也是相同的,即每一层可以工作在不同的频率范围,因而整个局域
共振声子晶体的工作频率范围就被大大拓宽了。通过这种方式,我们就能够获

得更宽的三维完全带隙,从而有望在一些应用领域中(如声波隔离)覆盖所关心的频率区间。

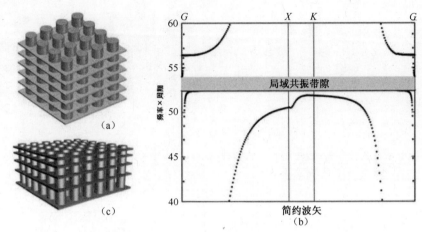

图 3.17 (a)三维局域共振声子晶体:在铝框架上加装硅胶短柱以及(b)能带结构:灰色部分为完全带隙以及(c)"梯度"型三维局域共振声子晶体实例:在金属框架上加装硅胶短柱

为了获得较宽的三维局域共振带隙,人们还提出了其他一些新颖的结构形式。Z. Yang 等[66]最近给出了一种由不同的局域共振膜堆叠而成的新结构,并称为膜状声学超材料。他们用刚性的塑料框架将弹性薄膜固定住,并在膜的中部设置了一个小质量,如图 3.18(a)所示。针对几种不同的实验样品,图 3.18(b)给出了各自的声透射损失谱(STL),这些样品包括了 2 个不同的单膜、2 个膜的堆叠以及 4 个膜的堆叠。这些堆叠结构中都采用了不同的膜,每个膜有着不同的带隙。双膜堆叠情况的透射结果表明,两层膜的效果等同于各自的透射谱的叠加,它们之间不发生耦合作用,这一现象的原因在于膜间距(15mm)要远大于凋落波衰减长度(0.8mm)。据此,人们可以有意识地选择若干层膜(具有不同的透射谷频率),把它们堆叠起来,从而实现宽带的声波隔离。此外,也可以在每个膜单元上设置多个质量,从而使之具有多种振动模式,这样的话,在透射谱中也将会表现出多个谷,利用这一点显然也可以实现宽带应用。

3.4.2 声学超材料

电磁超材料[54]的进展为人们展现出了很多新颖的现象,例如负折射[51]和人工磁场[23]。声学超材料是电磁超材料在声学领域的对应物,它们能表现出不同寻常的声学特性和声学现象,其中一个最典型的就是材料的等效弹性参数可以为负值[7,21,25]。当我们精心设计声学超材料中的局域共振单元时,它们就可以在所期望的频率产生异常响应,从而获得负的等效弹性参数[21],这种等效

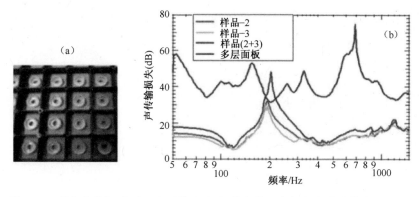

图 3.18　引自文献[66]:(a)方形单元阵列,每个单元中包含有弹性薄膜以及(b)
单膜和不同膜(具有不同的带隙)的堆叠情况所对应的声传输损失

参数是频率依赖的,并且是强色散的[1]。因此,借助此类材料人们就能够对声波进行操控,例如负折射、自准直、聚焦、隐身、成像和异常透射等[22]。对于这类材料,一般可以从等效介质角度去认识和理解,原因在于,它们的弹性特性所具有的空间周期性尺度要远小于基体中的波长。

　　下面简要介绍声学超材料的几个应用方面的实例,即负折射、聚焦和亚波长成像。第一个实例主要涉及到三维声子晶体结构的负折射和聚焦。S. Yang 等[65]已经从理论和实验角度研究指出,在该结构中波的传播会发生显著改变,从而导致新颖的聚焦现象(与负折射相关)。他们证实了这种显著的变化是源于传播的各向异性,它使得这种周期结构物能够让超声波束发生“弯曲”。图 3.19(a)给出了上述实验情况,声聚焦特性可参见图 3.19(b)、(c)。另一个实例是关于亚波长成像的,J. Zhu 等[68]给出了一种二维多孔板,实验获得了深度亚波长成像特性。该板选用了铜材,厚度为 h,上面开出了深度亚波长的方孔周期阵列,边长为 a,晶格参数为 Λ,参见图 3.20(a)。通过在空气中的实验,他们实现了声学成像,其分辨率可达 $\lambda/50$(图 3.20(b))。

　　局域共振声子晶体和声学超材料的出现,为低频范围内的应用与研究提供了一些新的手段和途径,它们有望在某些应用领域实现重要突破,例如声学隔离和地震防护等。

致谢:R. Sainidou 在此向 A. Modinos 和 N. Stefanou 教授表示感谢,感谢在 2000 年到 2006 年期间与他们在本章主题上的颇有成效的合作。

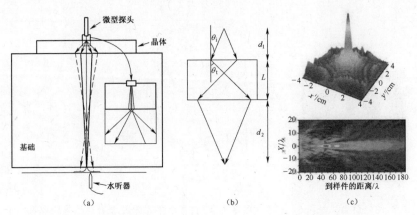

图 3.19　引自文献[65]:(a)实验设置:射线代表了预测的群速度方向
(针对特定的频率和入射角)以及(b)负折射和聚焦原理图以及(c)
计算得到的场图,聚焦效应出现在 1.57MHz 处

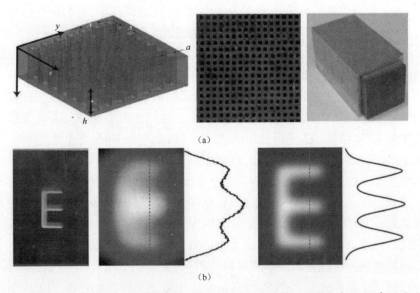

图 3.20　引自文献[68]:(a)带有方形阵列方孔的黄铜合金板(左图为总体图,中图为顶视
图),放置在 4 英寸①宽的方形铝管中并夹紧(右图)以及(b)针对深度亚波长
尺寸的字母"E"的成像,字母线宽度为 3.18mm,是采用超薄黄铜板制备而成的(左图),
在距离输出平面 1.58mm 位置得到的实验结果和仿真结果分别如中图和右图所示,同时
还给出了红虚线所示横截面位置处的声场分布。工作频率为 2.18kHz(λ = 158mm)。
实验中能够观察到线宽度为 λ/50 的物体

---

① 　1 英寸=2.54 厘米(cm)。

参 考 文 献

[1] M. Ambati, N. Fang, C. Sun, X. Zhang, Surface resonant states and superlensing in acoustic metamaterials. Phys. Rev. B **75**, 195447 (2007)

[2] P. W. Anderson, Absence of diffusion in certain random lattices. Phys. Rev. **109**, 1492 (1958)

[3] M. B. Assouar, A. Khelif, A. A. Eftekhar, A. Adibi, Unpublished data

[4] H. Chandra, P. A. Deymier, J. O. Vasseur, Elastic wave propagation along waveguides in three dimensional phononic crystals. Phys. Rev. B **70**, 054302 (2004)

[5] W. Cheng, J. Wang, U. Jonas, G. Fytas, N. Stefanou, Observation and tuning of hypersonic bandgaps in colloidal crystals. Nat. Mater. **5**, 830-836 (2006)

[6] M. Eichenfield, J. Chan, R. M. Camacho, K. J. Kerry Vahala, O. Painter, Optomechanical crystals. Nature **462**, 78-82 (2009)

[7] N. Fang, D. Xi, J. Xu, M. Ambati, W. Srituravanich, C. Sun, X. Zhang, Ultrasonic metamaterials with negative modulus. Nat. Mater. **5**, 452 (2006)

[8] L. Fok, M. Ambati, X. Zhang, Acoustic metamaterials. MRS Bull. **33**, 931 (2008)

[9] G. Gantzounis, N. Papanikolaou, N. Stefanou, Multiple-scattering calculations for layered phononic structures of nonspherical particles. Phys. Rev. B **83**, 214301 (2011)

[10] D. García-Pablos, M. Sigalas, F. R. Montero de Espinoza, M. Torres, M. Kafesaki, N. García, Theory and experiments on elastic band gaps. Phys. Rev. Lett. **82**, 4349-4352 (2000)

[11] H. Hefei Hu, A. Strybulevych, J. H. Page, S. E. Skipetrov, B. A. van Tiggelen, Localization of ultrasound in a three-dimensional elastic network. Nat. Phys. **4**, 945-948 (2008)

[12] B. K. Henderson, K. Maslov, V. K. Kinra, Experimental investigation of acoustic band structures in tetragonal periodic particulate composite structures. J. Mech. Phys. Solids **49**, 2369-2383 (2001)

[13] J. -S. Hsu, T. -T. Wu, Lamb waves in binary locally resonant phononic plates with two dimensional lattices. Appl. Phys. Lett. **90**, 201904 (2007)

[14] M. I. Hussein, M. J. Frazier, Band structure of phononic crystals with general damping. J. Appl. Phys. **108**, 093506 (2010)

[15] S. M. Ivansson, Numerical design of Alberich anechoic coatings with super ellipsoidal cavities of mixed sizes. J. Acoust. Soc. Am. **124**, 1974-1984 (2008)

[16] M. Kafesaki, E. N. Economou, Multiple-scattering theory for three-dimensional periodic acoustic composites. Phys. Rev. B **60**, 11993 (1999)

[17] M. Kafesaki, M. Sigalas, E. Enonomou, Elastic wave band gaps in 3-D periodic polymer matrix composites. Solid State Commun. **96**, 285-289 (1995)

[18] V. K. Kinra, E. L. Ker, An experimental investigation of pass bands and stop bands in two periodic particulate composites. Int. J. Solids Struct. **19**, 393-410 (1983)

[19] M. S. Kushwaha, P. Halevi, L. Dobrzynski, B. Djafari-Rouhani, Acoustic band structure of periodic elastic composites. Phys. Rev. Lett. **71**, 2022-2025 (1993)

[20] H. Larabi, Y. Pennec, B. Djafari-Rouhani, J. O. Vasseur, Multicoaxial cylindrical inclusions in locally resonant phononic crystals. Phys. Rev. E **75**, 066601 (2007)

[21] J. Li, C. T. Chan, Double-negative acoustic metamaterial. Phys. Rev. E **70**, 055602 (2004)

[22] J. Li, L. Fok, X. Yin, G. Bartal, X. Zhang, Experimental demonstration of an acoustic magnifying hyperlens. Nat. Mater. **8**, 931 (2009)

[23] S. Linden, C. Enkrich, M. Wegener, J. Zhou, T. Koschny, C. M. Soukoulis, Magnetic response of metamaterials at 100 terahertz. Science **306**, 1351 (2004)

[24] Z. Liu, C. T. Chan, P. Sheng, Three-component elastic wave band-gap material. Phys. Rev. B**65**, 165116 (2002)

[25] Z. Liu, X. Zhang, Y. Mao, Y. Y. Zhu, Z. Yang, C. T. Chan, P. Sheng, Locally resonant sonic materials. Science **289**, 1734-1736 (2000)

[26] K. Maslov, V. K. Kinra, B. K. Henderson, Elastodynamic response of a coplanar periodic layer of elastic spherical inclusions. Mech. Mater. **32**, 785-795 (2000)

[27] A. Modinos, *Field, Thermionic and Secondary Electron Emission Spectroscopy* (Plenum Press, New York, 1984)

[28] A. Modinos, N. Stefanou, I. E. Psarobas, V. Yannopapas, On wave propagation in inhomogeneous systems. Physica B **296**, 167-173 (2001)

[29] M. Oudich, Y. Li, M. B. Assouar, Z. Hou, A sonic band gap based on the locallly resonant phononic plates with stubs. New J. Phys. **12**, 083049 (2010)

[30] J. H. Page, S. X. Yang, Z. Y. Liu, M. L. Cowan, C. T. Chan, P. Sheng, Tunneling and dispersion in 3D phononic crystals. Z. Kristallogr. **220**(9-10), 859-870 (2005)

[31] N. Papanikolaou, I. E. Psarobas, N. Stefanou, Absolute spectral gaps for infrared light and hypersound in three-dimensional metallodielectric phoxonic crystals. Appl. Phys. Lett. **96**, 231917 (2010)

[32] N. Papanikolaou, I. E. Psarobas, B. Djafari-Rouhani, B. Bonello, V. Laude, Lightmodulation in phoxonic nanocavities. Microelectron. Eng. **90**, 155-158 (2011)

[33] J. B. Pendry, *Low Energy Electron Diffraction* (Academic Press, London, 1974)

[34] I. E. Psarobas, Viscoelastic response of sonic band-gap materials. Phys. Rev. B **64**, 012303(2001)

[35] I. E. Psarobas, Phononic crystals - sonic band-gap materials (editorial). Z. Kristallogr. **220**(9-10), IV (R4) (2005)

[36] I. E. Psarobas, M. M. Sigalas, Elastic band gaps ina fcc lattice of mercury spheres in aluminum. Phys. Rev. B **66**, 052302 (2002)

[37] I. E. Psarobas, N. Stefanou, A. Modinos, Scattering of elastic waves by periodic arrays of spherical bodies. Phys. Rev. B **62**, 278-291 (2000)

[38] I. E. Psarobas, N. Stefanou, A. Modinos, Phononic crystals with planar defects. Phys. Rev. B **62**,5536-5540 (2000)

[39] I. E. Psarobas, R. Sainidou, N. Stefanou, A. Modinos, Acoustic properties of colloidal crystals. Phys. Rev. B **65**, 064307 (2002)

[40] I. E. Psarobas, N. Papanikolaou, N. Stefanou, B. Djafari-Rouhani, B. Bonello, V. Laude, Enhanced acousto-optic interactions in a one-dimensional phoxonic cavity. Phys. Rev. B **82**,174303 (2010)

[41] R. Sainidou, N. Stefanou, Guided and quasiguided elastic waves in phononic crystal slabs. Phys. Rev. B **73**, 184301 (2006)

[42] R. Sainidou, N. Stefanou, I. E. Psarobas, A. Modinos, Scattering of elastic waves by a periodic monolayer of spheres. Phys. Rev. B **66**, 024303 (2002)

[43] R. Sainidou, N. Stefanou, A. Modinos, Formation of absolute frequency gaps in three dimensional solid

phononic crystals. Phys. Rev. B **66**, 212301（2002）

[44] R. Sainidou, N. Stefanou, A. Modinos, Green's function formalism for phononic crystals. Phys. Rev. B **69**, 064301（2004）

[45] R. Sainidou, N. Stefanou, I. E. Psarobas, A. Modinos, The layer multiple−scattering method applied to phononic crystals. Z. Kristallogr. **220**, 848−858（2005）

[46] R. Sainidou, N. Stefanou, I. E. Psarobas, A. Modinos, A layer−multiple−scattering method for phononic crystals and heterostructures of such. Comput. Phys. Commun. **166**, 197−240（2005）

[47] R. Sainidou, N. Stefanou, A. Modinos, Widening of phononic transmission gaps via Anderson localization. Phys. Rev. Lett. **92**, 205503（2005）

[48] R. Sainidou, B. Djafari−Rouhani, Y. Pennec, J. O. Vasseur, Locally resonant phononic crystals made of hollow spheres or cylinders. Phys. Rev. B. **73**, 024302（2006）

[49] R. Sainidou, N. Stefanou, A. Modinos, Linear chain of weakly coupled defects in a three dimensional phononic crystal: A model acoustic waveguide. Phys. Rev. B **74**, 172302（2006）

[50] R. Sainidou, B. Djafari−Rouhani, J. O. Vasseur, Surface acoustic waves in finite slabs of three dimensional phononic crystals. Phys. Rev. B **77**, 094304（2008）

[51] R. A. Shelby, D. R. Smith, S. Schultz, Experimental verification of a negative index of refraction. Science **292**, 77（2001）

[52] M. Sigalas, E. N. Economou, Elastic and acoustic wave band structure. J. Sound Vib. **158**, 377(1992)

[53] M. Sigalas, M. Kushwaha, E. N. Economou, M. Kafesaki, I. E. Psarobas, W. Steurer, Classical vibrational modes in phononic lattices: theory and experiment. Z. Kristallogr. **220**, 765−809(2005)

[54] D. R. Smith, J. B. Pendry, M. C. K. Wiltshire, Metamaterials and negative refractive index. Science **305**, 788（2004）

[55] N. Stefanou, A. Modinos, Impurity bands in photonic insulators. Phys. Rev. B **57**, 12127（1998）

[56] N. Stefanou, R. Sainidou, A. Modinos, Low−frequency absolute gaps in the phonon spectrum of macrostructured elastic media. Rev. Adv. Mater. Sci. **12**, 46−50（2006）

[57] T. Still, W. Cheng, M. Retsch, R. Sainidou, J. Wang, U. Jonas, N. Stefanou, G. Fytas, Simultaneous occurrence of structure−directed and particle resonance−induced phononic gaps in colloidal films. Phys. Rev. Lett. **100**, 194301（2008）

[58] T. Still, R. Sainidou, M. Retsch, U. Jonas, P. Spahn, G. P. Hellmann, G. Fytas, The "Music" of core −shell spheres and hollow capsules: influence of the architecture on the mechanical properties at the nanoscale. Nano Lett. **8**, 3194−3199（2008）

[59] T. Still, M. Retsch, U. Jonas, R. Sainidou, P. Rembert, K. Mpoukouvalas, G. Fytas, Vibrational-eigenfrequencies and mechanical properties of mesoscopic copolymer latex particles. Macromolecules **43**, 3422−3428（2010）

[60] T. Still, G. Gantzounis, D. Kiefer, G. Hellmann, R. Sainidou, G. Fytas, N. Stefanou, Collective hypersonic excitations in strongly multiple scattering colloids. Phys. Rev. Lett. **106**, 175505(2011)

[61] D. Sutter−Widmer, P. Neves, P. Itten, R. Sainidou, W. Steurer, Distinct band gaps and isotropy combined in icosahedral band gap materials. Appl. Phys. Lett. **92**, 073308（2008）

[62] Y. Tanaka, Y. Tomoyasu, S. Tamura, Band structure of acoustic waves in phononic lattices: two dimensional composites with large acoustic mismatch. Phys. Rev. B **62**, 7378−7393（2000）

[63] G. Wang, X. S. Wen, J. H. Wen, L. H. Shao, Y. Z. Liu, Two−dimensional locally resonant phononic

crystals with binary structures. Phys. Rev. Lett. **93**, 154302 (2004)

[64] W. Xiao, G. W. Zeng, Y. S. Cheng, Flexural vibration band gaps in a thin plate containing a periodic array of hemmed discs. Appl. Acoust. **69**, 255 (2008)

[65] S. Yang, J. H. Page, Z. Liu, M. L. Cowan, C. T. Chan, P. Sheng, Focusing of sound in a 3D phononic crystal. Phys. Rev. Lett. **93**, 024301 (2004)

[66] Z. Yang, H. M. Dai, N. H. Chan, G. C. Ma, P. Sheng, Acoustic metamaterial panels for sound attenuation in the 50−1000 Hz regime. Appl. Phys. Lett. **96**, 041906 (2010)

[67] Z. Ye, H. Hsu, E. Hoskinson, Phase order and energy localization in acoustic propagation in random bubbly liquids. Phys. Lett. A **275**, 452−458 (2000)

[68] J. Zhu, J. Christensen, J. Jung, L. Martin-Moreno, X. Yin, L. Fok, X. Zhang, A holey-structured-metamaterial for acoustic deep-subwavelength imaging. Nat. Phys. **52**, 7 (2011)

第4章　声子晶体的计算分析及其数值方法

Vincent Laude , AbdelkrimKhelif

4.1　波传播的基本方程

　　一般来说,声子晶体的计算主要是指在给定几何域内针对给定的某些边界条件对波动方程组进行分析。这一节我们介绍一下这些波动方程,域内的介质可以是流体或固体,也可以二者同时存在。同时,我们也将简要阐述材料损耗的表达形式,并介绍布洛赫–弗罗凯定理及其相关结果。

4.1.1　固体介质中的方程

　　当不计内力时,固体介质中传播的弹性波波动方程可以写为

$$T_{ij}(\boldsymbol{r},t) = c_{ijkl}(\boldsymbol{r})u_{k,l}(\boldsymbol{r},t) \tag{4.1}$$

$$T_{ij,j}(\boldsymbol{r},t) = \rho(\boldsymbol{r})\frac{\partial^2 u_i(\boldsymbol{r},t)}{\partial t^2} \tag{4.2}$$

式中: u_i 为空间域中的3个位移分量; T_{ij} 为应力张量。

　　这两个方程以显式的形式给出了场量对空间和时间坐标的依赖性。应当注意的是,这里假设这种固体介质的密度 ρ (kg/m^3)和弹性常数 c_{ijkl} (Pa)都与时间无关的,但可以随空间位置而改变。一般我们规定,根据空间方向的不同,下标 i,j,k,l 可取 $1,2,3$,下标前面的逗号代表微分计算(例如, $u_{k,l} = \partial u_k/\partial x_l$),而重复下标则代表了求和计算(例如, $T_{ij,j} = \sum_{j=1}^{3} \partial T_{ij}/\partial x_j$)。这些张量形式的描述是非常有用的,可以使得表达式变得更为简洁,同时也很容易转换为计算机程序中的循环计算。

　　由于固体介质的晶格对称性,四阶弹性张量 c_{ijkl} 也具有某些对称性。关于这些对称性以及对应的独立弹性常数个数方面的讨论可以参阅一些经典教材[1,2],这里不做展开。在很多有关固体声子晶体的波传播文献中,人们针对各自特定的情况如各向同性或立方晶格的介质考察了上述这些方程(这些方程一般会作进一步地简化),然而我们注意到,只要理解了上述张量描述并正确地加以应用,那么方程的简化实际上并不会带来任何计算上的便利。

可以在式(4.1)、式(4.2)中消去应力量,从而得到关于位移的波动方程:

$$(c_{ijkl}(r)u_{k,l}(r,t))_{,j} = \rho(r)\frac{\partial^2 u_i(r,t)}{\partial t^2} \tag{4.3}$$

这个式子经常用作声子晶体的模型分析基础,原因在于它仅含有一个未知量,不过我们强调指出,它对于表面波和凋落波问题的考察并不是太合适,在这两种问题中混合使用位移与应力这两个量更为方便。

当所考察的传播介质(声子晶体)具有理想的周期性并且波场是单色的时,可以进一步借助布洛赫-弗罗凯定理来导出关于单胞的方程组(单胞的概念可参考第2章)。若设结构在空间中是沿着矢量 a 方向周期重复的,那么有 $\rho(r)=\rho(r+a)$ 和 $c_{ijkl}(r)=c_{ijkl}(r+a)$,并且描述本征模式的位移场可写为如下形式:

$$u_i(r,t) = \bar{u}_i(r)\exp(\mathrm{i}(\omega t - k \cdot r)) \tag{4.4}$$

式中:ω 为角频率;k 为布洛赫-弗罗凯波矢;$\bar{u}_i(r)$ 为定义在单胞上的周期函数,即 $\bar{u}_i(r)=\bar{u}_i(r+a)$。

对于应力,也有类似的关系式成立。我们可以写出解的周期部分,即

$$\bar{T}_{ij}(r) = c_{ijkl}(r)(\bar{u}_{k,l}(r) - \mathrm{i}k_l\bar{u}_k(r)) \tag{4.5}$$

$$\bar{T}_{ij}(r) - \mathrm{i}k_j\bar{T}_{ij}(r) = -\rho(r)\omega^2\bar{u}_i(r) \tag{4.6}$$

对于压电固体来说,情况要稍微复杂一些,不过其分析过程也是一致的。在压电材料中,电磁波将与弹性波并存,这为弹性波的生成和检测提供了一种非常有效的方法。在麦克斯韦方程的准静态近似下,从标量势 ϕ 就可以导出电场矢量,而线性极限下的本构关系为[3]

$$T_{ij}(r,t) = c_{ijkl}(r)u_{k,l}(r,t) + e_{kij}\phi_{,k}(r,t) \tag{4.7}$$

$$D_i(r,t) = e_{ikl}u_{k,l}(r,t) - \varepsilon_{ij}\phi_{,k}(r,t) \tag{4.8}$$

式中:D 为电感矢量;e_{ikl} 为压电张量;ε_{ij} 为低频处的介电张量(不同于光频处的值)。除了上面这两个方程,式(4.2)仍然也是成立的,不过我们必须增加一个辅助的麦克斯韦方程 $D_{i,i}=0$。正如已有研究(如文献[4])所指出的,只需定义一个更一般的位移矢量(令 $u_4=\phi$)和一个应力张量(令 $T_{4i}=D_i$),那么压电固体的这些方程可以化为类似于一般弹性固体的方程形式。

总的来说,固体中的弹性波传播不仅可以用本构关系和动力学基本方程来刻画(式(4.1)、式(4.2)),也可以只用与位移相关的波动方程来描述(如式(4.3))。只要考察的是线性现象,那么这些模型就可以直接加以扩展,从而把压电、压磁或化学势等效应包括进来。

4.1.2　流体介质中的方程

当不考虑黏弹性效应时,流体(气体或液体)中只涉及纵波的传播。这似乎

告诉我们可以把这种情况视为各向同性固体中的弹性波传播问题的一个极限情况来对待和处理,即只考虑纵波位移场,不过,实际上这种简化是不正确的。在不存在外力时,静态流体中声波的基本传播方程可以写为

$$-\nabla p(\boldsymbol{r},t) = \rho(\boldsymbol{r}) \frac{\partial \boldsymbol{v}(\boldsymbol{r},t)}{\partial t} \qquad (4.9)$$

$$\frac{\partial p(\boldsymbol{r},t)}{\partial t} = -B(r) \nabla \cdot \boldsymbol{v}(\boldsymbol{r},t) \qquad (4.10)$$

式中:ρ 仍为质量密度;B 为体积模量,其单位与弹性常数是一致的。

根据人们的习惯,这里有意识地采用了矢量形式来描述,而没有使用张量形式,不过它们是等价的。速度量可以从式(4.10)中消去,从而得到一个关于压力量的标量方程:

$$\frac{1}{B} \frac{\partial^2 p}{\partial t^2} = \nabla \cdot \left(\frac{1}{\rho} \nabla p \right) \qquad (4.11)$$

如果消去压力量,将得到一个关于速度的矢量方程,类似但不等价于式(4.3)。显然,求解压力波动方程是更方便的,特别是对于能带结构的计算。

要注意的是,如果考察的是表面波和凋落波问题,那么式(4.9)、式(4.10)这组微分方程就必须同时使用了。类似于上一小节,当考虑单色波时,利用布洛赫-弗罗凯定理将导出关于解的周期部分的式子:

$$-\frac{1}{\rho}(\bar{p}_{,i} - \mathrm{i}k_i\bar{p}) = \mathrm{i}\omega\bar{v}_i \qquad (4.12)$$

$$\mathrm{i}\omega \frac{1}{B}\bar{p} = -(\bar{v}_{i,i} - \mathrm{i}k_i\bar{v}_i) \qquad (4.13)$$

在现有文献中,人们经常会采用同时包含固体与流体介质的声子晶体结构形式,特别是在实验研究中更是如此,例如钢杆置于水中或空气中就是一例。这么做的原因很简单,因为采用这些材料组合更容易构造出宏观的声子晶体结构物。很明显,在上面所给出的固体和流体相关的方程中,我们不可能只采用其中一组方程(在不同空间域内具有不同的系数值)来进行处理。处理此类问题的严格方法是求解流固耦合问题。例如,若固体中的位移场已经计算出来,利用式(4.10)和散度定理将可得到一个边界条件,它把流体中的压力量与固体边界上的法向加速度量联系了起来,随后可以借助 FDTD 和 FEM 方法来进一步使用这个边界条件。如果假设固体的刚度非常大,那么可以做简化处理(当然这是近似的),即可以假设固体边界无运动(因而固体中不存在弹性波),或者认为该固体材料可等效为一种只能支持纵波的等效流体(因而只有一个等效的体积模量)。后一种近似所得到的解要比前一种更为准确一些。这些近似求解过程大多采用的是 PWE 方法,不过也并不限于此。

4.1.3　材料损耗的影响

在弹性波传播过程中,能量损耗有着很多种物理根源,目前还不能以单一的形式来描述它们。由于材料的微观缺陷所导致的损耗和由于在随机的粗糙表面处的散射效应所导致的损耗,一般可以做统计意义上的描述,一定程度上可以表达为特定的宏观损耗项。固体中的弹性波本质上还会与热声子发生相互作用,这种损耗机制可以看作理想的有序结晶固体结构物的主要损耗来源,这些固体包括硅、石英和铌酸锂等,这些类型的材料可以借助微制造技术来制备,从而用于实现特超声声子晶体结构物。一般来说,在最好的弹性材料中损耗是随着频率的平方而增长的。对于具有这一特性的黏性损耗,可以用一个简单的方法来处理,即在固定温度条件下,引入一个依赖于黏性张量 η_{ijkl} 和应变张量的时间导数的附加项,从而使得本构关系变为[2]

$$T_{ij} = c_{ijkl}u_{k,l} + \eta_{ijkl}\frac{\partial u_{k,l}}{\partial t} \tag{4.14}$$

黏性张量具有与弹性张量相同的对称性。上面这个表达式非常适合于时域分析方法,例如 FDTD 法。对于单色波,此时的弹性常数可以看作由原来的实数值变为复数值了,即

$$c'_{ijkl} = c_{ijkl} + i\omega\eta_{ijkl} \tag{4.15}$$

显然这种复弹性常数的引入对于在给定频率处把损耗效应考虑进来提供了一个简洁办法,例如它可用于扩展的 PWE 方法[5]。

4.2　声子晶体的计算问题

在阐述用于描述声子晶体中的波传播现象的各种方法之前,我们先从总体上介绍一下可能遇到的一些问题及其在数值计算中的若干特点。对这些问题的一个很自然的划分就是时域问题和频域问题,从原理上来说这两者之间总是可以借助傅里叶变换发生联系。事实上,还可以从另一角度来考虑,即根据所关心的边界条件来区分不同问题,这么做的好处在于不同的边界条件将对应于不同类型的波,如体波、面波或板波等。在 4.2.1 节中我们将对此进行讨论,并将在4.2.2 节中介绍一些典型的问题,例如能带结构、波导、空腔以及散射等,这些问题对于理解声子晶体的物理机制是非常重要的。

4.2.1　不同边界几何所对应的问题类型

如果声子晶体是无边界的,那么也就不存在边界条件了,此时也就只存在体波的传播。在物理空间中,该声子晶体可以具有 1 到 3 个方向上的周期性,习惯

上人们分别称其为一维(1D)、二维(2D)和三维(3D)声子晶体。当该声子晶体占据的是一个半无限域时,沿着半无限域表面将可能存在着额外的波,一般称为面波。若该面波还会向另外的半无限域辐射,那么将称为界面波。当该声子晶体占据的是两个平行的边界平面所构成的域时,我们称其为板状声子晶体,它们具有两个表面或界面上的边界条件。为了避免冗长的文字说明,我们给出了表 4.1,其中给出了上述各种不同的可能情况。应当注意的是,除此之外还存在着更为复杂的情况,例如具有任意封闭边界曲面的有限声子晶体。因此,这里所给出的分类是并不全面的。

表 4.1　根据边界几何的不同对声子晶体进行分类

问题类型	表面边界条件	周期性的维度		
		1	2	3
体	0			
表面	1			
板	2			

注:省略号代表单胞的周期重复方向,箭头代表结构在该方向上均匀延伸至无穷远处

4.2.2　一些典型的问题

前面已经根据不同的边界几何对声子晶体进行了分类,它对于认识声子晶体的物理特性,特别是所能支持的波动类型有着重要作用。下面进一步介绍一些典型问题,它们与声子晶体的结构相关,参见表 4.2。理想声子晶体一般是占据整个空间域的,波动方程的任何解都可以写成布洛赫波的叠加,所有布洛赫波的色散关系曲线构成了能带结构,我们可以通过求解特征值问题得到,一般来说在求解过程中还可能需要引入表面或界面处的边界条件。应当注意的是,当且

仅当把所有的复数 $k(\omega)$ 都考虑进来,这些布洛赫波才能构成一个完整基(在单色波意义上)[6]。当所考察的理想声子晶体带有边界时,即有限声子晶体结构(如实验中所采用的),那么入射波的所有阶的散射效应就是一个十分重要的基本问题了。此外,如果在声子晶体结构中的某些局部位置打破原有的周期性,那么可以得到声子晶体空腔和波导。对于这种缺陷型声子晶体结构来说,最令人感兴趣的是那些落在完全带隙中的频率,在这些频率处可以实现理想的波导或波的局域化效应,而在其他频率处该声子晶体波导或空腔会发生泄漏。通过定义超元胞①可以保持周期性,由此我们可以对波导和空腔的模式进行估计,并可以获得它们的能带结构。为了便于实验验证,人们往往考察的是有限尺度的缺陷型声子晶体结构,分析的重点是得到波导的透射率或空腔的共振特性。

表 4.2　理想周期声子晶体和缺陷声子晶体的基本计算问题

结构		色散 (无限结构)	散射 (有限结构)
声子晶体		能带结构 $\omega(k)$ 复能带结构 $k(\omega)$	入射波的透射、反射和衍射
波导		导波模式	波导的透射
腔		受限模式	腔的透射

4.3　多散射理论和层多散射方法

多散射方法(MST)在凝聚态物理和粒子物理科学中已经有着很长的历史了,这种方法可以用于固体中的电子散射计算和光子晶体的能带与传输计算,也可以用于声子晶体的相关计算,其基本思想在于对非重叠的散射体应用叠加原理,即针对具有某种给定形状的单个散射体,首先可以计算获得给定入射平面波(给定角频率和波矢)的散射场,然后通过对所有单个散射体的散射场求和就能够构造出它们的总散射场。只要单个散射体的散射问题可以解析求解,那么这

①　超元胞在远离缺陷的方向上做周期重复布置,当只存在凋落的布洛赫波时(原声子晶体的完全带隙中),对其所做的模态计算可以给出具有物理意义的结果。进一步,超元胞的个数必须足够多,应保证在超元胞边界处可以忽略波矢具有最小虚部值的布洛赫波。

种方法就是非常高效的,例如均匀各向同性介质中存在各向同性的球状散射体的情况,再如均匀各向同性介质中存在无限长各向同性圆柱的情况。针对这些情况,在能带结构、态密度和有限声子晶体结构的透射等方面的计算中,多散射方法已经得到了成功的应用,然而针对任意的各向异性周期材料这种方法怎样进行拓展仍然还是一个非常困难的问题。

目前最为成熟也是最常用的多散射方法是层多散射法(LMS)[7-9]。这里只对该方法作简要介绍,详细内容可以参阅文献[7-9]。LMS 方法的基本思路在于,入射到某个散射体上的波可以视为从所有其他散射体出发的波与外部入射波的叠加。根据单个散射体的散射矩阵和基体介质的传播函数,可以建立复合体系的散射矩阵,也就是建立散射波幅值与入射波幅值之间的联系,这些幅值在所选定的坐标基上就是相关的系数。在 LMS 方法中,声子晶体将被看作是声子晶体层的堆叠物,通过对每一层的散射行为进行分析(针对给定频率和波矢)之后,就能够得到该声子晶体的散射特性。这些声子晶体层既可以是由三维散射体构成的(各层具有相同的二维周期性),也可以是均匀层。对每一个散射体层来说,LMS 方法会计算总的多散射波场的所有多极展开项,进而在平面波基空间中导出对应的透射和反射矩阵。对于均匀层来说,在均匀介质的平面波基空间上可以直接得到透射和反射矩阵。

在任何一种多散射计算中,角频率都是一个固定的量,而波矢在能带计算中仅作为特征值出现,或者作为有限声子晶体的入射波波矢的特定分量存在。因此,MST 和 LMS 方法可以获得复能带结构,并且可以用于考察传播损耗(借助频率依赖的黏弹性常数形式)[10]。

4.4　平面波展开法

在文献[4,11]中已经对平面波展开法做过介绍,不过它们包含了压电方面的内容,为了简洁起见,这里只限于介绍包括各向异性在内的弹性情况。平面波展开法中采用了布洛赫-弗洛凯定理,正如 4.1.1 节所提及的,该定理指出,一个理想周期介质的本征模式(布洛赫波)可以表征为一个平面波类型的项与一个周期函数的乘积形式。在平面波展开法中,这个周期函数将通过傅里叶级数进行展开,从而显式地表达出来。可以将位移场写为

$$u(\boldsymbol{r},t) = \sum_{\boldsymbol{G}} u_{\boldsymbol{G}}(\omega,\boldsymbol{k})\exp(\mathrm{i}(\omega t - \boldsymbol{k}\cdot\boldsymbol{r} - \boldsymbol{G}\cdot\boldsymbol{r})) \tag{4.16}$$

式中:倒格矢(对于方形晶格) $\boldsymbol{G} = (2\pi m_1/a, 2\pi m_2/a, 2\pi m_3/a)^{\mathrm{T}}$; $u_{\boldsymbol{G}}(\omega,\boldsymbol{k})$ 为布洛赫波解 $\bar{u}$ 的周期部分。

同时,由于结构的周期性,材料参数也可以做傅里叶展开,即

$$\alpha(r) = \sum_{G} \alpha_{G} \exp(-\mathrm{i}\boldsymbol{G} \cdot \boldsymbol{r}) \tag{4.17}$$

式中：$\alpha = \rho$ 或 c_{ijkl}。对于不同的散射体和晶格几何，α_G 可以很容易计算得到[12,13]。

4.4.1　利用平面波展开法计算能带结构

对于前面的傅里叶展开式，可以只截取 N 个谐波项，并采用如下的矢量形式来描述应力和位移场(均包括 $3N$ 个分量)：

$$\boldsymbol{T}_i = (\boldsymbol{t}_{iG_1} \cdots \boldsymbol{t}_{iG_N})^{\mathrm{T}} \tag{4.18}$$

$$\boldsymbol{U} = (\boldsymbol{u}_{iG_1} \cdots \boldsymbol{u}_{iG_N})^{\mathrm{T}} \tag{4.19}$$

为求得体波解，只需考察如下本征方程的本征解即可：

$$\omega^2 \boldsymbol{R} \boldsymbol{U} = \sum_{i,l=1,3} \boldsymbol{\Gamma}_i \boldsymbol{A}_{il} \boldsymbol{\Gamma}_l \boldsymbol{U} \tag{4.20}$$

其中的 $3N \times 3N$ 矩阵 $\boldsymbol{\Gamma}_i, \boldsymbol{A}_{il}, \boldsymbol{R}$ 包含了 $N \times N$ 个块，每个块包含 3×3 个元素：

$$(\boldsymbol{\Gamma}_i)_{mn} = \delta_{mn}(k_i + G_{im}) \boldsymbol{I}_3 \tag{4.21}$$

$$(\boldsymbol{A}_{il})_{mn} = A_{il G_m - G_n} \tag{4.22}$$

$$(\boldsymbol{R})_{mn} = \rho_{G_m - G_n} \boldsymbol{I}_3 \tag{4.23}$$

式中：$\boldsymbol{I}_3$ 为 3×3 单位阵，而

$$A_{il\boldsymbol{G}}(j,k) = c_{ijkl\boldsymbol{G}} \tag{4.24}$$

其中 $i,j,k,l = 1,2,3$, $m,n = 1,\cdots,N$。

式(4.20)给出了特征值问题，由此可解得 ω^2(作为 $\boldsymbol{k}$ 的函数)，从而得到体波能带结构。这一方法对于一维到三维的体波问题，以及面外二维体波的传播问题[14]都是适用的。

考察表面波在二维声子晶体表面传播的这个问题也是很有益的。为此，可以假设声子晶体在 x_1 和 x_2 方向上是周期的，而在 x_3 方向上保持不变，同时还存在一个表面，即 $x_3 = 0$。此时的表面波可以用角频率 ω 和表面内的波矢 $\boldsymbol{k} = (k_1, k_2, 0)^{\mathrm{T}}$ 来给出。考虑到这个二维声子晶体在 x_3 方向上不是周期的，因而 k_3 将是另外几个参数(k_1, k_2, ω)的函数。我们可以用一个带有 $6N$ 个分量的状态矢量 $\boldsymbol{H} = (\boldsymbol{U}, \boldsymbol{T}_3)^{\mathrm{T}}$ 来描述该表面法向上的位移和应力，从而建立如下的特征方程，并由此解得 k_3：

$$\begin{bmatrix} \omega^2 \widetilde{R} - B & 0 \\ -C_2 & I_d \end{bmatrix} \boldsymbol{H} = k_3 \begin{bmatrix} C_1 & I_d \\ D & 0 \end{bmatrix} \boldsymbol{H} \tag{4.25}$$

式中

$$B = \sum_{i,j=1,2} \Gamma_i \widetilde{A}_{ij} \Gamma_j, \quad C_1 = \sum_{i=1,2} \Gamma_i \widetilde{A}_{i3},$$

$$\quad (4.26)$$

$$C_2 = \sum_{j=1,2} \widetilde{A}_{3j} \Gamma_j, \quad D = \widetilde{A}_{33}$$

求解上述方程可以得到 $6N$ 个复特征值 k_{3q} 和特征矢量 $\boldsymbol{H}_q$。通过将 6 个对应于第 m 阶谐波项的分量并入一个特征矢量,我们引入如下记号:

$$\boldsymbol{h}_{mq} = \begin{pmatrix} (u_i)_{\boldsymbol{G}_{mq}} \\ (T_{3j})_{\boldsymbol{G}_{mq}} \end{pmatrix} \quad (4.27)$$

式中: $i,j = 1,2,3$; $m = 1,\cdots,N$, $q = 1,\cdots,6N$。

位移和法向应力场可以根据相对幅值 A_q 叠加得到,即

$$\boldsymbol{h}(\boldsymbol{r},t) = \sum_{m=1}^{N} \sum_{q=1}^{6N} A_q \widetilde{\boldsymbol{h}}_{mq} \exp(\mathrm{i}(\omega t - (\boldsymbol{G}_m + \boldsymbol{k}_q) \cdot \boldsymbol{r})) \quad (4.28)$$

这个求和是对无限级数式(4.16)的有限近似。根据这一近似,可以构造出边界条件来求解表面波问题和板问题[4,11]。

从式(4.16)可以看出,平面波展开法存在一个明显的缺点,即位移和应力场的傅里叶级数展开使得在单胞内任意位置都应当存在连续解,事实上,尽管在不同固体介质的界面处位移和法向应力是连续的,不过对于剪应力却并非如此。同时,这种方法也会使得固体和液体分界面上的边界条件难以满足,这也正是该方法不适于固流型问题的原因(可能导致在流体介质部分中出现伪模式)。

4.4.2　声子晶体中的凋落波

对于能带计算而言,平面波展开法还存在一个不足,即式(4.20)这个特征值问题只能在给定的布洛赫波矢处算出特征频率。因此,它难以考察那些弹性参数具有频率依赖性(包含黏性损耗)的材料,这一点是不同于 LMS 方法的。为了解决这一问题,人们提出了拓展的平面波展开法,使得我们可以计算出完整的复能带[5,6],下面对此做一介绍。

众所周知,在衍射光栅和近场光(声)学理论中,凋落波在所有波传播问题中都是十分重要的。对于声子晶体,所有行波和凋落波(布洛赫波)将构成一个完整基[6]。凋落的布洛赫波可以视为周期亥姆霍兹方程的本征解,该方程在对单色波传播的描述中应采用复值的波矢。应当注意,通常在计算能带结构时,人们是假设波矢为实值的,即求解 $\omega(\boldsymbol{k})$ 问题;而为了得到复能带,可以假设频率为实数值,进而去求解复值的波矢,即 $\boldsymbol{k}(\omega)$ 问题。

这里举一个例子介绍怎样从 4.1 节给出的方程出发,去求解固体声子晶体的复能带。

将式(4.3)乘以 α_j ,得

$$\bar{T}_i' = \alpha_j \bar{T}_{ij} = c_{ijkl}\alpha_j \bar{u}_{k,l} - ikc_{ijkl}\alpha_j\alpha_l\bar{u}_k \tag{4.29}$$

将式(4.3)代入式(4.4),得

$$\rho\omega^2\bar{u}_i = -c_{ijkl}\bar{u}_{k,jl} + ikc_{ijkl}\alpha_l\bar{u}_{k,j} + ik\bar{T}_i' \tag{4.30}$$

式中: $\bar{T}_i'$ 为应力张量的 x_i 方向的分量。

在上面这两个方程中,波矢的模(k)是以系数形式出现,对于未知的周期场 $\bar{u}$ 和 $\bar{\phi}$ 而言这些项关于 k 是线性的。于是,这些方程可以用来构造一个关于 k 的特征值问题,若采用 4.3 节给出的平面波展开法的相关符号,那么该特征值问题可写为[6]

$$\begin{pmatrix} -C_2 & I_d \\ \omega^2 R - B & 0 \end{pmatrix} \begin{pmatrix} U \\ iT' \end{pmatrix} = k \begin{pmatrix} D & 0 \\ C_1 & I_d \end{pmatrix} \begin{pmatrix} U \\ iT' \end{pmatrix} \tag{4.31}$$

式中: $B = \Gamma_i A_{ij} \Gamma_j, C_1 = \Gamma_i A_{ij} \alpha_j, C_2 = \alpha_i A_{ij} \Gamma_j, D = \alpha_i A_{ij} \alpha_j$, $(\Gamma_i)_{mn} = (k_{0i} + G_i^m)\delta_{mn}$ 。

很明显,式(4.25)只是这一特征值问题的一个特例。若同时采用位移与应力的混合描述,那么式(4.29)、式(4.30)也可用于构造有限元形式的特征值问题。

4.5　有限元方法

有限元方法是一种数值方法,可用于求解时域和频域内的偏微分方程和积分方程。这种方法的主要困难在于如何构造一个近似方程,并确保其数值收敛。对于复杂域内的偏微分方程求解,有限元是一种强有力的方法,例如域发生改变的情况(如移动边界),再如域内不同部分要求不同的精度等情况。近年来一些声子晶体研究人员也采用有限元方法考察了不同的几何形式和组分介质,计算了它们的能带结构[15,16],还在理想结构中引入了空腔和波导这些缺陷,并分析了对应的缺陷模式[17]。下面针对声子晶体板给出一个计算实例。

图 4.1 所示为一个方形晶格的声子晶体板的单胞,假设该板是无限的,且在 x 和 y 方向上具有周期性。a_1 和 a_2 是阵列的间距,且 $a_1 = a_2 = a$。z 方向的厚度为 d。每个单胞记为 (m,p)。整个域是由很多个连续的单胞组成的,每个单胞包含一个圆柱散射体和周围的基体介质。散射体的横截面是圆形的,填充比为 $F = \pi r^2/a^2 = 0.5$,r 为散射体半径。在图 4.1 中,这个单胞已经做了网格划分,有限个单元通过节点连接而成。根据布洛赫-弗洛凯定理,所有场量将遵从周期

法则,因而单胞边界节点的位移场 u_i 之间应满足如下关系:

$$u_i(x + ma_1, y + pa_2, z) = u_i(x, y, z)\exp(-\mathrm{i}(k_x ma_1 + k_y pa_2)) \quad (4.32)$$

式中: k_x , k_y 分别为布洛赫波矢在 x 和 y 方向上的分量。

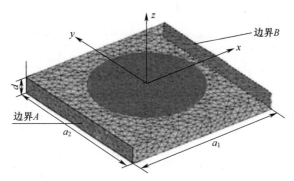

图 4.1　声子晶体板的单胞

考虑到上述的周期边界条件,我们只需考察一个单胞即可,这里可以采用分析位移(对于弹性固体)和电势(对于压电固体)的有限元过程。若假定位移和电场随时间作简谐变化,即 $\exp(\mathrm{i}\omega t)$, ω 为角频率,那么在无外力条件下的压电问题可表示为

$$\begin{pmatrix} K_{uu} - \omega^2 M_{uu} & K_{u\phi} \\ K_{\phi u} & K_{\phi\phi} \end{pmatrix}\begin{pmatrix} u \\ \phi \end{pmatrix} = \begin{pmatrix} 0 \\ 0 \end{pmatrix} \quad (4.33)$$

式中: K_{uu} , M_{uu} 为弹性域的刚度和质量矩阵; $K_{u\phi}$, $K_{\phi u}$ 为压电耦合矩阵; $K_{\phi\phi}$ 反映了介电效应。所有网格节点处的位移与电势以矢量形式组装到一起,分别用 u 和 ϕ 表示。由于角频率是波矢的周期函数,因此这一问题可以限定在第一布里渊区。事实上,可以在 x 方向上将边界 A 上的所有自由度与边界 B 上的所有自由度联系起来,即

$$\begin{pmatrix} u_i(B) \\ \phi(B) \end{pmatrix} = \begin{pmatrix} u_i(A) \\ \phi(A) \end{pmatrix}\exp(-\mathrm{i}(k_x a)) \quad (4.34)$$

式中: k_x 在区间 $(0, \pi/a)$ 中取值。类似的周期边界条件同样可以施加到垂直于 y 轴的边界上。随后,通过在第一布里渊区改变波矢,进而求解特征值问题,就可以获得色散曲线。根据对称性的要求,完整的能带结构也就可以构造出来了。图 4.2 所示为一个色散计算实例。

在透射计算中,可以通过在上表面施加一个线源来激发出特定偏振方向 (u_x, u_y, u_z) 的声波。为方便起见,可以在 y 方向上也施加周期边界条件。当线源产生的单色波沿着 x 方向传播时,为避免边界处的散射波反射回来,需要设定一个 PML 层[18]。PML 层可以使力学场的扰动在到达外边界之前逐渐被吸收

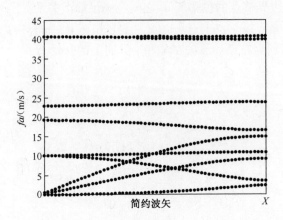

图 4.2　能带结构：碳化钨杆在树脂基体中作周期阵列，方形晶格，
填充比约为 0.35。在 $fa = 23 \sim 42 \text{m/s}$ 时可以观察到一个大的带隙

掉，因此从源发出的波在传播过程中将不会受到边界反射的影响，如图 4.3 所示。实际上，可以写出动力学方程如下：

$$\frac{1}{\gamma_j}\frac{\partial T_{ij}}{\partial x_j} = -\rho\omega^2 u_i \qquad (4.35)$$

式中：ρ 为材料的密度；γ_j 为 PML 层中位置 x_j 处的阻尼因子。由于 PML 层是用于面内衰减的，因而对于 x 方向的传播只有 γ_x 不为 1，有

$$\gamma_x(x) = 1 - \mathrm{i}\sigma_x(x - x_l)^2 \qquad (4.36)$$

式中：x_l 为声子晶体和 PML 的分界面位置坐标；σ_x 应为一个合适的常数。

在 PML 外部没有阻尼，因而 $\gamma_x = 1$。在分析中必须确定 PML 的厚度以及 σ_x 的值，目的是使力学扰动在它们到达外边界之前就能被吸收掉。不过，这种吸收必须足够小，否则声子晶体和 PML 的材料特性将很不匹配，这将导致界面处产生明显的反射。

应力和应变的关系是众所周知的，即

$$T_{jk} = c_{jklm}S_{lm} \qquad (4.37)$$

式中：c_{jklm} 为弹性刚度常数。应变是由位移定义的：

$$S_{ij} = \frac{1}{2}\left(\frac{1}{\gamma_j}\frac{\partial u_i}{\partial x_j} + \frac{1}{\gamma_i}\frac{\partial u_j}{\partial x_i}\right) \qquad (4.38)$$

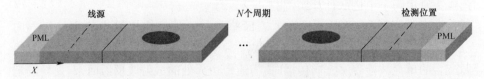

图 4.3　透射计算中的声子晶体板

4.6　有限时域差分法

有限时域差分法(FDTD)是著名的电学和电动力学数值建模技术,一般认为它非常易于理解,也非常容易实现。由于是一种时域方法,因而在一次仿真过程中就可以覆盖很宽的频率范围。FDTD 属于一类基于网格处理的时域差分数值技术,一般地,与时间相关的波动方程是偏微分形式的,需要通过中心差分近似对空间和时间偏导数进行离散处理。所得到的有限差分方程可以以交替的方式进行求解:对于弹性波而言,首先在给定时刻求出某个空间域内的位移场各个分量,然后再求出下一时刻同一空间域内的应力场各个分量,重复这一过程,直到获得所期望的暂态或稳态弹性位移场。在声子晶体领域中,对于有限结构来说,FDTD 可以代替 PWE 方法,能够考察有限个周期之后的透射情况,更为重要的是,这种方法还能处理固体和流体混合构成的声子晶体结构物,而 PWE 法则难以获得稳定解(原因在于流体波动方程中不包含剪切波)。下面将阐述怎样利用 FDTD 法计算无限二维声子晶体的能带结构,以及有限结构的透射谱。

首先考虑一个由柱状散射体(材质 A)以方形晶格形式周期阵列于基体(材质 B)构成的二维声子晶体(图 4.4),这里假设两种材质都是弹性各向同性的。不失一般性,令 $z(=x_3)$ 方向为散射体的轴线方向。质量密度 ρ 和弹性张量 c_{ijmn} 只跟面内坐标 $(x,y)=(x_1,x_2)$ 有关。位移运动方程仍由式(4.1)、式(4.2)给出,由于这里是各向同性材料,且考察的是 (x,y) 面内的传播,因此可以将其拆开为两组独立方程,其中一组为

$$\rho(x,y)\frac{\partial^2 u_1(x,y,t)}{\partial t^2} = \frac{\partial T_{11}(x,y,t)}{\partial x} + \frac{\partial T_{12}(x,y,t)}{\partial y} \qquad (4.39)$$

$$\rho(x,y)\frac{\partial^2 u_2(x,y,t)}{\partial t^2} = \frac{\partial T_{21}(x,y,t)}{\partial x} + \frac{\partial T_{22}(x,y,t)}{\partial y} \qquad (4.40)$$

$$T_{11}(x,y,t) = c_{11}(x,y)\frac{\partial u_1(x,y,t)}{\partial x} + c_{12}(x,y)\frac{\partial u_2(x,y,t)}{\partial y} \qquad (4.41)$$

$$T_{12}(x,y,t) = T_{21}(x,y,t) = c_{44}(x,y)\left(\frac{\partial u_2(x,y,t)}{\partial x} + \frac{\partial u_1(x,y,t)}{\partial y}\right) \qquad (4.42)$$

$$T_{22}(x,y,t) = c_{12}(x,y)\frac{\partial u_1(x,y,t)}{\partial x} + c_{11}(x,y)\frac{\partial u_2(x,y,t)}{\partial y} \qquad (4.43)$$

上述式子中,c_{ij} 是用两个缩减下标表示的弹性常数,且 $c_{21}=c_{12}$,$c_{22}=c_{11}$,$c_{66}=c_{44}$。这组方程针对的是面内传播的混合模式,包括纵波和横波,而与沿着 z 方向偏振的剪切模式无关。

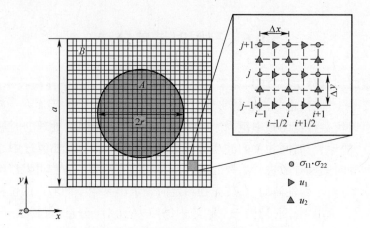

图 4.4　声子晶体单元的网格化:散射体圆柱 A 置入基体 B 中,
方形晶格。同时还给出了弹性场的空间离散放大图

在 K. Yee 的文章中已经给出了基本的 FDTD 空间网格和时间分步算法,当时是针对电磁波的传播问题[19]。为了求解式(4.39)~式(4.43),我们对 Yee 的离散方法做了拓展。将这些方程中的变量定义在矩形网格上,该网格的边长为 Δx 和 Δy。以时间步长 Δt 对位移场进行离散,而在空间上则通过半个网格单元对位移场和应力场进行交替求解。在这一框架下,我们利用空间和时间上的中心差分来近似上述运动方程。离散化之后得到的表达式如下:

$$u_1^{i+\frac{1}{2}\,j;n+1} = 2u_1^{i+\frac{1}{2}\,j;n} - u_1^{i+\frac{1}{2}\,j;n-1} + \frac{(\Delta t)^2}{\rho^{i+\frac{1}{2}\,j}}\left[\frac{\sigma_{11}^{i+1\,j;n} - \sigma_{11}^{i\,j;n}}{\Delta x} + \frac{\sigma_{12}^{i+\frac{1}{2}\,j+\frac{1}{2};n} - \sigma_{12}^{i+\frac{1}{2}\,j-\frac{1}{2};n}}{\Delta y}\right]$$

$$(4.44)$$

$$u_2^{i\,j+\frac{1}{2};n+1} = 2u_2^{i\,j+\frac{1}{2};n} - u_2^{i\,j+\frac{1}{2};n-1} + \frac{(\Delta t)^2}{\rho^{i\,j+\frac{1}{2}}}\left[\frac{\sigma_{21}^{i+\frac{1}{2}\,j+\frac{1}{2};n} - \sigma_{21}^{i-\frac{1}{2}\,j+\frac{1}{2};n}}{\Delta x} + \frac{\sigma_{22}^{i\,j+1;n} - \sigma_{12}^{i\,j;n}}{\Delta y}\right]$$

$$(4.45)$$

$$\sigma_{11}^{i\,j;n} = c_{11}^{i\,j}\frac{u_1^{i+\frac{1}{2}\,j;n} - u_1^{i-\frac{1}{2}\,j;n}}{\Delta x} + c_{12}^{i\,j}\frac{u_2^{i\,j+\frac{1}{2};n} - u_2^{i\,j-\frac{1}{2};n}}{\Delta y} \qquad (4.46)$$

$$\sigma_{22}^{i\,j;n} = c_{12}^{i\,j}\frac{u_1^{i+\frac{1}{2}\,j;n} - u_1^{i-\frac{1}{2}\,j;n}}{\Delta x} + c_{11}^{i\,j}\frac{u_2^{i\,j+\frac{1}{2};n} - u_2^{i\,j-\frac{1}{2};n}}{\Delta y} \qquad (4.47)$$

$$\sigma_{12}^{i+\frac{1}{2}\,j+\frac{1}{2};n} = \sigma_{21}^{i+\frac{1}{2}\,j+\frac{1}{2};n}$$

$$= c_{44}^{i+\frac{1}{2}\,j+\frac{1}{2}}\left[\frac{u_1^{i+\frac{1}{2}\,j+1;n} - u_1^{i-\frac{1}{2}\,j;n}}{\Delta y} + \frac{u_2^{i+1\,j+\frac{1}{2};n} - u_2^{i\,j+\frac{1}{2};n}}{\Delta x}\right] \qquad (4.48)$$

上述式子中的 (i,j) 代表二维网格点，n 为时间步。在流体域中，$c_{44} = 0$，$c_{11} = c_{12}$，这将使得这些式子更为简化，但不会影响求解过程的稳定性，因为不需要求矩阵的逆。

4.6.1　边界条件

根据求解目的的不同，我们要区分两种不同的主要边界条件：①周期边界条件，用于仿真无限结构；②吸收边界条件（或施加一个吸收区域），用于需要对一个开放区域进行截断处理的情形。

（1）当在 (x,y) 面内计算体波的色散特性时，可以考察一个方形的二维单胞，其中散射体为圆柱，并在 x 和 y 方向上施加周期边界条件。这里要注意这个周期边界条件在 (x,y) 面内的表达式是：

$$u_i(x + L_x, y + L_y, t) = \exp(-\mathrm{i}(k_x L_x + k_y L_y)) u_i(x,y,t), i = 1,2 \quad (4.49)$$

式中：(L_x, L_y) 分别为 x 和 y 方向上的周期，在这个实例中 $L_x = L_y = a$。这里的二维波矢为 $k = (k_x, k_y)$，它们位于第一布里渊区，即 $-\pi/L_x < k_x < \pi/L_x$，$-\pi/L_y < k_y < \pi/L_y$。

（2）当计算有限声子晶体结构的透射情况时，例如针对 5 个周期，要在晶格区域之外（即 $x < 0$，$x > 5a$）附加上匀质区域（材质与声子晶体的基体材质相同）。在 x 方向上，应在这些区域的最外端设置吸收边界条件，而在 y 方向的边界处施加周期边界条件。一般来说，最常用的是 Mur 吸收边界条件、Liao 吸收边界条件以及各种 PML。前面两种要比 PML 简单一些，不过 PML 可以具有更低数量级的反射（事实上 PML 可以说是一种吸收区域，而不是边界条件了）。此处采用 Mur 吸收边界条件，假设弹性波沿着 x 方向传播，在边界处不会发生反射，因此这一条件应为

$$V_\mathrm{L} \frac{\partial u_i(x,y,t)}{\partial x} + \frac{\partial u_i(x,y,t)}{\partial t} = 0 \quad (4.50)$$

式中：对于位移场的 x 和 y 分量都采用了辐射介质中的纵波波速 V_L。随后就可以利用该条件的有限差分近似了。

4.6.2　色散关系的计算

如图 4.5 所示，考虑一个理想的二维晶体，它是由弹性钢圆柱（半径为 r）以方形晶格形式（晶格常数为 a）周期阵列到水基体中而构成的。为了计算色散关系，可以在该结构的一个随机位置施加一个小扰动，这样将在二维单胞中激发出所有可能的波动模式，进一步可以将位移场记录下来并转化为傅里叶级数。然后，针对每个给定的波矢 k_x, k_y（通过周期边界条件来设定）就可以计算出特征频率（根据谱中的共振峰）。这一过程可以让我们找到所有可能的体波类型。

在数值计算中,设定网格点的间距为 $\Delta x = \Delta y = a/60$,时间步长为 $\Delta t = 0.95\Delta t_{max}$。根据 FDTD 方法的稳定性准则,有

$$\Delta t < \Delta t_{max} = \frac{1}{v_{max} \cdot \sqrt{\left(\dfrac{1}{\Delta x}\right)^2 + \left(\dfrac{1}{\Delta y}\right)^2}} \tag{4.51}$$

此处: $v_{max} = v_{steel}$。

实际计算中,经过 $t = 2^{17}\Delta t = 131100\Delta t$ 时间后系统的振动将趋于稳定,它是特征模式的叠加结果。

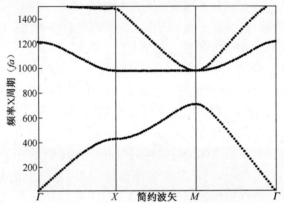

图 4.5　FDTD 法计算得到的能带结构:钢杆以方形晶格形式
阵列于水中。填充比约为 0.41。700~1000m/s 范围内存在一个完全带隙

图 4.5 给出了不可约布里渊区边界上的体波色散曲线的低频部分,填充比为 $f = 0.41$。可以看出,存在一个很大的完全带隙,它使得 (x,y) 面内的体波无法传播。

4.6.3　透射谱计算

为了更深入地认识带隙效应和考察通带内的传输行为,可以采用 FDTD 方法计算有限结构的透射率。为此,这里采用了由 3 个区域构成的样件(参见图 4.6 中的插图)。我们在第一个区域沿着 x 方向施加一个纵波,然后在第三个区域进行检测,而中心区域内是声子晶体。这个纵波信号是由一些正弦波成分叠加而成的,并以所感兴趣的频率为中心,通常是高斯类型的。所检测的信号主要包括不同位置处的位移值(纵振)。将这些信号的傅里叶变换进行平均即可得到透射谱。图 4.6 所示为一个实例,其中图 4.6(a) 为检测到的体波的时间历程,借助快速傅里叶变换,这个有限声子晶体结构的透射谱也就得到了。

此外,FDTD 方法还能以可视化的方式展现出某个频率处结构中的位移幅值分布情况。事实上,通过对一个振动周期内的位移幅值进行平均,就能够获得

模式的位移场。图 4.7 针对一种弯曲型波导(钢/水结构)给出了完全带隙内某个频率处的波场分布情况,可以看出波场高度集中于由缺陷导致的波导中。

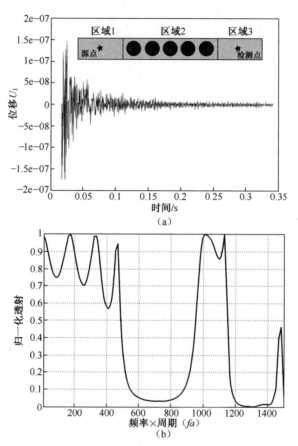

(a)

(b)

图 4.6　(a)在声子晶体区域之后的某位置处检测到的位移响应时间历程以及(b)计算得到的透射功率谱:不可约布里渊区的 ΓX 方向,方形晶格,钢杆置入水中。简约频率 700~1000m/s 范围内存在强衰减

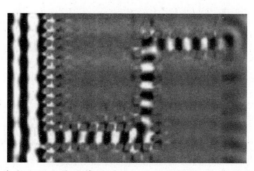

图 4.7　针对某弯曲型波导计算得到的纵向位移幅值(一个周期内的平均值)

4.7　结　束　语

　　本章中对声子晶体的波传播问题研究中所遇到的若干计算问题进行了回顾,指出了4种主要分析方法的特性和利弊,分别是 MST 法(及其改进后的 LMS 法)、PWE 法(及其拓展后的适合于复能带分析的 PWE 法)、FDTD 法及 FEM 法。为方便读者,下面对这些方法做一总结。

　　(1) LMS 法适用于由非重叠球状或柱状散射体置入匀质基体而构成的声子晶体(所有介质均为各向同性),无限结构和有限结构都可用。该方法也可用于表面波问题或板问题,不过会十分复杂。另外这种方法目前尚不能用于任意各向异性散射体情况。Sainidou 等已经给出过 LMS 的自由代码[9]。

　　(2) PWE 法广泛用于能带计算,适合于各种散射体和基体情况,包括各向异性和压电性。不过这种方法收敛较慢,原因在于需要在傅里叶展开式中截取足够项以保证精度要求。作者认为,大多数情况下 FEM 法要比经典的 PWE 法更为实用。拓展后的 PWE 法是近年来提出的,它能够用于计算复能带结构,可以考虑损耗,而不损害 PWE 法的其他优良特性。据作者所知,目前尚无自由的或商业的 PWE 代码可供使用。

　　(3) FDTD 法的应用也非常广泛,原因在于它允许人们直接在空间和时间域求解波动方程,类似于真实的实验过程。这种方法适应性也很广,也适用于各向异性和压电性情况,尽管比较少见。收敛是非常慢的,特别是对于高品质因数的共振结构更是如此。对声子晶体研究来说目前也没有自由代码或商业代码可供使用。

　　(4) FEM 是非常通用的方法,它能避免 PWE 法的所有缺点。可以考虑不同类型的边界条件问题,例如固体/流体型声子晶体的情况。能够用于能带结构的计算,对于薄板问题尤其有效。也可用于有限声子晶体结构的分析。这种方法经常用于时谐问题或能带问题,不过也可用于时域分析,尽管现有研究中还很少利用这一点。近年来,商用 FEM 软件 ComsolMultiphysics 逐渐成为人们的常用分析工具,这种软件非常容易使用,当然不透明性是它的一个明显缺点。此外也有很多免费的或开源的软件可供使用,例如作者就一直在使用 FreeFem++软件(http://www.freefem.org/ff++/)。

参 考 文 献

[1] B. A. Auld , *Acoustic Fields and Waves in Solids* (Wiley, New York, 1973)

[2] D. Royer, E. Dieulesaint, *Elastic Waves in Solids* (Wiley, New York, 1999)

[3] IEEE standard on piezoelectricity 176–1987. IEEE Trans. Ultrason. Ferroelectr. Freq. Control43(5), 717 (1996)

[4] M. Wilm, S. Ballandras, V. Laude, Th. Pastureaud, A full 3-D plane-wave-expansion model for piezo-composite structures. J. Acoust. Soc. Am. **112**, 943–952 (2002)

[5] R. P. Moiseyenko, V. Laude, Material loss influence on the complex band structure and group velocity in phononic crystals. Phys. Rev. B **83**(6), 064301 (2011)

[6] V. Laude, Y. Achaoui, S. Benchabane, A. Khelif, Evanescent Bloch waves and the complex band structure of phononic crystals. Phys. Rev. B **80**(9), 092301 (2009)

[7] I. E. Psarobas, N. Stefanou, A. Modinos, Phononic crystals with planar defects. Phys. Rev. B **62**(9), 5536–5540 (2000)

[8] R. Sainidou, N. Stefanou, A. Modinos, Formation of absolute frequency gaps in three dimensional solid phononic crystals. Phys. Rev. B **66**(21), 212301 (2002)

[9] R. Sainidou, N. Stefanou, I. E. Psarobas, A. Modinos, A layer-multiple-scattering method for phononic crystals and heterostructures of such. Comput. Phys. Commun. **166**, 197–240 (2005)

[10] I. E. Psarobas, Viscoelastic response of sonic band-gap materials. Phys. Rev. B **64**(1), 012303(2001)

[11] V. Laude, M. Wilm, S. Benchabane, A. Khelif, Full band gap for surface acoustic waves in a piezoelectric phononic crystal. Phys. Rev. E **71**, 036607 (2005)

[12] J. O. Vasseur, B. Djafari-Rouhani, L. Dobrzynski, M. S. Kushwaha, P. Halevi, Complete acoustic band gaps in periodic fibre reinforced composite materials: the carbon/epoxy composite and some metallic systems. J. Phys. Condens. Matter **6**(42), 8759–8770 (1994)

[13] T. -T. Wu, Z. -G. Huang, S. Lin, Surface and bulk acoustic waves in two-dimensional phononic crystal consisting of materials with general anisotropy. Phys. Rev. B **69**(9), 094301 (2004)

[14] M. Wilm, A. Khelif, S. Ballandras, V. Laude, B. Djafari-Rouhani, Out-of-plane propagation of elastic waves in two-dimensional phononic band-gap materials. Phys. Rev. E **67**, 065602(2003)

[15] A. Khelif, B. Aoubiza, S. Mohammadi, A. Adibi, V. Laude, Complete band gaps in two-dimensional phononic crystal slabs. Phys. Rev. E **74**, 046610 (2006)

[16] M. I. Hussein, Reducedbloch mode expansion for periodic media band structure calculations, Proc. R. Soc. A Math. Phys. Eng. Sci. **465**(2109), 2825–2848 (2009)

[17] V. Laude, J. C. Beugnot, S. Benchabane, Y. Pennec, B. Djafari-Rouhani, N. Papanikolaou, J. M. Escalante, A. Martinez, Simultaneous guidance of slow photons and slow acoustic phonons in silicon phoxonic crystal slabs. Opt. Express **19**(10), 9690–9698 (2011)

[18] J. -P. Berenger, A perfectly matched layer for the absorption of electromagnetic waves. J. Comput. Phys. **114**, 185 (1994)

[19] K. Yee, Numerical solution of initial boundary value problems involving maxwell's equations in isotropic media. IEEE Trans. Antennas Propag. **14**(3), 302–330 (1966)

第5章 声子晶体板

Saeed Mohammadi, Ali Adibi

5.1 引　言

在前面几章中,我们已经回顾了不同类型的声子晶体结构以及它们的一些特性,同时还探讨了相应的分析方法和仿真手段。在各类声子晶体结构中,平面型的声子晶体结构最为令人感兴趣,这是因为它们的制备方法是非常灵活多样的,而且通过基于光刻技术的手段很容易实现大批量生产。平面型声波装置一般有两种主要类型,分别是声表面波装置和具有有限厚度的装置如声学板和声学膜等。声表面波一般是在一个厚基体(厚度远大于波长)的自由表面处形成的,大部分能量主要位于这个自由表面附近,它在无线通信设备的设计中是相当重要的。上一章我们已经介绍了声子晶体结构的声表面波方面的一些特性和制备方法,这里将讨论这些声子晶体表面波装置的一个重要缺陷,并介绍声子晶体板结构,它们的厚度是与所关心的波长同阶的。我们将阐述这些声子晶体板的描述方法、仿真手段和制备过程,以及它们比上一章声子晶体表面波装置的优越之处。然后,我们将给出一个实际的声子晶体板结构实例,并介绍其设计、仿真和制备过程。最后还将给出此类结构在无线通信与传感这一高频应用领域的应用介绍,以及带隙的设计和调控。

5.1.1 声子晶体板结构的研究历史

尽管声子晶体存在表面波带隙这一发现要远早于声子晶体板,然而迄今为止声子晶体的表面波所展现出的特性还不够优良,基于声子晶体的表面波装置往往要受到损耗过大这一不利限制。正如下面将要介绍的,声波在基体中的损耗这一问题,在声子晶体板中是可以回避掉的。因此,人们深入考察了声子晶体板结构,证实了声子带隙的存在性,进而开发了基于声子晶体板的功能装置,它们具有优良的性能,例如高品质因数的共振、波导、滤波以及多路分解和复用等。虽然具有一维周期性的板可能有一些应用[1],不过这里主要关注的还是二维周期板结构(散射体分布在传播平面内),因为它们能够为设计更复杂的装置提供更强的灵活性。

　　较早时,人们把周期或非周期的散射体插入到软介质(如树脂)制成的板中,目的是实现它与其他介质(如水)的阻抗失配,从而构造出更好的换能器[2]。当时的主要分析目的在于解决这些换能器的带隙和共振所带来的问题。不过,人们没有考察怎样通过此类结构去生成完全(全向)带隙,也没有研究如何把这些源于周期性的带隙或强色散性质用于其他方面的应用。

　　在声子晶体结构中存在两种已知的带隙生成或强色散机制。第一种是布拉格散射机制,它要求晶格的周期与波长同阶,带隙主要由周期性决定[3]。另一种是散射体的局域共振机制,主要源于散射体与基体之间的耦合效应,带隙频率与晶格周期之间没有很强的依赖关系[4]。

　　Sigalas 和 Economouo[3]针对非常厚和非常薄的声子晶体板(基体和散射体均为固体)进行了理论分析,考察了部分带隙和完全带隙的可能性,并指出在此类结构中是能够获得完全带隙的。此后,Khelif 等[5]针对由石英散射体和树脂板构成(压电方形晶格)声子晶体板,从理论上证实了完全带隙的存在性,并考察了不同几何参数条件下的带隙情况。随后,Boneelo 等[6]研究了兰姆波在覆盖有周期金属薄膜的薄硅板中的传播特性,指出在较低频率处,在特定方向上存在着带隙。作为一个重要的转折点,在高频声子晶体板的研究中,文献[7]和文献[8]分别从理论和实验角度证实了在带有孔阵列的硅板中能够获得很宽的高频声子带隙。这些发现使得人们开始研究基于声子晶体板的一系列应用装置设计,其中包括波导和共振子[9],同时它们也促进了光机应用中的光子和声子带隙方面的研究[10-12]。本章中将简要介绍其中的一部分内容。此外,固体/固体型的高频声子晶体板的研究也已经开始出现[13,14]。目前,人们对基于布拉格散射效应的声子晶体板的研究进展非常迅速,其中的部分内容也将在下文中进行介绍。

　　在局域共振声子晶体板方面,Fung 等[15]研究指出,在由包覆有硅胶层的铅球和树脂基体构成的板中是存在传播带隙的。Yu 等[16]利用 FEM 法研究指出,在包含柱状橡胶散射体阵列的薄板中可以存在完全的横波带隙。类似地,Hsu和 Wu[17]利用平面波展开法也证实了这一点。此后,人们越来越对局域共振声子晶体的带隙和其他色散性质感兴趣了[18-20]。

5.1.2　声子晶体结构中的泄漏声表面波问题

　　在带有一个自由表面的声子晶体结构中,声表面波的模式分支通常会穿过(二维结构的)面内体波模式分支,因而表面波将会与一些体波模式(向远离自由表面方向传播)发生耦合。在瑞利面波的传输谱中,可以发现在声子带隙处透射率将会下降,但在高于带隙频率的区域,透射率并不会完全恢复[21,22],这就意味着表面波在此类结构中是有耗散的。尽管人们已经想了很多办法来解决这一问题[23,24],但是这种在声子晶体半空间所发生的表面波过量损耗的现象使得这种结构仍然很难用于高性能声子晶体装置中。近来有部分研究者指出[25],特定条件下在体声锥内,通过利用一些带隙设计技术,声表面波是可以将其大部分能量保持在表面附近的。不过,目前基于这些技术的设计实现仍在研究之中。

由于声子晶体的结构周期性,表面波和体波模式将可能发生耦合,如图 5.1 所示。这一现象的原因可以通过波矢的性质加以解释,耦合发生的条件也将在下面给出。

当波矢比体波波矢大时,表面波可以在基础的自由表面传播。因此,只要表面波波矢较大,那么表面波和体波之间的相位匹配条件就不会满足,于是对于非声子晶体结构来说二者就不会发生耦合(注意,在各向异性晶体中,即便不是声子晶体,某些特定方向上的表面波也可以是耗散的)。对于声子晶体结构来说,正如图 5.1所示的,它可以导致表面波与体波之间产生相位匹配。这种折叠效应使得表面波与连续的体波模式分支发生耦合,波矢的一个分量将指向基础的内部。

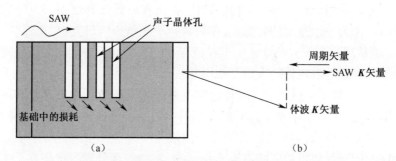

图 5.1　(a)表面波在声子晶体表面波装置中的传播示意图以及(b)从波矢角度
指出了声子晶体的周期性将导致表面波和体波模式之间的耦合

表面波的这种损耗使得我们较难采用声子晶体结构来控制表面波。下面我们将阐述,利用声子晶体板及其板模式可以较好地解决这一问题,进而可以提供一种损耗非常小的声子晶体结构物,图 5.2 给出了一个实例。

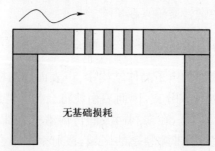

图 5.2　声子晶体板的侧视图,板模式与基础中的体波模式是解耦的

5.2 声子晶体板结构

如同前面提到的,由于表面波在声子晶体表面波装置中传播时可能存在较大的损耗,因而这类结构并不理想。在这一节中,将介绍声子晶体板结构,它们比较简单而且多样,损耗也小,并且可以通过 CMOS 和 MEMS 技术进行制备,这种特殊的声子晶体结构是通过在固体板(而不是固体半空间)的面内设置二维周期性分布构造而成的。虽然在制备上要比前述的声子晶体表面波装置复杂一些,但是它们可以提供更好的弹性波控制特性,这使得它们变得非常有优势。此外,还可以把声子晶体板与光子晶体联合起来,从而获得声−光功能和光−机功能。

下面将介绍声子晶体板结构的类型、特性及其优点,它们能够提供所期望的一些特性如声子带隙,可用于高频方面的应用领域。同时,还将讨论一些声子晶体板结构的制备问题,主要针对高频方面的应用。最后,将介绍此类结构对弹性波和振动的控制性能。

5.2.1 具有不同几何特点的声子晶体板

构造周期性的板可以有几种不同的方法,根据周期布置的散射体的位置可以把声子晶体板分为两类:

(1)内嵌式:散射体嵌入到板中(散射体可以是另一材质或空气);

(2)附着式:散射体附着在板面上。

这两种类型的结构可参见图 5.3(a)和(b),它们都有各自的优点。

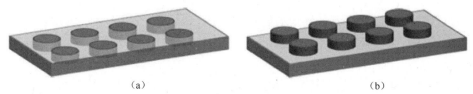

(a)   (b)

图 5.3 声子晶体板
(a)内嵌式;(b)附着式。

5.2.2 内嵌式的声子晶体板

在内嵌式的声子晶体板中,散射体是周期性嵌入到板中的,它们可以占据板厚的全部或一部分。散射体可以是另一种不同于基体的材质[5],也可以是空气[7],甚至可以是部分实体部分空气[26]。弹性波在此类结构中的色散性质主要由散射行为决定,选择合适的材料特性组合能够更好地调控其能带结构。举例来说,为了获得声子带隙,当采用固体散射体时,一般需要选用密度和刚度更大的材料作为散射体(相对于基体),而为了实现最大带隙宽度,这些散射体的尺寸必须是最优值[27];如果采用空气作为散射体,一般来说只有其尺寸更大才能产生更宽的带隙,当然,板厚也有影响,也存在着一个最优值[7]。

上述的各种声子晶体板可能适合不同的应用场合。对于散射体为空气的声子晶体板来说,它们的优点在于高频段具有低损耗特点、适合于微电子应用以及制造过程简单等[8],另外,它们还可以跟光子晶体集成起来[10]。比较而言,那些采用固体散射体的声子晶体板则更适合于对散射体尺寸有限制或者制备过程中有最小尺寸限制的情况。

5.2.3　附着有短柱的声子晶体板

另一种声子晶体板结构是在固体板表面上附着短柱阵列。这种情况下,散射机制和色散特性的变化主要基于局域共振。局域共振的短柱与板模式之间会发生相互作用,这将导致能带结构的显著改变。因此,如果短柱的局域共振频率显著低于散射机制产生的带隙频率,那么就能够获得相当低的声子带隙(相对于布拉格散射型带隙)[28]。此外,对于此类结构物,还有另外一个设计自由度,即短柱的高度,它也能改变能带结构。不仅如此,采用复合型短柱还能进一步增加可设计的参数[19]。利用这种附着有短柱阵列的声子晶体板,同样可以实现波导设计以及能量的局域化。读者可以参考文献[29],那里对基于这种结构物所设计的不同形式的波导及其模式类型做了综述。

5.2.4　声子晶体板结构的实例

前面介绍的两种声子晶体板结构基本上包括了现有的此类研究。与其他类型的散射体相比,选择圆柱体作为散射体(内嵌或附着)可以避免出现较锐的边角,因而是个较好的选择。当然,选择其他类型的散射体形状也是可行的,例如窗型和连通型结构就经常用于低频设计中,它适合于振动隔离等应用领域。这些结构物往往通过把杆件互相连接起来以构成不同的拓扑,如三角形和方形,并且可以由多种材料组成[16,30]。图5.4给出了窗型结构的一个实例。

近期,通过在圆柱散射体阵列之间加装连接元件,人们还给出了一种“反声子晶体带隙结构”,如图5.5所示。研究表明,合理的设计也能够使得这种结构产生完全带隙[32]。显然,这类结构可以归类为带有非柱状散射体的声子晶体板。

散射体形状还可以是球状的,即将球状散射体(如钢球)置入到基体介质(如固态树脂)中。人们也对此进行了研究,例如文献[31]研究指出此类结构在300kHz附近存在完全声子带隙,并且利用缺陷可以实现波的导向。对于高频应用而言,由于现有的基于光刻法的制造技术限制,这些结构还不易实现,不过它们可能非常适合于低频方面的应用,如低频噪声控制。

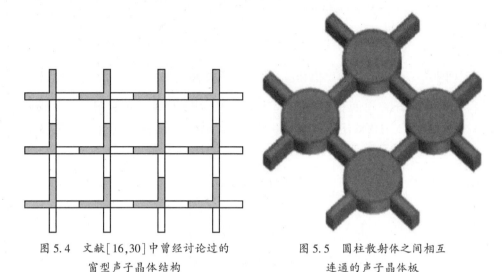

图 5.4　文献[16,30]中曾经讨论过的　　　　图 5.5　圆柱散射体之间相互
窗型声子晶体结构　　　　　　　　　连通的声子晶体板

5.3　声子晶体板的分析方法

对声子晶体板来说,最重要的分析方法是 FDTD、PWE 和 FEM 方法。在前面几章中已经介绍过这些方法的基本思路,这里针对声子晶体板中的波传播仿真问题简要讨论一下这些方法以及一些必要的调整。

5.3.1　用于声子晶体板的 FDTD 法

FDTD 法很久以前已被用于分析声学和电磁学中的波传播问题[33]。随着计算技术的发展,这种方法得到了更多的关注,特别是对于复杂问题的求解,目前已经广泛用于复杂结构中的电磁波和光波的传播分析。之所以得到广泛应用,是因为这种方法具有一些独特的优点,如简单性、易于仿真复杂结构、并行性、单次运行即可覆盖很宽的频率范围,以及可模拟各种边界条件等。除此之外,该方法还有一个强于其他方法的重要方面,即它不涉及任何矩阵求逆运算。这一节中我们将简要讨论 FDTD 法如何用于分析声子晶体板结构。应当注意,下面所讨论的 FDTD 过程所针对的介质最低必须具有正交对称性(包括各向同性和立方对称性介质),且不考虑压电性。

在图 5.6 中,我们给出了弹性振动场量(应力分量 T 和速度分量 v)在 FDTD 网格上的分布。可以看出,不同分量在空间上是交错的,这可以满足二阶近似的

要求。若应力分量在时间步 n 更新,那么速度分量将在时间步 $n+\dfrac{1}{2}$ 更新,这里

的 n 是整数。应力分量的更新要利用上一时间步 $n-1$(或初始时刻)的应力值以

及时间步 $n-\dfrac{1}{2}$(或初始)的速度分量值。类似地,速度分量的更新则要分别用

到时间步 $n-\dfrac{1}{2}$ 和 n 的速度值和应力值。这种场量的更新方法一般称为蛙跳式

过程,因为随着时间的推进该过程不断地从一组分量跳跃到另一组分量。
图 5.7 给出了 FDTD 算法的这个蛙跳式过程的流程。读者可以参阅文献[34-
36],从中可以找到用于求解声波传播问题的 FDTD 方法的更多细节。

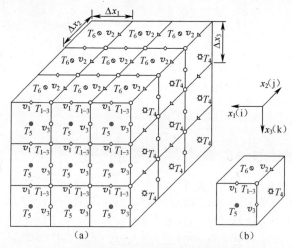

图 5.6　(a)具有正交对称性的固体中的弹性波场在 FDTD 网格上的分布,
可以看出场量的分布能够保证这种离散具有二阶精度以及(b)FDTD 网格
的一个单胞,可以看出所有场分量都位于立方体 3 个相邻的面上

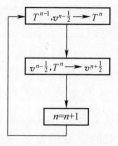

图 5.7　FDTD 法中弹性波场量随时间的更新过程。在每个时间步,应力分量将根据上
一时间步的应力值和半个时间步之前的速度值进行更新,类似地,速度分量则根据
上一时间步的速度值和半个时间步之前的应力值进行更新。这一过程也称为蛙跳式过程

5.3.1.1　自由表面边界条件

在声子晶体板的波传播问题中,固体材料与另一种弹性阻抗非常低的介质(如气体或真空)往往会形成分界面,仿真域也可能在这种界面处终止。弹性波在这种阻抗很低的介质中的传播速度要远低于正常固体介质,因而在给定频段内的最小波长就会显著减小。这就要求网格单元必须选择得非常小,从而显著增加所要仿真的网格点数量。例如,由于声波在空气中的相速度大约为 340m/s,比一般固体中的声速低一个数量级,这将导致三维结构的网格单元数量要增加近 1000 倍。不仅如此,考虑到 Courant 稳定性条件,所需要的时间步也必须减小一个数量级,这又将增加约 10 倍的计算负担。由于这种计算效率很低,所以最好是把上述的分界面作为一个边界条件来处理,而不是考虑为内部边界。为此,我们应该忽略掉空气或真空部分,而把仿真域限制在固体部分。至于固体与空气或真空的分界面,可以将其替换成自由表面边界条件,以模拟空气或真空的效应。

图 5.8 给出了一个实例,它考察的是一块自由板,厚度为一个单胞。类似于内部介质的分界面,此处的自由表面被假设位于网格单元的中部。更多细节内容,读者可参阅文献[36]。

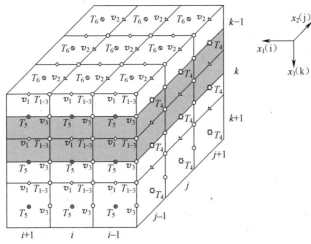

图 5.8　厚度(x_3 方向)为一个单胞的板的 FDTD 网格,周围介质为空气或真空

5.3.2　用于分析声子晶体板的 PWE 方法

尽管 FDTD 和 FE 方法能够用于求解很多问题,不过它们并不是专门针对周期结构的能带计算和模式计算的,因此,还可以构造更适合于此类计算目的的专用方法。事实上,人们已经针对光子晶体的能带计算问题[37]给出了 PWE 方法,该方法也已经广泛用于声子晶体的计算中。

根据布洛赫定理,周期介质中的任何场(如位移场 $u(r,t)$)都可以展开为无限级数形式:

$$u(\boldsymbol{r},t) = \sum_{G} u_{K+G} \mathrm{e}^{\mathrm{j}(\omega t - \boldsymbol{k}\cdot\boldsymbol{r} - G\cdot\boldsymbol{r})} \tag{5.1}$$

式中: $r = (x_1, x_2, x_3)$ 为位置矢量; $G = (2\pi m/p_1, 2\pi n/p_2, 2\pi p/p_3)$ 为倒格矢; k 为波矢。

对于周期结构中的每个物理参数 $\alpha(\boldsymbol{r})$,也可以展开为

$$\alpha(\boldsymbol{r}) = \sum_{G} \alpha_{G} \mathrm{e}^{-\mathrm{j}G\cdot\boldsymbol{r}} \tag{5.2}$$

当给定传播波矢时,就能够求出特征值了,也就是结构中的模式频率。考虑简谐波,从前式中消去时间,得

$$u(\boldsymbol{r}) = \sum_{G} u_{K+G} \mathrm{e}^{-\mathrm{j}(\boldsymbol{k}\cdot\boldsymbol{r} + G\cdot\boldsymbol{r})} \tag{5.3}$$

将这些方程代入弹性波动方程,借助指标记号可得

$$\nabla_{iJ} c_{JI} \nabla_{Ik} u_k = \rho \omega^2 u_i \tag{5.4}$$

$$\sum_{M-m,N-n,P-p=-\infty m,n,p=-\infty}^{\infty} \sum_{J=1}^{6} \sum_{k=1}^{3} \nabla_{iJ} c_{JI}^{M-m,N-n,P-p} \nabla_{Jk} u_k^{m,n,p}$$

$$= \omega^2 \sum_{M-m,N-n,P-p=-\infty m,n,p=-\infty}^{\infty} \rho^{M-m,N-n,P-p} u_i^{m,n,p} \tag{5.5}$$

在上述方程中, ω 和 $u_i^{m,n,p}$ 是待求量,其余的是已知参数。为了求解这些方程,它们可以联立起来构成特征值问题, $u_i^{m,n,p}$ 是特征矢量, ω^2 为特征值。对于给定的波矢分量(k_x, k_y, k_z),以矩阵形式重新调整前式中的求和项,并借助MATLAB 软件即可对该特征值问题做数值求解。这种 PWE 法对于求解周期结构的模式是非常有效的,其数值精度取决于傅立叶展开式中所保留的项数,更多细节可参阅文献[38]。

在采用 PWE 法提取声子晶体板的特征模式时,需要在单胞垂直方向上附加两个真空区域,分别位于板的上方和下方,如图 5.9 所示。

Hsu 和 Wu 还曾经提出了另一种更为有效的方法,它建立在板模式的基础上,将声子晶体板的面内传播模式进行展开。这种方法采用了 Mindlin 板理论,因而在计算声子晶体板的能带结构时计算量降低很多[39]。

5.3.3　用于声子晶体板分析的 FE 方法

有限元(FE)方法是一种非常有效的通用方法,可以求解很多领域中的问题,例如航空工程、生物力学、声学、流体动力学以及光子学等。对于求解复杂域上的微分方程来说,FE 方法尤为合适。一般而言,在弹性波传播方程的分析中,

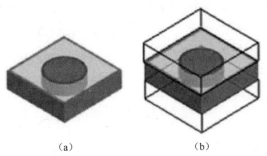

图 5.9　(a)声子晶体板的单胞以及(b)增加了上下两个真空区域的单胞,
目的是为了使结构在竖直方向上也具有周期性,从而符合 PWE 法的要求

FE 方法比 FDTD 法更加精确,而且也适用于更多类型的固体介质。不过,这种方法对于非常大的仿真域是不易处理的,因为矩阵求逆的运算会使并行计算变得较为困难。

　　在一些商用软件如 COMSOL 中,可以利用波动方程的时谐形式来求解与声子晶体板结构有关的一些问题。一般来说,可以利用 FE 方法计算的方程具有如下形式[40]:

$$e_a \frac{\partial^2 u}{\partial t^2} + d_a \frac{\partial u}{\partial t} + \nabla \cdot (-c \nabla u - \alpha u + \gamma) + \beta \cdot \nabla u + au = f \ (在 \Omega 中)$$

(5.6)

　　可施加到仿真域边界上的条件为

$$\boldsymbol{n} \cdot (-c \nabla \boldsymbol{u} - \alpha u + \gamma) + q \boldsymbol{u} = g - \boldsymbol{h}^{\mathrm{T}} \mu \ (在 \partial \Omega 上)$$ (5.7)

和

$$hu = r \ (在 \partial \Omega 上)$$ (5.8)

　　上面的 Ω 是计算域,$\partial \Omega$ 为域边界,n 是 $\partial \Omega$ 的外法线矢量。

　　式(5.6)是待求解的主要偏微分方程,而式(5.7)和式(5.8)是边界条件。将式(5.6)和声学方程相比,可以发现二者的相似性。只需将该式中的 c 和 e_a 替换成 c^E 和 ρ ,并将其他常数设定为 0,那么也就得到波动方程了。不过应当注意,此时的 u 是包含 3 个分量的矢量,这三个分量是 x_1、x_2 和 x_3 方向上的位移 u_1、u_2 和 u_3。此外,还应注意式(5.6)是一个非常通用的式子,它适用于非常一般的弹性方程,其中可以包括阻尼或压电效应。类似地,边界条件式(5.7)和式(5.8)也可以做适当修改,从而使之适合于所关心的问题。例如,这两个式子经过修改后很容易定义出自由表面或夹紧边界条件。与其他仿真方法相比,这是 FE 方法的一个优势。

5.3.4　声子晶体板的其他重要分析方法

　　本节简要介绍一下其他一些能够用于分析声子晶体板结构的重要数值方

法。虽然在此类结构的研究中这些方法还没有得到广泛的应用,然而它们为我们增添了新的分析手段。

5.3.4.1 传递矩阵、反射矩阵和透射矩阵法

在有限周期结构的研究中,人们已经广泛采用了传递矩阵、反射和透射矩阵法,尤其是在光子晶体的分析中更是如此。这种方法不仅非常可靠,而且在计算时间上也是非常高效的[37]。此外,它还能够给出波的传播衰减与所经过的层数之间的关系。

5.3.4.2 散射矩阵法

散射矩阵法也称为多极子方法或模态法,在光子晶体领域它已经被用于对有限个物体进行散射求解,效率非常高。对声子晶体来说,一般有两种分析途径:一种是解析的,例如 PWE 法;另一种是数值的,通过对计算域进行离散来求解方程,如 FDTD 法。散射矩阵法属于第一类,并且它也已经被用于声子晶体的分析[41,42]。该方法对于散射体为圆柱的二维声子晶体或者散射体为球状的三维声子晶体的分析是特别有效的。不过它也存在着一些不足[43]:①散射体外形应当是凸状的且内部均匀,散射体之间必须相互分离。考虑到简单性和方便性,大多数计算只针对圆柱或球状散射体。②只能获得波场的稳态解,不能给出时间响应,同时也不能考察非线性。对于声子晶体板,必须对该方法做较大的调整和修改。

5.4 声子晶体板结构的制备和测试

声子晶体板的制备过程主要取决于它的特征尺寸要求。这一尺寸已经覆盖了从厘米到纳米的整个范围。当然,特征尺寸是与频率紧密关联的,进而也就与声子晶体板的应用相关了。对于不同类型的声子晶体板,人们已经提出了多种制备方法。这些方法包括通过胶黏剂将有机玻璃块粘到钢板上[4]、利用钻削设备在板上钻孔[44]、在板表面上进行金属复合[6]、干涉光刻[45]、以及手工方法[31]等。

在上述这些方法中,最优越也是最通用的方法应该是基于光刻技术的方法[8,26],它能够在板面上精确地实现散射体的阵列,而且还允许引入散射体的缺陷和变化,此外该方法还可以实现大批量生产。

声子晶体板的测试也有多种方法可供采用,包括压电换能[8,26]、激光激发与干涉[46]、采用其他换能机制的光干涉法[31]、静电激发,以及布里渊散射[45]等。尽管激光激发和检测可能是最通用的无损测试手段,但对于实际应用的声子晶体板装置来说,压电激发却是一种最为实用的方法。

在第 8 章中还将介绍另一种声子晶体的测试方法,它能够帮助我们更为准

确地认识和理解弹性波在声子晶体板中的传播行为。

5.5　案例分析:散射体为空腔的声子晶体板

这里将阐述一种声子晶体板结构(空腔/硅板)的设计、制备和测试过程。这种空腔/硅板型的声子晶体结构有着很多优点,例如,硅介质本身就是一种优良的机械材料[47],结构容易加工,容易与电路或光子晶体装置集成等。对于此类结构来说,首要目标是要获得较宽的完全声子带隙,并且其频率应当适合于无线通信与传感等方面的应用要求。在此基础上,我们就有可能开发出多种新颖的功能器件。

5.5.1　具有高频完全声子带隙的空腔/硅声子晶体板的结构设计

为了利用声子晶体实现高频范围内的共振和能量束缚,首先就必须设计出相应的微米或纳米结构并获得较大的完全带隙。尽管非完全带隙(部分方向上或部分波型中表现出的带隙)也有一些特定的应用,但完全带隙却是最令人感兴趣的,因为它能提供所有波型和所有方向上的全面控制。从制备上看,此类结构最好是能够借助 CMOS 兼容的加工技术精确而成本低廉地实现。同时,人们也希望此类结构的工作频率范围最好能够达到无线通信与传感这一应用领域的要求。

最基本的二维声子晶体构型可能是方形晶格形式的孔阵列,这里我们就先讨论这种形式的声子晶体板结构,其中基体采用了硅材料。如图 5.10(a)所示,在硅板上开出了方形晶格形式的圆柱孔阵列,硅的晶轴方向分别与 x、y 和 z 方向对齐,a 为相邻孔之间的距离(晶格常数),d 为板厚,r 为孔的半径。该结构的制备可以通过在绝缘体上硅晶片中利用标准的干蚀刻技术制出通孔,然后移除下方的绝缘体这一方法来实现。实际的制备过程将在后面进行介绍。

为计算该声子晶体的二维能带,最好的方法是 PWE 法,而 FEM 和 FDTD 法可以用于验证。当这个声子晶体板的厚度和孔径选得合适时,计算结果表明它存在一个完全声子带隙,如图 5.10(b)所示,结构参数为 $r/a = 0.45$,$d/a = 0.5$ 时,这个完全带隙位于 $3000\text{m/s} < fa < 3261\text{m/s}$($fa$ 为归一化频率),所对应的宽度与中心频率之比约为 8.3%。

在得到这一较好的完全带隙后,有必要考察一下该带隙的位置和宽度与板厚以及孔径之间的关系,为此可以采用带隙图这一工具,它能告诉我们获得带隙所需要的条件,以及为了获得所需的带隙宽度应如何设计结构。图 5.11(a)给出了完全带隙与归一化孔径 r/a 之间的关系,其中假设了板厚不变($d/a = 0.5$)。可以看出,完全带隙将在 $r/a = 0.43$ 附近出现,且当 r/a 增加时其宽度也

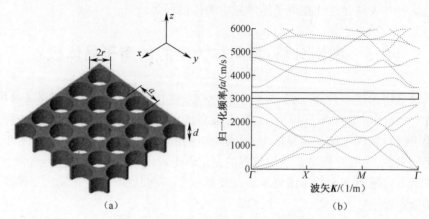

(a)　　　　　　　　　　　　　(b)

图 5.10　(a)声子晶体板:固体基板(如硅板)上开有方形晶格形式的孔阵列,
a 为晶格常数, r 为孔的半径, d 为板厚以及(b)PWE 法计算得到的弹性波能带结构:
$r/a = 0.45$, $d/a = 0.5$,可以看出存在一个完全声子带隙,其带宽与中心频率之比为 8.1%

随之增大。图 5.11(b)给出的是完全带隙与归一化板厚 d/a 之间的关系(孔径不变, $r/a = 0.45$)。结果表明,该带隙出现在 $d/a \approx 0.4$ 处,最大宽度则发生在 $d/a \approx 0.55$,而当 $d/a \approx 0.7$ 时带隙消失。

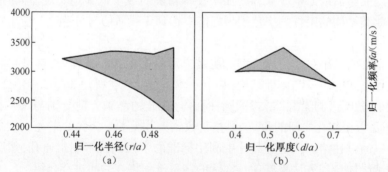

(a)　　　　　　　　　　　　　(b)

图 5.11　(a)方形晶格声子晶体(图 5.10(a))的完全带隙范围与归一化孔半径(r/a)的关系:
归一化板厚不变,即 $d/a = 0.5$ 以及(b)完全带隙范围与归一化板厚(d/a)的关系:
归一化孔半径不变,即 $r/a = 0.45$

　　图 5.11 所展示出的结果清晰地反映了这一声子晶体的几何参数对完全带隙范围的重要影响。同时,还可以看出方形晶格声子晶体的完全带隙的宽度是很有限的,除非 r/a 接近最大值,即 $r/a = 0.5$,而这时往往又存在着一些制备上的问题和稳定性问题。

　　这里我们再来考察另一种声子晶体结构,即六边形晶格形式,如图 5.12(a)所示。硅板的晶轴仍然与 x、y 和 z 方向对齐。图 5.12(b)给出了 $r/a = 0.45$、$d/a = 1$ 时的能带结构,而图 5.13 给出了相应的带隙图。根据这些结果可以看出,六边形晶格要比方形晶格形式优越,它能产生更大的完全带隙,且受板厚的影响较小。例如,当 $r/a = 0.45$、$d/a = 1$ 时,六边形晶格条件下的完全带隙位于 $1608 < fa < 2298$,相对宽度约为 35%,这对于所有的实际应用来说都是足够宽的。此外,该带隙是在 $r/a \approx 0.37$ 处开始形成的,且当 $r/a = 0.4$、$d/a = 1$ 时,带隙的相对宽度可达 18%,这个值也是比较合适的。显然,这个例子说明,与方形晶格形式的声子晶体相比而言,采用六边形晶格形式在加工上和稳定性问题上受到的限制要少得多。最后,我们还注意到六边形晶格条件下,对于较大范围内的几何参数来说,存在着不止一个完全带隙,参见图 5.13(b)。

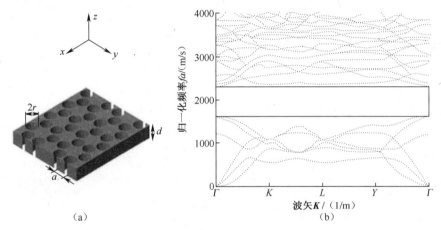

图 5.12 (a)六边形(蜂窝型)声子晶体板:固体基板(如硅板)中制出六
边形阵列的孔,a 为最邻近的孔距,r 为孔半径,d 为板厚,x、y 和 z 代表晶体的主晶向以及(b)
归一化的弹性波能带结构:$r/a = 0.45$,$d/a = 1$,可以看出存在一个完全带隙,能量无法在
该频带内传播,带宽与中心频率之比为 35%

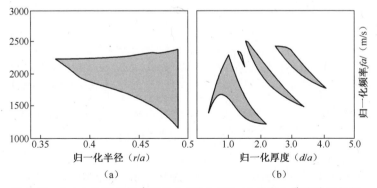

图 5.13 (a)六边形晶格声子晶体(图 5.12(a))的完全带隙范围与归一
化孔半径(r/a)的关系:归一化板厚不变,即 $d/a = 1$ 以及(b)完全带隙范围与归一
化板厚(d/a)的关系:归一化孔半径不变,即 $r/a = 0.45$

　　应当指出的是,经过我们广泛地调研,现有研究中的这种三角形式布置的孔阵列并不能为声子晶体板结构提供所需的合理声子带隙,这一点是令人失望的。

5.5.2　硅声子晶体板结构的制备

　　这一节简要介绍一种声子晶体板装置的制备过程,该装置基体为硅,上面布置有孔阵列,主要面向高频应用[8]。最相邻的孔之间的中心距为 $a = 15\mu m$,孔的半径是 $r = 6.4\mu m$,硅板的厚度是 $d = 15\mu m$ 。这些尺寸可以通过光学制版法和传统的微制造技术实现。不过,对于更高的频率,这些尺寸将进一步减小,其他一些先进的光刻技术如电子束光刻与印刷也是适用的。仿真分析的结果已经表明,该装置的完全带隙位于 $117MHz \sim 151MHz$ 范围内,相对宽度约为 25%,足以满足实际的应用需求。在图 5.14(a)~(f)中,我们给出了该装置的制备步骤,并进行了说明,而图 5.15(a)~(b)表示了这一装置的扫描电镜图,分别为顶视图和截面图。

图 5.14　硅声子晶体板结构的制备过程

(a)初始的 SOI 基板;(b)下电极的制备和图案化;(c)ZnO 层的溅射和图案化;
(d)上金属电极的制备和图案化;(e)声子晶体孔的蚀刻;(f)通过等离子蚀刻法去除硅衬底和绝缘层。

　　为了评定该装置的带隙特性,我们针对包含 8 个周期的结构测试了 ΓK 方向上的透射率。图 5.16 中分别给出了不同模式的透射响应(左图,归一化平均值)和能带的理论计算结果(右图,PWE 法的结果)。可以看出,在透射响应中存在一个低透射范围($119MHz < f < 150MHz$,相对带宽 23%),其中的透射率降低了 30dB 多。这一频率范围与理论结果也是相当吻合的。

　　本节所讨论内容的更多细节可以参阅文献[8]。

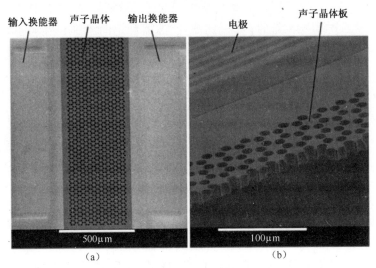

图 5.15　(a)一个制备好的装置(顶视图):中部为六边形声子晶体结构,
两侧是换能器电极以及(b)横截面视图[8]

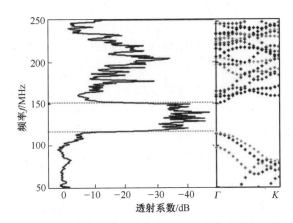

图 5.16　左图为弹性波在声子晶体结构中的 ΓK 方向上的归一化平均透射率,
可以看出在 119MHz < f < 151MHz 内有超过 30dB 的衰减,这与 PWE 法
计算得到的理论结果(右图)相当吻合

5.6　声子晶体板装置及其带隙设计

由于声子晶体板的带隙特性能够使能量受到限制和导向,且损耗较小,因此
在芯片级集成的无线或传感设备中,声子晶体板是非常适合的,特别是对于高频
应用更是如此,因为此时的特征尺寸非常小,结构将会更为紧凑。考虑到 CMOS
兼容的制备技术的便利性,在声子晶体板中人们很自然地采用了 SOI 衬底。另
外,为了实现集成无线应用中所需的功能,还必须构造出可靠的滤波结构,这一

般可以通过具有高品质因数的共振结构来实现。这样一来,在设计基于声子晶体的集成无线与传感系统时(如振荡器、滤波器和定向源等),在声子晶体板中构造出高频高品质因数的共振结构就是必需的一个步骤。将这种共振结构和波导组合起来形成一个核心组件,就能用于实现各种信号处理器件了,如滤波器、延迟线多路复用/分解器等。下面将简要介绍一些声子晶体板装置的设计和实现过程,包括共振结构、波导以及它们的组合。这些装置都是基于前面讨论过的空腔/硅声子晶体板结构的,关于这些结构的更多细节内容,读者可参阅相关文献。

5.6.1　声子晶体板中的微机械共振结构对能量的束缚

正如前面曾经讨论过的,由于声阻抗的失配,面外方向上的能量束缚使得声子晶体板在控制波场能量和形成高品质共振器以及波导等方面有着重要优势。考虑到共振器的重要性,这一节讨论一些基于声子晶体板的微机械共振结构。

5.6.1.1　基于声子晶体板的微机械共振结构及其共振隧穿

声子晶体板共振结构的分析最早出现在文献[48]中,它通过在声子晶体中移除一个周期的孔,形成了 Fabry-Perot 型的共振腔。该结构的几何参数类似于上一节中的结构,产生的完全声子带隙位于 $119\mathrm{MHz} < f < 150\mathrm{MHz}$,从而可以在较宽频段内对振动场进行限制。在 x 方向上,该共振腔的两边均有 3 个周期(12 行)的孔,并且空腔尺度要远大于 y 方向上的波长。

该共振结构是在 SOI 晶片上制备的,两边各带一个换能器,如图 5.17(a)所示。制备过程与上一节中所述的过程是类似的,图 5.17(b)为扫描电镜图。

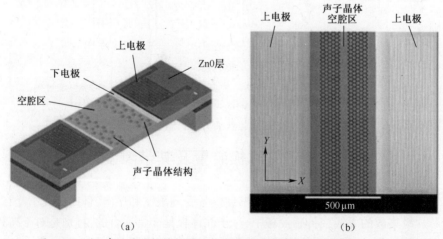

(a)　　　　　　　　　(b)

图 5.17　(a)声子晶体板共振器结构原理图:激励和检测换能器位于两侧,空腔区域两侧均有 4 行孔(一个周期)以及(b)所制备的声子晶体板共振器的 SEM 照片:换能器电极位于两侧,空腔区域的两侧各有 12 行孔(3 个周期)。

通过叉指换能器施加板横波,由于共振隧穿现象,将激发出共振腔的两个横向振动模式。第一个模式的共振频率大约在完全带隙的中部,约 126MHz,而第二个大约在 149.5MHz,这些结果与 FE 仿真结果相当吻合。

类似于半导体中的共振隧穿效应[49],声波在上述结构中传播时,在共振频率处将会在透射率曲线中形成共振峰。图 5.18 给出了通过一个声子晶体共振结构(两边带有两层声子晶体)的归一化透射曲线,阴影部分即为所预期的横波完全带隙,从中可以观察到共振透射现象。

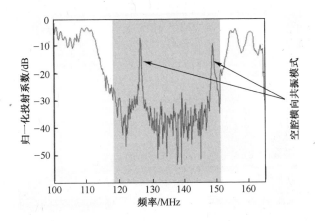

图 5.18　横向声模式在结构中的归一化透射率:两侧仅有两个周期的孔,
阴影部分为横波的带隙,如同所预期的,在带隙中存在空腔的两个横向
共振模式,它们在透射谱中表现为陡峭的峰

正如早期工作[48]所揭示的,当增加声子晶体的层数时,品质因数 Q 将显著增大,这就使得声子晶体板共振结构成为一种非常优秀的微机械共振器。此外,这种简单的结构还表现出了在高频处能够有效地控制弹性波能量。

5.6.2　利用声子晶体带隙抑制微机械共振器的支撑损耗

应当注意,通过将空腔完全限制在声子晶体结构内部,可以显著地改善共振模式的品质。在上一节的共振结构中,能量在 y 方向上是不被反射的,我们可以将这个空腔完全包围起来,那么就可以得到更高的 Q 值和更紧凑的微机械共振器。由于声子晶体完全带隙的作用,在共振频率处这个空腔将会与其他部分(声子晶体部分)隔离开来,只需在其他部分设置支撑,就可以获得无支撑损耗的基于声子晶体板的微机械共振器[50]。这一节中我们将指出,上述这种结构确实能够获得比传统共振器更高的 Q 值。

5.6.2.1　微机械共振器中的支撑损耗

一般来说,高 Q 值的微机械(MM)共振器是通过在空气中或真空中用支撑件悬吊一个共振质量构成的,如图 5.19 所示。由于固体结构与空气或真空之间存在巨大的阻抗差异,大部分能量将存储在共振结构内部,同时也会有相当一部分的能量通过支撑件耗散掉,这一部分能量损失可称为支撑损耗[50],它是影响共振器的 Q 值的一个重要因素(尤其是在高频处)。正因如此,为使微机械共振器达到更高的 Q 值和更优的性能,就必须特别重视支撑损耗的抑制问题。

人们一直以来都在努力降低微机械共振器的支撑损耗,例如将支撑结构放置在共振模式的节点上,然而这些技术措施仍不能彻底地抑制掉这种损耗,同时,这些措施中的支撑件数量往往较少,这也往往会导致一些问题的出现(如支撑力不足)。事实上,可以在微机械共振器中采用合适的具有完全带隙的声子晶体结构,利用其固有特性就能够抑制支撑损耗,同时还能提供足够的力学支撑。

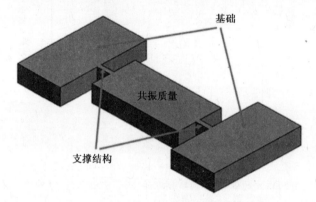

图 5.19　一个典型的 MM 共振器:通过一些支撑结构将共振结构部分悬挂起来以获得高 Q 值的共振

5.6.2.2　支撑损耗受抑制的声子晶体板共振器

为了解微机械共振器的支撑损耗抑制特性及其可能性,这里给出一个典型的双端口微机械共振器,如图 5.20(a)所示,图中为该结构的扫描电镜图像(顶视图)。为使声子晶体板与基础解耦,采用了光刻法和等离子体深刻蚀技术,在 SOI 晶片的背面进行图案化。

图 5.20(b)~(d)给出了该装置两个端口之间的透射情况,可以发现透射谱中存在两个共振峰,分别位于 106.3MHz 和 122.4MHz。有限元仿真表明,这两个模式分别是与一个横向振动模式和一个拉伸振动模式相关联的。所得到的这两个模式的 Q 值分别为 870 和 1200。

为了评定支撑结构对 Q 值的影响程度,我们设计并制备了一个类似的共振器,不同的是这里引入了声子晶体板结构作为力学支撑,该声子晶体板结构的参数与前面几节所述的也是类似的。在将压电换能器正确放置在共振器的共振区域后,声子晶体支撑可以放置在共振区域周围,通过增加声子晶体的周期数量就

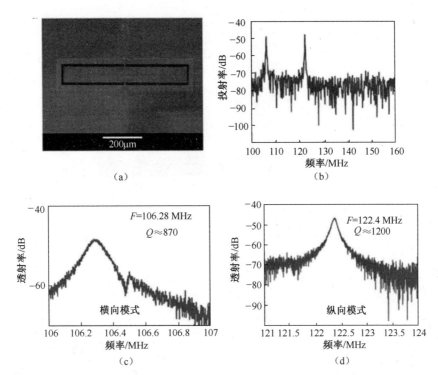

图 5.20 （a）一个传统 MM 共振器的 SEM 照片以及（b）共振器两个端口之间的透射谱以及（c）横向共振模式特性的高分辨率图以及（d）纵向共振模式特性的高分辨率图。

能够提供足够的隔离效果。这样就能够较好地消除由于支撑损耗导致的 Q 值降低现象（与共振隧穿激发方法[48]相比）。

图 5.21（a）给出的是所制备的声子晶体板共振器的扫描电镜图像。声波从一个端口传播到另一个端口的透射情况如图 5.21（b）和（c）所示，分别为横向振动和纵向振动模式。可以看出，共振模式所具有的 Q 值约为 6000，这大约是前面所给出的传统微机械共振器的 6 倍。尽管 Q 值有了非常显著的提高，然而在每个频率段内该结构存在着多种共振模式了，其原因主要在于该共振器的 y 方向尺寸要比共振模式所对应的波长大很多倍，另一个原因源自于 Fabry-Perot 反射效应，在这个声子晶体共振器中与之对应的反射结构是波纹状的。在通信和传感应用中，这些伪模式通常不是我们所期望的，因此必须采用其他方法对声子晶体共振器进行更为全面的限制。这种方法将在下文中讨论，其中采用了声子晶体板波导。

5.6.3　声子晶体板波导

对于波和能量流的操控来说，导向是一个最基本的功能需要。在各类功能装置的设计中，如延迟线和过滤器，除了采用共振器作为能量储存单元以外，往

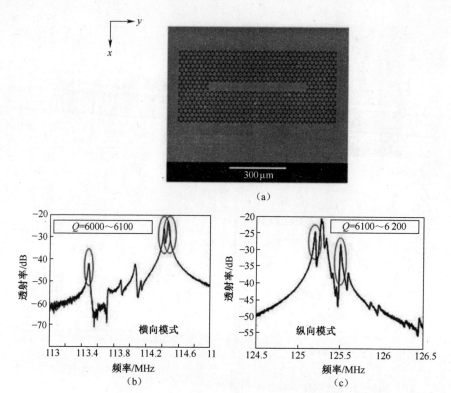

图 5.21　(a)带有声子晶体支撑的共振结构的 SEM 照片以及(b)x 方向上的
一阶横向共振模式,由于声子晶体结构为波纹状,因而会有多个模式被激
发以及(c)一阶拉伸模式

往还需要用到波导。由于声子晶体板具有合适的声子带隙,因此声子晶体板波导受到了人们的广泛重视[9,26,31,51,52]。这里简要讨论一种新颖的声子晶体板波导,除了一般用途以外,它还可以用于高品质共振器的设计,非常适合于开发复杂的波导——共振器耦合装置。

5.6.3.1　高效声子晶体板波导

　　一般来说,波导所支持的传播模式的数量少一点比较好,此时模式之间的干扰会比较小。为使落在波导导向区域中的模式数尽量少一点,在基于声子晶体的波导设计中,只要能够获得所期望的导波模式,应尽可能少地改动声子晶体的结构。例如,可以通过减小一行散射体孔的尺寸来构造波导,而不必采用前面曾经提及的彻底移除掉一行散射体孔的构造方式。图 5.22 给出了这样的一个声子晶体波导原理图。为获得合适的色散关系,在声子晶体板结构的无缺陷部分,归一化的孔半径选择的是 $r/a = 0.43$,而板的归一化厚度为 $d/a = 1$,a 是最相邻的孔的中心距,d 是板厚。缺陷包含了两行小孔,其归一化半径为 $r_1/a = 0.2$,这样可以形成接近于单模式工作的波导,同时还可以保持对称性。图 5.23 所示为该声子晶体波导的色散曲线。从图 5.23 可以看出,导波模式的数量要比前面提及的波导[51]少了很多。

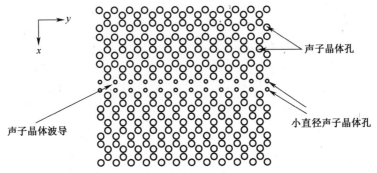

图 5.22　通过减小两行孔的直径而得到的声子晶体波导

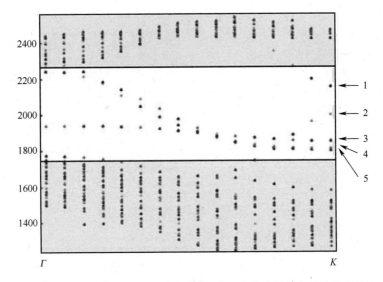

图 5.23　声子晶体波导(图 5.22)的色散图:对 5 个导波模式分别进行了标注,归一化孔半径为 $r/a = 0.43$,构成线缺陷的两行小孔的归一化半径为 $r_1/a = 0.2$

5.6.4　基于波导的高 Q 值声子晶体共振器

正如所讨论过的,对于前面介绍过的无支持损失的微机械共振器,在其主要共振模式附近往往还会存在多个额外的共振模式,一般来说这是我们所不期望出现的。在通信和传感应用领域,人们更希望得到具有单个共振模式且所在频谱较宽的结构。为此,近期人们提出了一种基于声子晶体板波导的声子晶体板共振器[53]。在这种新型共振器中,在导波方向上选用了若干个周期的波导,波导两端用声子晶体结构封装,这样导波模式就被彻底地限制在所构造的空腔中了。为考察其共振模式,人们采用了直接的压电换能方法[54]。

图 5.24 所示为这种基于波导的共振器的原理图和 SEM 图。该共振器包含了 10 个周期声子晶体板波导,工作在第二阶拉伸模式下,参见图 5.23。

该共振器($[100]$指向)一个端口的 BVD 模型的导纳幅值如图 5.25 所示。可以看出,与图 5.21 所示的 Fabry-Perot 型共振器的模式形状不同的是,所有感兴趣的范围内(覆盖了带隙范围)没有出现多余模式。

如果采用更好的材料,这个共振器的性能还能进一步提高。例如,采用 AlN 激励可以使得品质因数接近 15000,并产生更好的特性阻抗[55]。

上面这种微机械共振器的一个重要优势在于,它还可以用来为芯片上的声子信号处理设备实现一些复杂功能,例如过滤和多路分解/复用。近期人们已经证实了利用此类设备确实可以实现多路分解/复用[56](参见图 5.26)。

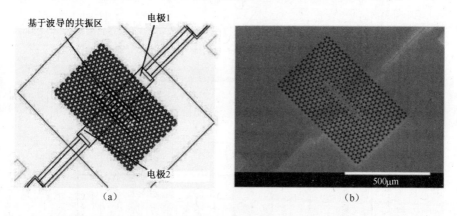

(a)　　　　　　　　　　　　　　　(b)

图 5.24　(a)基于波导的 MM 共振器的原理图以及(b)SEM 照片

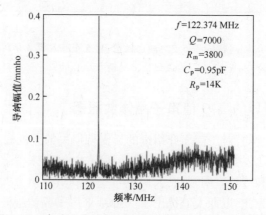

图 5.25　基于波导的共振器结构(图 5.24)的导纳幅值

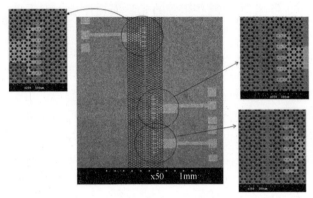

图 5.26　设计结构的 SEM 照片及其共振器端口的放大图

5.7　声子晶体板结构的发展趋势和前景

5.7.1　色散的声子晶体板结构

声子晶体板的带隙可以用于控制弹性波能量的流动,从而构造出共振器、波导以及二者集成的设备,实际上除了带隙以外,声子晶体板中的行波色散特性也是非常有意义的。由于声子晶体板的低损耗特点,人们已经提出了一些基于声子晶体板色散特性的装置并进行了分析,例如对负折射现象的考察[57,58],再如利用具有梯度折射率的声子晶体板来设计和分析平透镜[59]。这些声子晶体板可以为波导和共振器提供声波聚焦和导向功能。

5.7.2　光机型晶体板

在结构中的光机交互作用中,声子和光子将受到同时的限制或控制,这一方面的研究是十分有意义的。有很多相关的有趣的现象可以应用在通信和传感领域,例如量子反作用、增强布里渊散射、光学泵浦等。在光机交互作用的利用上,声子晶体板具有很大的潜力,因为它能够提供高 Q 值的声子和光子共振器,且具有较小的模体积。模体积越小意味着场集中度越高,声子/光子作用也就越强。这就使得声子晶体板要比其他类型的光机装置更有优势。近期,人们已经利用声子晶体板结构同时得到了光子和声子带隙[10,60-62],证实了在此类周期板中获得高 Q 值的可能。这些周期板也称为光子/声子晶体(phoxonic crystal)板,目前正在受到研究人员的关注,例如,人们已经考察了不同形式声子晶体板中的光子/声子相互作用,还研究了对应的共振腔和波导,这些工作[11,12,63,64]的结果很有前景。不仅如此,人们还从理论上证实了利用带有短柱的板也能够同时获得光子和声子带隙[65]。这些带隙的光学损耗性能还需要进一步考察和评估。总的来说,这些研究距离应用还需要更多的设计与分析工作。

5.7.3 声子晶体板中的热声子控制

热传输和热声子控制是声子晶体的一个新兴应用领域。由于热声子和声学声子的本性基本相同,因此,利用具有合适的声子带隙的声子晶体就可以抑制或控制热声子的传播,热传输也就相应地得到了控制。热传输的控制在多个领域具有重要应用价值,例如可用于测热、热隔离、热离子以及热电仪器等。在上述这些仪器的研发中,带有纳米级周期性的声子晶体板已经成为了一个主要对象。近年来,人们已经采用声子晶体板装置进行了热控制方面的多项研究[66-70],成功地把热导率降低了一个数量级。这些成果增强了此类装置在多个新兴领域的应用可能,例如能量生产和微电子冷却等。

参 考 文 献

[1] S. G. Joshi, S. M. Ieee, B. D. Zaitsev, Reflection of plate acoustic waves produced by a periodic array of mechanical load strips or grooves. IEEE Trans. Ultrason. Ferroelectr. Freq. Control **49**(12), 1730-1734 (2002)

[2] B. A. Auld, Waves and vibrations in periodic piezoelectric composite materials. Mater. Sci. Eng. A**122**, 65-70 (1989)

[3] M. M. Sigalas, E. N. Economou, Elastic and acoustic wave band-structure. J. Sound Vib. **158**(2),377-382 (1992)

[4] L. Ye, G. Cody, M. Zhou, P. Sheng, Observation of bending wave localization and quasimobility edge in 2 dimensions. Phys. Rev. Lett. **69**(21), 3080-3082 (1992)

[5] A. Khelif, B. Aoubiza, S. Mohammadi, A. Adibi, V. Laude, Complete band gaps in two-dimensional phononic crystal slabs. Phys. Rev. E **74**(4), 46610-46615 (2006)

[6] B. Bonello, C. Charles, F. Ganot, Lamb waves in plates covered by a two-dimensional phononic film. Appl. Phys. Lett. **90**(2), 021909 (2007)

[7] S. Mohammadi, A. A. Eftekhar, A. Khelif, H. Moubchir, R. Westafer, W. D. Hunt, A. Adibi, Complete phononic bandgaps and bandgap maps in two-dimensional silicon phononic crystal plates. Electron. Lett. **43**, 898-899 (2007)

[8] S. Mohammadi, A. A. Eftekhar, A. Khelif, W. D. Hunt, A. Adibi, Evidence of large high frequency complete phononic band gaps in silicon phononic crystal plates. Appl. Phys. Lett. **92**(22), 221905-1-3 (2008)

[9] J. O. Vasseur et al. , Waveguiding in two-dimensional piezoelectric phononic crystal plates. J. Appl. Phys. **101**(11), 114904 (2007)

[10] S. Mohammadi, A. A. Eftekhar, A. Khelif, A. Adibi, Simultaneous two-dimensional phononic and photonic band gaps in opto-mechanical crystal slabs. Opt. Express **18**(9), 9164-9172(2010)

[11] V. Laude et al. , Simultaneous guidance of slow photons and slow acoustic phonons in silicon phoxonic crystal slabs. Opt. Express **19**(10), 9690-9698 (2011)

[12] A. H. Safavi-Naeini, O. Painter, Design of optomechanical cavities and waveguides on a simultaneous bandgap phononic-photonic crystal slab. Opt. Express **18**(14), 14926-14943(2010)

[13] I. El-Kady, R. H. Olsson, J. G. Fleming, Phononic band-gap crystals for radio frequency communications. Appl. Phys. Lett. **92**(23), 233504 (2008)

[14] C. Hsu, T.-T. Wu, Efficient formulation for band-structure calculations of two-dimensional phononic-crystal plates. Phys. Rev. B **74**(14) (2006)

[15] K. H. Fung, Z. Liu, C. T. Chan, Transmission properties of locally resonant sonic materials with finite slab thickness. Z. Kristallogr. **220**(9-10), 871-876 (2005)

[16] D. Yu, G. Wang, Y. Liu, J. Wen, J. Qui, Flexural vibration band gaps in thin plates with two dimensional binary locally resonant structures. Chin. Phys. **15**(2) (2006)

[17] J.-C. Hsu, T.-T. Wu, Lamb waves in binary locally resonant phononic plates with two dimensional lattices. Appl. Phys. Lett. **90**(20), 201904 (2007)

[18] B. Djafari-Rouhani, Y. Pennec, H. Larabi, Band structure and wave guiding in a phononic crystal constituted by a periodic array of dots deposited on a homogeneous plate. Proc. SPIE**7223**, 72230F-72230F-10 (2009)

[19] M. Oudich, M. B. Assouar, Z. Hou, Propagation of acoustic waves and waveguiding in a two dimensional locally resonant phononic crystal plate. Appl. Phys. Lett. **97**(19), 193503 (2010)

[20] J.-C. Hsu, Local resonances-induced low-frequency band gaps in two-dimensional phononic crystal slabs with periodic stepped resonators. J. Phys. D: Appl. Phys. **44**(5), 055401 (2011)

[21] S. Mohammadi, A. Khelif, R. Westafer, E. Massey, W. D. Hunt, A. Adibi, Full band-gap silicon phononic crystals for surface acoustic waves, in *Proc. 2006 ASME International Mechanical Engineering Congress and Exposition*, IMECE2006, November, 2006

[22] S. Benchabane, A. Khelif, J. Y. Rauch, L. Robert, V. Laude, Evidence for complete surface wave band gap in a piezoelectric phononic crystal. Phys. Rev. E **73**, 65601-65612 (2006)

[23] J. H. Sun, T. T. Wu, Propagation of surface acoustic waves through sharply bent two dimensional phononic crystal waveguides using a finite-difference time-domain method. Phys. Rev. B **74**, 174305-174307 (2006)

[24] T.-T. Wu, W.-S. Wang, J.-H. Sun, J.-C. Hsu, Y.-Y. Chen, Utilization of phononic-crystal reflective gratings in a layered surface acoustic wave device. Appl. Phys. Lett. **94** (2009)

[25] S. Benchabane, O. Gaiffe, G. Ulliac, R. Salut, Y. Achaoui, V. Laude, Observation ofsurface guided waves in holey hypersonic phononic crystal. Appl. Phys. Lett. **98**, 171908 (2011)

[26] R. H. Olsson, I. F. El-Kady, M. F. Su, M. R. Tuck, J. G. Fleming, Microfabricated VHF acoustic crystals and waveguides. Sens. Actuators A: Phys. **145**, 87-93 (2008)

[27] C. M. Reinke, M. F. Su, R. H. Olsson, I. El-Kady, Realization of optimal bandgaps in solid-solid, solid-air, and hybrid solid-air-solid phononic crystal slabs. Appl. Phys. Lett. **98**, 061912(2011)

[28] Y. Pennec, B. Djafari-Rouhani, H. Larabi, J. Vasseur, A. Hladky-Hennion, Low-frequency gaps in a phononic crystal constituted of cylindrical dots deposited on a thin homogeneous plate. Phys. Rev. B **78**(10), 1-8 (2008)

[29] Y. Pennec, J. O. Vasseur, B. Djafari-Rouhani, L. Dobrzy'nski, P. A. Deymier, Two-dimensional phononic crystals: examples and applications. Surf. Sci. Rep. **65**(8), 229-291 (2010)

[30] S. Halkjær, O. Sigmund, J. S. Jensen, Maximizing band gaps in plate structures. Struct. Multidiscip. Opt. **32**(4), 263-275 (2006)

[31] F. -L. Hsiao, A. Khelif, H. Moubchir, A. Choujaa, C. -C. Chen, V. Laude, Waveguiding inside the complete band gap of a phononic crystal slab. Phys. Rev. E **76**(5), 1–6 (2007)

[32] N. K. Kuo, C. J. Zuo, G. Piazza, Microscale inverse acoustic band gap structure in aluminum nitride. Appl. Phys. Lett. 95, 93501–93503 (2009)

[33] A. Taflove, S. Hagness, *Computational Electrodynamics: The Finite–Difference Time–Domain Method* (Artech House, Norwood, 1995)

[34] M. M. Sigalas, N. García, Theoretical study of three dimensional elastic band gaps with the finite–difference time–domain method. J. Appl. Phys. **87**(6), 3122 (2000)

[35] P. -F. Hsieh, T. -T. Wu, J. -H. Sun, Three–dimensional phononic band gap calculations using the FDTD method and a PC cluster system. IEEE Trans. Ultrason. Ferroelectr. Freq. Control **53**(1), 148–158 (2006)

[36] S. Mohammadi, *Phononic Band Gap Micro/Nano–Mechanical Structures for Communications and Sensing Applications* (Georgia Institute of Technology, Atlanta, 2010)

[37] J. Lourtioz, H. Benisty, V. Berger, J. Gerard, D. Maystre, A. Tchelnokov, Photonic crystals: towards nanoscale photonic devices (2005)

[38] M. Wilm, S. Ballandras, V. Laude, T. Pastureaud, A full 3D plane–wave–expansion model for 1–3 piezoelectric composite structures. J. Acoust. Soc. Am. **112**(3), 943–952 (2002)

[39] J. -C. Hsu, T. -T. Wu, Calculations of Lamb wave band gaps and dispersions for piezoelectric phononic plates using Mindlin's theory–based plane wave expansion method. IEEE Trans. Ultrason. Ferroelectr. Freq. Control **55**(2), 431–441 (2008)

[40] COMSOL multi–physics modeling guide, v. 3.3, August 2006

[41] I. E. Psarobas, N. Stefanou, A. Modinos, Scattering of elastic waves by periodic arrays of spherical bodies. Phys. Rev. B **62**(1), 278–291 (2000)

[42] C. Y. Qiu, Z. Y. Liu, J. Mei, M. Z. Ke, The layer multiple–scattering method for calculating transmission coefficients of 2D phononic crystals. Solid State Commun. **134**(11), 765–770 (2005)

[43] S. Noda, T. Baba, O. Industry, *Roadmap on Photonic Crystals* (Springer, Berlin, 2003)

[44] X. Zhang, T. Jackson, E. Lafond, P. Deymier, J. Vasseur, Evidence of surface acoustic wave band gaps in the phononic crystals created on thin plates. Appl. Phys. Lett. **88**(4), 041911 (2006)

[45] T. Gorishnyy, C. K. Ullal, M. Maldovan, G. Fytas, E. L. Thomas, Hypersonic phononic crystals. Phys. Rev. Lett. **94**(11) (2005)

[46] D. Profunser, O. Wright, O. Matsuda, Imaging ripples on phononic crystals reveals acoustic band structure and Bloch harmonics. Phys. Rev. Lett. **97**(5), 1–4 (2006)

[47] K. E. Petersen, Silicon as a mechanical material. Proc. IEEE **70**(5), 420–457 (1982)

[48] S. Mohammadi, A. A. Eftekhar, W. D. Hunt, A. Adibi, High–Q micromechanical resonators in a two–dimensional phononic crystal slab. Appl. Phys. Lett. **94**(5), 051906–051901–051903 (2009)

[49] L. L. Chang, L. Esaki, R. Tsu, Resonant tunneling in semiconductor double barriers. Appl. Phys. Lett. **24**(12), 593–595 (1974)

[50] Z. L. Hao, A. Erbil, F. Ayazi, An analytical model for support loss in micromachined beam resonators with in–plane flexural vibrations. Sens. Actuators A: Phys. **109**(1–2), 156–164 (2003)

[51] S. Mohammadi, A. A. Eftekhar, W. D. Hunt, A. Adibi, Demonstration of large complete phononic band gaps and waveguiding in high–frequency silicon phononic crystal slabs, in 2008 *IEEE International Fre-*

quency Control Symposium, vol. 43, no. 21066, pp. 768-772, May 2008

[52] T. -C. Wu, T. -T. Wu, J. -C. Hsu, Waveguiding and frequency selection of Lamb waves in a plate with a periodic stubbed surface. Phys. Rev. B **79**(10), 1-6 (2009)

[53] S. Mohammadi, A. A. Eftekhar, A. Adibi, Support loss-free micro/nano-mechanical resonators using phononic crystal slab waveguides, in *IEEE Frequency Control Symposium*, 2010, pp. 521-523

[54] S. Mohammadi, A. A. Eftekhar, R. Pourabolghasem, A. Adibi, Simultaneous high-Q confinement and selective direct piezoelectric excitation of flexural and extensional lateral vibrations in a silicon phononic crystal slab resonator. Sens. Actuators A: Phys. **167**(2), 524-530 (2011)

[55] S. Mohammadi, A. Adibi, Waveguide-based phononic crystal micro/nano-mechanical high-Qresonators. J. Microelectromech. Syst. (to appear)

[56] S. Mohammadi, A. A. Eftekhar, A. Adibi, Resonator/waveguide coupling in phononic crystals for demultiplexing and filtering applications, in *Ultrasonics Symposium (IUS)*, 2010 IEEE, pp. 155-157

[57] J. Pierre, O. Boyko, L. Belliard, J. O. Vasseur, B. Bonello, Negative refraction of zero order flexural Lamb waves through a two-dimensional phononic crystal. Appl. Phys. Lett. **97**(12),121919 (2010)

[58] M. K. Lee, P. S. Ma, I. K. Lee, H. W. Kim, Y. Y. Kim, Negative refraction experiments with guided shear-horizontal waves in thin phononic crystal plates. Appl. Phys. Lett. **98**(1), 011909 (2011)

[59] T. -T. Wu, Y. -T. Chen, J. -H. Sun, S. -C. S. Lin, T. J. Huang, Focusing of the lowest antisymmetric Lamb wave in a gradient-index phononic crystal plate. Appl. Phys. Lett. **98**(17) (2011)

[60] S. Mohammadi, A. A. Eftekhar, A. Adibi, Large simultaneous band gaps for photonic and phononic crystal slabs, in 2008 *Conference on Lasers and Electro-Optics*, vol. 1, no. c, pp. 1-2,May 2008

[61] Y. Pennec, B. Rouhani, E. El Boudouti, C. Li, Y. El Hassouani, J. Vasseur, N. Papanikolaou, S. Benchabane, V. Laude, A. Martinez, Simultaneous existence of phononic and photonic bandgaps in periodic crystal slabs. Opt. Express**18**, 14301-14310 (2010)

[62] B. DjafariRouhani et al. , Band gap engineering in simultaneous phononic and photonic crystal slabs. Appl. Phys. A **103**(3), 735-739(2010)

[63] M. Eichenfield, R. Camacho, J. Chan, K. J. Vahala, O. Painter, A picogram- andnanometer scale photonic-crystal optomechanical cavity. Nature **459**(7246), 550-555 (2009)

[64] A. H. Safavi-Naeini, O. Painter, Proposal for an optomechanical traveling wave phonon-photon translator. New J. Phys. **13**(1), 013017 (2011)

[65] Y. El Hassouani et al. , Dual phononic and photonic band gaps in a periodic array of pillars deposited on a thin plate. Phys. Rev. B **82**(15), 1-7 (2010)

[66] R. Venkatasubramanian, E. Siivola, T. Colpitts, B. O' Quinn, Thin-film thermoelectric devices with high room-temperature figures of merit. Nature **413**(6856), 597-602 (2001)

[67] R. Yang, G. Chen, Thermal conductivity modeling of periodic two-dimensional nanocomposites. Phys. Rev. B **69**(19), 1-10 (2004)

[68] J. -K. Yu, S. Mitrovic, D. Tham, J. Varghese, J. R. Heath, Reduction of thermal conductivity in phononic nanomesh structures. Nat. Nanotechnol. **5**(10), 718-721 (2010)

[69] P. E. Hopkins, L. M. Phinney, P. T. Rakich, R. H. Olsson, I. El-Kady, Phonon considerations in the reduction of thermal conductivity in phononic crystals. Appl. Phys. A **103**(3), 575-579(2010)

[70] P. E. Hopkins et al. , Reduction in the thermal conductivity of single crystalline silicon by phononic crystal patterning. Nano Lett. **11**(1), 107-112 (2011)

第6章　声子晶体中的表面波

Tsung-Tsong Wu, Jin-Chen Hsu,
Jia-Hong Sun, Sarah Benchabane

6.1　引　言

过去的20年中,声波在多组分周期结构中的传播这一问题受到了人们越来越多的关注,这类结构物能够产生新颖的物理特性,在多个领域有着潜在的应用前景,例如噪声和振动隔离、无线通信中的滤波以及超透镜设计等。这些复合材料一般称为声子晶体[1,2],它们的一个重要特性是能够在带隙中限制声波的传播,这一点与光子晶体能够限制电磁波的传播是类似的。带隙形成的主要机理包括布拉格散射和局域共振两种[3]。对于布拉格型带隙,一般出现在布里渊区的边界上,其带隙频率所对应的波长与结构周期尺度位于同一个数量级,且与晶格对称性相关。对于局域共振带隙,主要是由散射单元的局域共振频率决定的,较少依赖于晶格对称性、有序性以及结构的周期性。

现有文献中,人们已经对二维声子晶体的体波能带进行了理论计算,采用了PWE[1-14]、多散射理论[15-18]和FDTD[19-21]等方法。实验研究[19,22-27]也指出了体波模式存在着带隙特性。低频范围内的二维声子晶体结构的带隙、透射和局域共振等特性也都已经得到了考察。有关声子晶体中的体波问题,在Sigalas等的综述[28]中可以找到更为全面的介绍。

直到20世纪90年代末期,人们才开始考察声子晶体的表面波特性[29-36],即在无应力表面上的周期调制效应。文献[29,30]理论研究了方形和六边形超晶格的表面波问题,这些结构是由立方材料(AlAs/GaAs)和各向同性材料(Al/聚合物)构成的,若干年以后Wu等[31]又将其拓展到更一般的各向异性情形。后来,二维压电声子晶体中的表面波模式也得到了研究[32]。人们发现,在Y向切割的铌酸锂声子晶体(方形晶格)中,表面波模式存在很宽(带宽约34%)的完全带隙[33];在二维压电声子晶体(ZnO(100)/CdS(100))中,存在着Bleustein-Gulyaev(BG)压电表面波[34],研究结果表明了BG表面波具有更高的波速和较高的机电耦合系数,且带隙宽度要比瑞利波和伪表面波更大。在最近的一篇文献[35]中,人们提出了局域化因子这一概念,用于分析失谐压电声子晶体中的瑞利面波的传播和局域化,研究表明当随机性增大时,波的局域化更为显著。

20 世纪 90 年代末期,二维声子晶体中表面波的实验研究主要关心的频率集中于兆赫范围或稍低一些。Torres 等[36]首先从理论和实验两方面指出,在有限周期结构的带隙中,声子传输存在着表面态。他们在铝基体上钻出了毫米级别的圆柱孔,并注入了 Hg,进而实验验证了表面模式以及线缺陷和点缺陷中的局域化现象。大约在同一时期,Meseguer 等[37]针对半无限二维晶体中瑞利面波的衰减问题进行了实验,该晶体是由厘米尺度的大理石材料制作而成的。Vines 等[38]实验分析了线聚焦声学透镜在二维超晶格表面所产生的表面波,通过连续扫描波矢的角度,他们在兆赫频带内观察到强各向异性的表面波透射现象。近期,人们进一步在实验中利用激光超声技术证实了二维声子晶体在兆赫范围内存在表面波带隙[39,40]。

尽管早期的研究已经指出了毫米尺度的声子晶体具有表面波带隙特性,不过微米尺度上的研究只是到了近 10 年才开始,这个尺度上的研究对于无线通信频率和 MEMS 设备方面是有应用价值的。为了将声子晶体和表面波过滤器集成起来,Wu 等[41]利用硅微加工方法制备了由空气/硅组成的方形晶格声子晶体,上面带有分层倾斜式叉指换能器。在 183~215MHz 这个带隙内,他们观察到高频表面波通过 6 层声子晶体后的透射发生了超过 30dB 的衰减。在此后的一篇文章中,Benchabane 等[42]针对蚀刻在铌酸锂晶体中的二维压电声子晶体(方形晶格)进行了实验研究,他们通过叉指换能器生成表面波,在 203~226MHz 范围内观测到了完全的表面波带隙。Kokkonen 等[43]以及 Profunser 等[44]借助光学方法考察了声子晶体中的表面波散射和传播特性。近期,人们还将双端口表面波装置和声子晶体组合起来,设计了一种反射分选器[45]。这一设计包括了一个分层 ZnO/Si 表面波装置和一个方形晶格的声子晶体(硅基体上阵列柱状孔)。实验中采用了 15 个周期的结构,在中心频率 212MHz 处观测到的插入损失改善了 7dB。与传统的金属反射分选器相比,这一设计的主要优点在于可以显著减小分层表面波过滤器的尺寸。

本章将对二维声子晶体结构的表面波问题进行介绍。内容安排如下:6.2 节中简要总结用于周期结构表面波分析的 PWE 和 FDTD 方法的理论框架;6.3 节中将给出表面波传播的计算结果以及相关的一些现象;6.4 节主要利用声子带隙特性来构造表面波波导,数值结果将表明此类结构能够有效地导向或束缚声波能量;6.5 节和 6.6 节从实验角度验证了声子带隙,并介绍了它在表面波共振装置中的潜在应用;6.7 节给出了总结。

6.2　理　论　方　法

6.2.1　PWE 法

6.2.1.1　一般方程

考虑一个由材料 A 置入基体 B 而构成的二维声子晶体结构（$x_1 - x_2$ 面内），两种材料都是压电的或介电的。在准静态近似条件下，压电场方程为

$$\frac{\partial T_{ij}}{\partial x_i} = \rho \frac{\partial^2 u_j}{\partial t^2} \tag{6.1}$$

$$\frac{\partial D_i}{\partial x_i} = 0 (i,j = 1,2,3) \tag{6.2}$$

式中：$\rho(\boldsymbol{x})$ 为质量密度；$u_j(\boldsymbol{r},t)$ 为位移矢量；$\boldsymbol{r} = (x_1,x_2,x_3) = (\boldsymbol{x},x_3)$ 为位置矢量，$T_{ij}(\boldsymbol{r},t)$，$D_i(\boldsymbol{r},t)$ 分别为应力和电位移。以位移 $u_j(\boldsymbol{r},t)$ 和电势 $\varphi(\boldsymbol{r},t)$ 为变量的压电本构方程为

$$T_{ij} = c_{ijkl} \frac{\partial u_k}{\partial x_l} + e_{lij} \frac{\partial \varphi}{\partial x_l} \tag{6.3}$$

$$D_i = \varepsilon_{il} \frac{\partial \varphi}{\partial x_l} - e_{ikl} \frac{\partial u_k}{\partial x_l}, i,j,k,l = 1,2,3 \tag{6.4}$$

式中：$c_{ijkl}(\boldsymbol{x})$，$e_{lij}(\boldsymbol{x})$，$\varepsilon_{il}(\boldsymbol{x})$ 分别为弹性刚度常数、压电常数以及介电常数。

由于空间上的周期性，材料常数可以针对二维倒格矢展开为傅里叶级数。利用布洛赫-弗洛凯定理，并将位移矢量和电势做傅里叶展开，可以导出一个关于波矢在 x_3 上的分量 k_3 的特征值问题，即

$$(\boldsymbol{P} + k_3 \boldsymbol{Q} + k_3^2 \boldsymbol{R}) \boldsymbol{U} = 0 \tag{6.5}$$

矩阵 $\boldsymbol{P},\boldsymbol{Q},\boldsymbol{R},\boldsymbol{U}$ 的维度取决于傅里叶展开式中所保留的倒格矢的个数。若保留了 N 个倒格矢，那么 $\boldsymbol{P},\boldsymbol{Q},\boldsymbol{R}$ 就是 $4N \times 4N$ 方阵，而 $\boldsymbol{U}$ 为 $4N \times 1$ 列阵。对于任意的频率 ω，根据上式可以算得一组特征值 $k_3^{(m)}$，$m = 1 \sim 8N$。表面波的位移场和电势在远离表面的方向上将呈指数衰减，因此，应从这 $8N$ 个特征值中选择满足如下条件的 $4N$ 个：

$$\begin{cases} \mathrm{Re}(k_3^{(m)}) > 0 (\mathrm{Im}(k_3^{(m)}) = 0) \\ \mathrm{Im}(k_3^{(m)}) < 0 \quad （其他） \end{cases} \tag{6.6}$$

对于沿着无应力表面传播的表面波来说，还应满足如下的力学边界条件（在 $x_3 = 0$ 处）：

$$T_{i3} = c_{i3kl} \frac{\partial u_k}{\partial x_l} + e_{li3} \frac{\partial \varphi}{\partial x_l} = 0 \qquad (6.7)$$

对于压电介质来说,还存在着电学边界,这里需要区分两种重要情况:

(1)开路条件:若相邻介质是空气,那么表面上的电位移法向分量应当是连续的,即

$$D_3 = \left(e_{3kl} \frac{\partial u_k}{\partial x_l} - \varepsilon_{3l} \frac{\partial \varphi}{\partial x_l} \right) = -\varepsilon_0 \frac{\partial \varphi_{\mathrm{air}}}{\partial x_3} \qquad (6.8)$$

这对应于角频率 $\omega = \omega_0$ 的情况。空气中的电势 φ_{air} 可以根据拉普拉斯方程求解,其中应考虑的边界条件在 $x_3 = 0$ 处 $\varphi_{\mathrm{air}} = \varphi$,而当 $x_3 \to \infty$ 时 $\varphi_{\mathrm{air}} = 0$ 。

(2)短路条件:若表面上覆盖有一层非常薄的金属膜,那么在表面上的电势为 0,即 $\varphi = 0$,这对应于角频率 $\omega = \omega_\infty$ 的情况。

6.2.1.2　固体基体中带有空腔散射体的情况

前面介绍的 PWE 法一般适用于分析固/固型声子晶体,实际上人们往往还会去构造另一类更简单的结构,即在固体基体中钻出孔阵列,这种周期结构甚至可以拓展到微米级别。不仅如此,由于两种组分分别为空气和固体,因此它能提供最大的阻抗差异,进而有利于生成较宽的带隙。此外,在超声频段,空气或真空中的波传播还是可以忽略的。基于这些原因,这种以空气或真空为散射体的声子晶体结构受到了人们的广泛关注。

现有研究中,人们一般是在 PWE 模型中将空气(或真空)散射体考虑为一种具有某种合适的弹性常数与密度的假想介质。例如,Laude 等[33]提出,可以用弹性常数和密度均为 0 的介质来替代真空。在他们的工作中,分析了一个压电固体/真空型的声子晶体,并将真空部分考虑为非压电固体,其波动方程仅包括纯弹性部分:

$$T_{ij} = c_{ijkl} \frac{\partial u_k}{\partial x_l} \qquad (6.9)$$

$$\rho \frac{\partial^2 u_j}{\partial t^2} = \frac{\partial T_{ij}}{\partial x_j} \qquad (6.10)$$

令 c_{ijkl} 为 0,则 $T_{ij} = c_{ijkl} \frac{\partial u_k}{\partial x_l} = 0$ 将不依赖于位移了,而 $\rho = 0$ 则保证了固体/真空分界面上的自由位移。这些解显然是与自由分界面的定义相容的,即不指定位移且应力为 0。根据这一处理,就可以构造出连续性关系,即分界面上应力张量的法向分量以及弹性位移场应满足 $u_i^{\mathrm{air}} = u_i^{\mathrm{solid}}$, $T_{ij}^{\mathrm{air}} n_j = T_{ij}^{\mathrm{solid}} n_j$ 。显然,由于定义了一个简单的伪固体,就可以利用 PWE 方法进行计算了。

Tanaka 等[20]提出了另一种处理方法,后来 Manzanares-Martinez 等[46]和

Vasseur 等[47]做了进一步完善。这种方法是将真空描述为一种各向同性固体介质,其特性在于弹性位移场在孔中快速地衰减。参数的选择依据是真空/固体分界面上的边界条件,即 $\rho c_{t,l}^2 \to 0$,其中的 ρ 为质量密度, c_t 和 c_l 分别是横波和纵波波速。一个很自然的选择就是令质量密度非常低(如令 ρ^{air} 为 $10^{-4}\mathrm{kg/m^3}$ 数量级),而令两个波速远大于通常的固体波速(一般可取 $c_l = c_t = 10^5 \mathrm{m/s}$),从而将弹性波限制在周围的固体介质中,同时还能保证这些参数具有有限值。根据这些条件所定义的伪固体将表现出约 $10^6\mathrm{N/m^2}$ 级别的非零弹性常数 C_{11} 和 C_{44},这比实际固体大约要低 4 个数量级。

上面这两种处理措施可以确保那些描述材料参数(基体和散射体)的傅里叶系数都具有良好的性状,因而能够得到稳定的数值解。

6.2.2　时域有限差分法

FDTD 法是 2000 年用于声子晶体计算的。Sigalas 和 Garcia[48]计算了声波经过一个声子晶体结构的透射情况。Kafesaki 等[49]针对一个声子晶体波导考察了波传播过程和透射率。Tanaka 等[20]进一步将布洛赫定理引入到 FDTD 方法中,分析了声波的色散。Hsieh 等[50]则在声子晶体能带结构研究中引入了周期边界条件。目前,FDTD 法已经相当成熟,并广泛用于声子晶体结构的体波色散、透射和传播计算中,而 Sun 和 Wu[51]则将该方法进一步应用于表面波问题。下面将简要介绍 FDTD 方法的基本原理。

在线弹性介质中,本构方程和运动方程是由式(6.9)和式(6.10)给出的。这些方程描述了各向异性介质中的一个无限小单元的特性。对于密度和弹性常数周期分布的声子晶体这种异质结构来说,它们也是适用的。进一步,若采用交错网格,那么这两个微分方程就可以转换为差分方程(基于泰勒展开),进而可以迭代方式去求解声子晶体中的波传播行为。

针对声子晶体单胞的周期边界条件,需要引入布洛赫定理,此时的位移场和应力场可以用平面波和周期函数来表达,即

$$u_i(\boldsymbol{x},t) = \mathrm{e}^{i\boldsymbol{k}\cdot\boldsymbol{x}}U_i(\boldsymbol{x},t) \tag{6.11}$$

$$T_{ij}(\boldsymbol{x},t) = \mathrm{e}^{i\boldsymbol{k}\cdot\boldsymbol{x}}S_{ij}(\boldsymbol{x},t) \tag{6.12}$$

式中: $\boldsymbol{k}$ 为波矢; $U_i(\boldsymbol{x},t)$, $S_{ij}(\boldsymbol{x},t)$ 为周期函数,它们满足:

$$U_i(\boldsymbol{x} + \boldsymbol{a},t) = U_i(\boldsymbol{x},t) \tag{6.13}$$

$$S_{ij}(\boldsymbol{x} + \boldsymbol{a},t) = S_{ij}(\boldsymbol{x},t) \tag{6.14}$$

式中: $\boldsymbol{a}$ 为晶格平移矢量。

在文献[20]的工作中,运动方程和本构关系是利用周期函数进行转换的,目的是满足条件式(6.13)、式(6.14)。这里我们将式(6.11)、式(6.12)和(6.13)、式(6.14)联立起来,直接写出位移 u_i 和应力 T_{ij} 的周期

边界条件[50]：

$$u_i(\boldsymbol{x} + \boldsymbol{a}, t) = \mathrm{e}^{\mathrm{i}\boldsymbol{k}\cdot\boldsymbol{a}} u_i(\boldsymbol{x}, t) \tag{6.15}$$

$$T_{ij}(\boldsymbol{x} + \boldsymbol{a}, t) = \mathrm{e}^{\mathrm{i}\boldsymbol{k}\cdot\boldsymbol{a}} T_{ij}(\boldsymbol{x}, t) \tag{6.16}$$

在周期边界条件下，二维和三维声子晶体都可以通过考察一个单胞来进行分析。对于色散特性的计算，需要在单胞的任意位置施加一个小扰动作为初始条件，这样可以激发出所有可能的波动模式，将位移场记录下来并展开为傅里叶级数，然后根据谱中的共振峰就可以确定特征频率(作为波矢 $\boldsymbol{k}$ 的函数)。上述过程能够找到声子晶体中所有满足周期边界条件的声模式。

为求解声子晶体的表面波模式，需要增加额外的边界条件。这里我们设定一个自由表面边界，并采用 PML 吸收边界条件来处理边界反射。

Berenger[52] 曾经通过引入 PML 来抑制边界处的电磁波反射，这一技术也已用于弹性波传播分析中[53,54]。这里针对正交材料引入一个三维 PML 程序，从而构成无反射边界。通过定义如下复数坐标可以导出 PML 区域的代码[53]：

$$e_i = a_i + \mathrm{i}\frac{\varOmega_i}{\omega} \tag{6.17}$$

式中：实部 a_i 是比例因子，虚部 $\dfrac{\varOmega_i}{\omega}$ 包括衰减因子 $\varOmega_i$ 和圆频率 ω。

在这个坐标中可以定义微分算子，并应用到运动方程和本构关系中。考虑这些方程的平面波形式的解，就可以借助因子 $\varOmega_i$ 来算出数值衰减。此外，通过设定相应的材料常数和统一的缩放因子，还可以给出 PML 区域与内部空间域的分界面上的无反射条件。在新坐标下的弹性动力学方程中，所有方向上的位移和应力是在空间偏微分算子中出现的，因此这些变量就可以分离为 3 个分量，从而给出差分方程。最后，PML 方程可以写为

$$\rho\frac{\partial^2 u_{i/j}}{\partial t^2} + \rho\varOmega_j\frac{\partial u_{i/j}}{\partial t} = \frac{\partial T_{ij}}{\partial x_j} \tag{6.18}$$

$$\frac{\partial T_{ij/m}}{\partial t} + \varOmega_m T_{ij/m} = \frac{c_{ijkl}}{2}\frac{\partial}{\partial t}\left(\frac{\partial u_k}{\partial x_l}\delta_{ml} + \frac{\partial u_l}{\partial x_k}\delta_{mk}\right) \tag{6.19}$$

式中：$u_{i/j}$，$T_{ij/m}$ 为分离后的位移和应力，它们满足 $u_i = u_{il1} + u_{il2} + u_{il3}$，$T_{ij} = T_{ijl1} + T_{ijl2} + T_{ijl3}$。$\delta_{ij}$ 是 δ 函数，当 $i = j$ 时 $\delta_{ij} = 1$，而当 $i \neq j$ 时 $\delta_{ij} = 0$。

在将式(6.18)和式(6.19)转化为差分形式后，应设定 PML 作为一个缓冲区域，并具有匹配的声阻抗，这样才能抑制掉反射，同时弹性波在这个区域内也将快速地发生衰减。这种吸收边界条件能够将反射降低至 1% 以下，它既可以用于色散关系的计算，也能用于透射率的计算。

6.3　声子晶体中的表面波

6.3.1　频率能带结构

图 6.1 给出了一个二维声子晶体的能带实例。该结构物是一个二维方形晶格,是由圆柱散射体(半径 r_0)周期置入到基体材料中构成的,这些圆柱体的材质是$Bi_{12}GeO_{20}$,基体材质是SiO_2,它们的材料参数如表 6.1 所列。$Bi_{12}GeO_{20}$ 的 3 个四次轴分别与声子晶体的 x_1,x_2,x_3 轴对齐。晶格间距为 a,填充比 $F = \pi r_0^2/a^2$ 为 0.6,倒格矢为 $G = 2\pi(n_1/a, n_2/a)$,n_1 和 n_2 为整数。图 6.1 中的结果是采用 PWE 方法得到的,其中保留了 25 个傅里叶项(即 $-2 \leqslant n_1, n_2 \leqslant 2$),图中可以观察到体波和表面波模式。粗实线和细实线分别代表了准纵波(标记为 L)和准水平剪切波模式(偏振方向在 $x_1 - x_2$ 平面内,标记为 SH),虚线代表了压电垂直剪切模式(标记为 SV)。表面模式是由实心圆点和空心圆圈标出的,分别代表了表面波和伪表面波模式,后者会向结构内部泄漏能量。

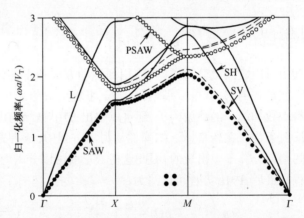

图 6.1　压电声子晶体的体波、表面波和伪表面波模式的能带结构:
方形晶格,$Bi_{12}GeO_{20}/SiO_2$,$F = 0.6$

表 6.1　计算中采用的材料参数

材料常数	$Bi_{12}GeO_{20}$	SiO_2	ZnO	CdS
$c_{11}/10^{10}\,N/m^2$	12.8	7.85	20.97	8.56
c_{12}	3.05	1.61	12.11	5.32
c_{13}			10.51	4.62
c_{33}			21.09	9.36
c_{44}	2.55		4.25	1.49

（续）

材料常数	$Bi_{12}GeO_{20}$	SiO_2	ZnO	CdS
$\rho/(kg/m^3)$	9,230	2,203	5,676	4,824
$e_{14}/(Cm/m^2)$	0.99			
e_{15}			−0.59	−0.21
e_{22}			−0.61	−0.24
e_{31}			1.14	0.44
$e_{11}/(10^{-11}F/m)$	34.2		7.38	7.99
ε_{22}			7.83	8.44

图 6.1 表明, 表面波分支存在于布里渊区的边界 $\varGamma - X - M$ 上, 稍微低于最低阶的 SV 模式分支。在到达布里渊区边界后, 表面波的折叠分支转变成了伪表面波。后者的特点在于, 它们将向结构内部辐射能量, 因而是衰减的, 在 6.3.2 节中将更为细致地讨论它们的特性。应当注意, 在这个实例中只有 SV 波是压电型的, 而 L 和 SH 模式则不受压电性的影响, 原因在于 $Bi_{12}GeO_{20}$ 的非零压电常数是 $e_{14} = e_{25} = e_{36}$。考虑到这一点, 式(6.5)可以解耦成两部分, 一部分是混合的面内模式, 即 L 模式和 SH 模式的振动耦合, 它们是压电不敏感的; 另一部分是压电 SV 模式, 沿着 x_3 方向偏振。

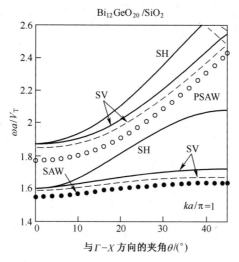

图 6.2 $ka/\pi = 1$ 处的体波、表面波和伪表面波频率的角度依赖性；
虚线为不考虑压电效应的 SV 模式分支

6.3.2 带隙和表面波特性

在图 6.2 中, 我们给出了简约波矢 $ka/\pi = 1$ ($k = \sqrt{k_1^2 + k_2^2}$) 处色散关系的

角度依赖性。可以看出,伪表面波分支出现在剪切体波模式的基本分支和折叠分支之间,随着角度 θ 的增大其频率也随之增大。表面波频率 ω_{SAW}、伪表面波频率 ω_{PSAW} 以及两者差值 $\Delta\omega = \omega_{PSAW} - \omega_{SAW}$ 都与填充比 F 有关,如图 6.3 所示,它反映了对称点 X 处的这种关联性。在带隙的上下边界处,表面波和伪表面波的频率都是随 F 的增加而单调减小的,这是容易理解的,因为填充材料 $Bi_{12}GeO_{20}$ 在晶体的 X 轴向上具有比 SiO_2 更低的表面波传播速度。最大的 $\Delta\omega$ 值出现在 $F = 0.183$,约为 0.5(以归一化频率计)。当填充比趋于 0 时,表面波的相速度逐渐降低并趋于匀质 SiO_2 中的表面波速。

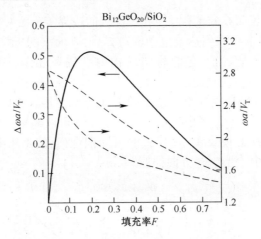

图 6.3 实线为对称点 X 处 $\Delta\omega$ 与填充比的关系,
虚线为带隙上边的 ω_{PSAW} 和带隙下边的 ω_{SAW} 与填充比的关系

图 6.2 已经表明,表面模式的折叠分支存在于体波能带内,并会转变为伪表面波分支。这一现象的原因可以通过图 6.4 来理解,该图中给出了体波等频面的 $k_1 - k_3$ 和 $k - k_3$ 截面,k 是 $\varGamma - M$ 方向上布洛赫波矢的模。图 6.4(a) 表明,在给定的归一化频率 1.4 处,表面波的波数 k_{SAW} 是沿着 k_1 轴的,并且位于 3 个体波模式等频面的外部。图 6.4(b) 则给出了另一种情形,在归一化频率 1.8 处(在 X 点的剪切体波模式的带隙内),存在一个伪表面波的实波矢 $\boldsymbol{K} = (k_{SAW} = k_{PSAW}, k_3)$,这只需从点 $k_1 = k_{PSAW}$ 出发画一条平行于 k_3 轴的虚线,并使之与剪切体波模式曲线相交即可得到。该模式的群速度方向是等频面的外法线方向,指向介质内部。这意味着这一模式是与剪切体波模式耦合的,因而它在传播过程中是不断衰减的,同时将向介质内部辐射能量。这种耦合效应主要是由组分的各向异性以及结构的几何所决定的。正是由于这种耦合的存在,因此在图 6.1(b) 中,能带结构内的表面模式折叠分支会转变为伪表面波分支。在 $\varGamma - M$ 方向上,也存在类似的现象,如图 6.5 所示。

通过式(6.5)求解特征值,也可以揭示表面模式与体波能带之间发生耦合进而形成伪表面波模式这一现象。由于能量会向介质内部辐射,所以将导致$4N$个特征值中的一部分变为实数,而实特征值恰好意味着存在不衰减的面外传播行为。当表面模式解中包含了这些实特征值及其对应的特征矢量所决定的波动成分,那么这个表面模式在传播过程中就会产生泄漏。

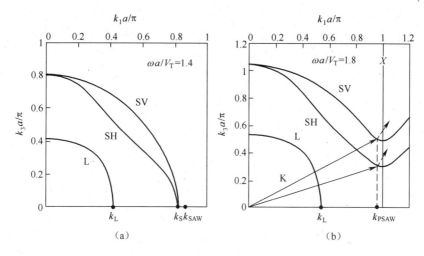

图 6.4 体波等频面的 $k_1 - k_3$ 截面

(a)归一化频率1.4处;(b)归一化频率1.8处。

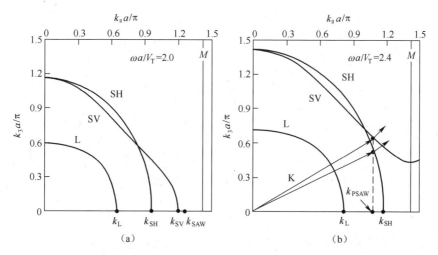

图 6.5 体波等频面的 $k - k_3$ 截面,k 为 $\Gamma - M$ 方向上布洛赫波矢的模

(a)归一化频率2.0处;(b)归一化频率2.4处。

6.3.3　Bleustein-Gulyaev 波

在均匀的压电晶体中,Bleustein 和 Gulyaev 于 1968 年发现了一种横向表面波,这种波在非压电介质中是不存在的。他们指出,在横观各向同性压电晶体中,非零压电耦合因子能够导致一种新的表面波,它具有非常简单的位移和电势场,在介质内部这些场是指数衰减的。与此同时,1969 年初,Shimizu 等也独立地从理论和实验两方面验证了 PZT 陶瓷中这种波的存在性。自此,后来的研究人员对此进行了深入研究,建立了 Bleustein-Gulyaev(BG)波理论,为现代信号处理和电声技术奠定了基础。这一节中,我们将分别对均匀压电晶体和二维压电声子晶体中的 Bleustein-Gulyaev 波进行介绍。

首先考察一个半无限的均匀压电晶体,设其表面外法线指向 x_3 方向,对于沿着 x_2 方向传播的 BG 波(横向偏振,u_2),控制方程如下:

$$c_{i22l} \frac{\partial^2 u_2}{\partial x_i \partial x_l} + e_{l2j} \frac{\partial^2 \varphi}{\partial x_i \partial x_l} = \rho \frac{\partial^2 u_2}{\partial t^2} \tag{6.20}$$

$$e_{i2l} \frac{\partial^2 u_2}{\partial x_i \partial x_l} - \varepsilon_{il} \frac{\partial^2 \varphi}{\partial x_i \partial x_l} = 0 \tag{6.21}$$

$$\frac{\partial^2 \varphi_{\text{air}}}{\partial x_i \partial x_i} = 0 \tag{6.22}$$

表面处的力学边界条件为

$$T_{i3} = c_{i32l} \frac{\partial u_2}{\partial x_l} + e_{li3} \frac{\partial \varphi}{\partial x_l} = 0, \quad x_3 = 0 \tag{6.23}$$

对于电学边界条件,若为开路表面,则有

$$e_{32l} \frac{\partial u_2}{\partial x_l} - \varepsilon_{3l} \frac{\partial \varphi}{\partial x_l} = -\varepsilon_0 \frac{\partial \varphi_{\text{air}}}{\partial x_3} \quad (x_3 = 0)$$

$$\varphi = \varphi_{\text{air}} \quad (x_3 = 0) \tag{6.24}$$

$$\varphi_{\text{air}} = 0 \quad (x_3 \to \infty)$$

若为短路表面,则

$$\varphi = 0 \quad (x_3 = 0)$$

$$\tag{6.25}$$

$$\varphi_{\text{air}} = 0 \quad (x_3 \to \infty)$$

u_2 和 φ 的解可以写为

$$u_2 = A_2 \cdot e^{\beta x_3} \cdot e^{ikx_1 - i\omega t}$$

$$\varphi = A_4 \cdot e^{\beta x_3} \cdot e^{ikx_1 - i\omega t} \quad (\text{Re}(\beta) > 0) \tag{6.26}$$

式中: β 为衰减常数。

将式(6.26)代入控制方程和相应的边界条件,就可以解得 BG 波的波速、衰减常数以及机电耦合系数。

下面考虑一个实例,即一个六边形晶格(对称性为 6mm),考察 (100) 面内的 [010] 方向上的传播。从晶体坐标转换后得到的物理特性如下:

$$
\begin{pmatrix}
c_{11} & c_{13} & c_{12} & 0 & 0 & 0 \\
c_{13} & c_{33} & c_{13} & 0 & 0 & 0 \\
c_{12} & c_{13} & c_{11} & 0 & 0 & 0 \\
0 & 0 & 0 & c_{44} & 0 & 0 \\
0 & 0 & 0 & 0 & \dfrac{c_{11} - c_{12}}{2} & 0 \\
0 & 0 & 0 & 0 & 0 & c_{44}
\end{pmatrix}
\tag{6.27}
$$

$$
\begin{pmatrix}
0 & 0 & 0 & 0 & 0 & e_{15} \\
e_{31} & e_{33} & e_{31} & 0 & 0 & 0 \\
0 & 0 & 0 & e_{15} & 0 & 0
\end{pmatrix}
\tag{6.28}
$$

$$
\begin{pmatrix}
\varepsilon_{11} & 0 & 0 \\
0 & \varepsilon_{33} & 0 \\
0 & 0 & \varepsilon_{11}
\end{pmatrix}
\tag{6.29}
$$

对于开路表面,BG 波的波速和衰减常数可以用如下解析表达式给出:

$$
V_0 = V_T \sqrt{1 - \frac{K_T^4}{(1 + \varepsilon_{11}/\varepsilon_0)^2}}
\tag{6.30}
$$

$$
\beta = \frac{K_T^2}{(1 + \varepsilon_{11}/\varepsilon_0)}
\tag{6.31}
$$

而对于短路表面条件,则为

$$
V_\infty = V_T \sqrt{1 - K_T^4}
\tag{6.32}
$$

$$
\beta = K_T^2
\tag{6.33}
$$

式中

$$
V_T = \sqrt{\frac{c_{44} + (e_{15}^2/\varepsilon_{11})}{\rho}}
\tag{6.34}
$$

$$
K_T = \frac{e_{15}}{\sqrt{c_{44}\varepsilon_{11} + e_{15}^2}}
\tag{6.35}
$$

它们分别是压电体横波波速和体横波机电耦合因子。

式(6.30)~式(6.35)表明,衰减是非常迅速的,并且当压电常数很大时,BG
波与体横波波速之间的差异也更为显著。

对于6mm类型的ZnO介质而言,图6.6所示为边界条件行列式的值与相速
度$V=\omega/k$之间的关系。实线代表了短路条件,虚线代表的是开路条件。对于每
种电学边界,均存在着两个陡峭的局部极小值,它们对应于边界条件行列式的
根。两个根中的相速度较小者反映了瑞利波相速度,另一个则为BG波的相速
度。对于瑞利波来说,两种电学边界下的相速度没有差异;而对于BG波而言,
这种差异是明显的,因为BG波是压电型的。如果不是压电介质,那么这种BG
波将会退化成非压电的SH体波。短路条件下,BG波的相速度要比开路条件下
小一些,分别是2869.79m/s和2884.04m/s。这一现象的原因在于短路条件的
表面会消除掉切向电场,因而会部分抑制掉材料的压电性。在ZnO介质中,BG
波的机电耦合程度约为9.88%。

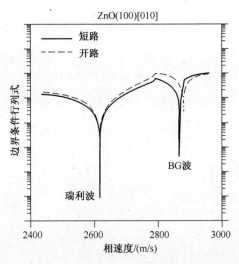

图6.6　针对ZnO介质的(100)面内的[010]传播方向,边界条件行列式的值与
相速度之间的关系:陡峭的极小值点代表了表面波的本征解

在短路表面条件下,瑞利波和BG波的位移场、电势场与深度的关系如图
6.7和图6.8所示。在图6.7中,瑞利波是在纵向平面内偏振的,u_2和φ均为0,
因而这种波是非压电的。这意味着在该传播方向和平面内,力学项是与电学项
解耦的。在图6.8中,压电BG波是横向偏振的,并伴有电势场。此外,BG波要
比瑞利波更能透入介质内部。

下面再以压电声子晶体为例进行考察,我们考虑一个方形晶格形式的结构,
是由圆柱状ZnO介质周期阵列到CdS基体中构成的,晶格常数为a。ZnO和
CdS的晶面(100)平行于x_1-x_2平面,它们的六次对称轴(即晶体的Z轴)指向

声子晶体的 x_2 方向。因此,根据 BG 波理论,压电效应将与力学位移场一起共同满足无应力边界条件,同时,SH 位移将在入体方向上衰减。

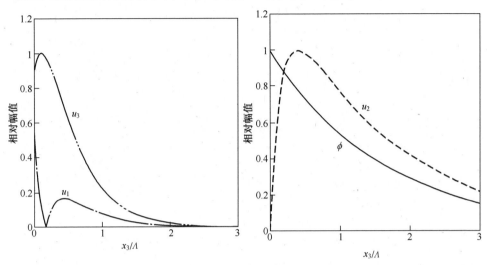

图 6.7　针对 ZnO 介质的 (100) 面内的 [010] 传播方向,瑞利波的位移幅值与深度的关系

图 6.8　针对 ZnO 介质的 (100) 面内的 [010] 传播方向(短路条件下),BG 波的位移和电势的幅值与深度的关系

　　图 6.9 给出了短路条件下,靠近 X 点的带隙附近频率范围内的表面波模式色散关系,填充比 $F=0.3$。从图中可以发现,除了正常的表面波分支外,还出现了另一表面波分支(红点)。进一步的计算表明,该分支主要是 SH 位移模式,也就是说这是该二维压电声子晶体的 BG 波模式。当忽略压电效应时,这个模式将退化成压电体波。此外,我们还能够观察到 BG 波的折叠分支,它比伪表面波分支高一些。事实上这个折叠的 BG 波分支带有非常小的衰减,因而是一个伪表面波类型(标记为 BG PSAW)。在 ΓX 方向上,BG 波的带隙宽度约为 0.773(以归一化频率计)。

　　为考察电学边界条件对压电声子晶体中的 BG 波的影响,这里针对对称点 X 进行详细的分析。图 6.10 分别给出了表面模式的基本分支和折叠分支所对应的边界条件行列式与频率之间的关系。两幅图中的实线代表的是短路边界条件情况,虚线为开路条件情况。对于基本分支(图 6.10(a)),每种电学边界情况中都存在着两个陡峭的极小点,频率较低的对应于正常的表面波特征频率,而较高者代表了 BG 波频率。就正常的表面波而言,两种电学边界下的频率差异非常小,这表明了机电耦合系数几乎为零。而对于 BG 波来说,这种频率上的差异是非常明显的,事实上此时的机电耦合系数约为 0.12%。图 6.10(b) 给出的是折叠分支情况,极小值点对应了伪表面波的频率,就折叠的 BG 型伪表面波(BG PSAW)来说,其机电耦合系数约为 0.63%。

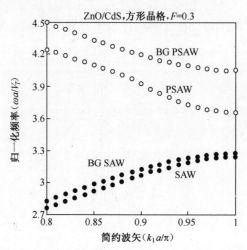

图 6.9　短路条件下,靠近 X 点的带隙附近频率范围内的表面波(蓝点)、BG 表面波(红点)、伪表面波(黑圈)和 BG 伪表面波(红圈)的色散关系

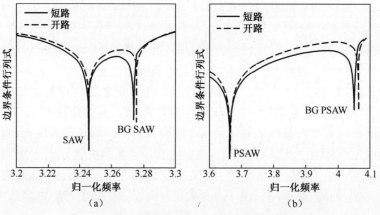

图 6.10　边界条件行列式与归一化频率的关系

(a)频率范围在 SAW 基本分支附近;(b)频率范围在 X 点的 SAW 折叠分支附近。

　　下面再来考察对称点 X 处,ZnO 圆柱中心位置的 BG 波位移和电势场与深度的关系,如图 6.11 和 6.12 所示。图 6.11(a)和(b)分别给出了两种电学边界条件下 BG 波基本模式的位移和电势幅值情况。可以看出,与 SH 分量相比,另外两个分量是可以忽略不计的,不仅如此,短路条件下位移和电势的衰减要比开路条件下快得多。此外,根据色散关系,对称点 X 处简约波矢为 $k_1 a/\pi$ 的 BG 波基本模式的相速度约为 1832.09m/s(开路条件)和 1830.97m/s(短路条件)。图 6.12(a)和(b)给出的是折叠 BG 波分支的情况。可以发现,折叠 BG 波模式要比基本模式的衰减快得多,不过在该分支中会存在一个非零的纵向分量。换言之,在这个二维压电声子晶体中,该 BG 波还会包含 SH 分量以外的成分,这一点与均匀压电材料中的 BG 波是有所不同的。产生这种现象的原因在于结构中周期阵列的圆柱体的散射效应,可以从两个方面加以解释:

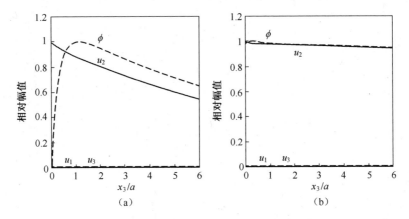

图 6.11 在离开表面的不同位置,ZnO 圆柱中心处 BG 表面波的位移和电势场
(a)短路条件情况;(b)开路条件情况。

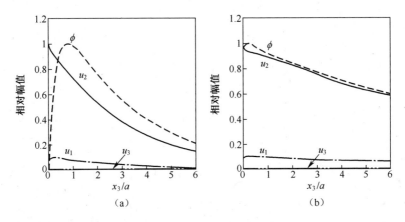

图 6.12 在离开表面的不同位置,ZnO 圆柱中心处 BG PSAW 的位移和电势场
(a)短路条件情况;(b)开路条件情况。

(1) 通过式(6.5)中的弹性项,SH 振动(u_2)与纵向平面内的振动(u_1,u_3)是耦合的。

(2) 电势与力学振动场也是耦合的,后者不仅包括 SH 振动,也包括了纵向平面内的振动,它们是通过式(6.5)中的压电和介电项发生关系的。

对于均匀介质(具有 6mm 对称性的晶体),周期结构的散射效应和组分的各向异性是不存在的,因而在考察沿着 (100) 平面内的 [010] 方向传播的弹性波时,压电型 SH 振动将与纵向平面内的振动解耦;且后者不受压电性的影响。由于 u_1 与 u_2 之间的耦合更强,所以纵向位移要比 SV 位移更大,而 SV 位移实际

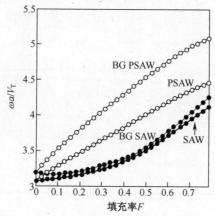

图 6.13　SAW 和 PSAW 之间、对称点 X 处 BG SAW 和 BG PSAW 之间
的频率带隙的带边与填充率的关系

上是很小的。此外,在对称点 X 处利用 ω/k 可以算出,两种电学边界下 BG 折叠
分支模式的相速度分别为 2270.60m/s(开路条件)和 1163.43m/s(短路条件)。

在图 6.13 中,我们给出了对称点 X 处表面模式带隙的带边以及归一化的带
隙宽度(作为填充比 F 的函数)。结果表明,在 $\Gamma - X$ 方向上 BG 波(标记为空心
圆圈)的带隙要宽于正常表面波和伪表面波所形成的带隙。最大带隙宽度发生
在填充比 $F = 0.576$ 处。

6.4　声子晶体表面波波导

这一节我们主要介绍声子晶体表面波波导。首先针对一个由钢和树脂构成
的声子晶体进行了分析,考察了其带隙特性。根据带隙特性,进一步在该声子晶
体中引入了线缺陷,从而构成了波导,最后对此结构中的表面波传播问题进行了
分析[51]。

6.4.1　钢/树脂声子晶体的完全带隙

考虑一个方形晶格的声子晶体,散射体是钢柱,基体为树脂半空间。晶格常
数 $a = 8\text{mm}$,钢柱半径 $r = 3\text{mm}$,因而填充比 $F = 0.442$。钢的密度、弹性常数 C_{11}
和 C_{44} 分别设定为 7900kg/m^3、280.2GPa 和 82.9GPa,树脂的这些参数分别为
1180kg/m^3、7.61GPa 和 1.59GPa。可以看出,钢柱的阻抗要比树脂基体的阻抗
大 15 倍以上。

为得到带隙特性,首先需要计算该声子晶体的色散关系。该结构具有一个
无应力表面($x_3 = 0$),因而允许表面波存在。尽管表面波的传播只发生在

x_1 - x_2 平面内,但实际上应当是一个三维问题。为此,我们定义了一个三维单胞来计算表面波的特征模式,如图 6.14(a)所示。单胞在 x_1 - x_2 平面内的截面尺寸为 $1a \times 1a$,高度 h 为 9a。设定 x_3 = 0 处为自由表面,而下端设定一个 PML 区域以模拟无反射边界,并在另外 4 个表面上定义周期边界条件。最后,根据 FDTD 法的数值稳定性要求,将这个单胞划分为 24 × 24 网格,并选取时间步长为 20ns,这样就可以进行计算了。

在这个声子晶体结构中, x_3 方向上是无限延伸的,表面波将在 x_1 - x_2 平面内沿着自由表面传播,同时还会伴随着体波的传播。体波模式的偏振可以解耦为面内模式(x_1 - x_2 平面)和反平面模式。图 6.14(b)给出了体波的特征模式,其中的实心圆圈代表了面内模式,而空心圆圈则代表了反平面模式。对于面内模式,可以看出,存在一个相当宽的完全带隙(90~204kHz),同时,在较高频率段内还存在着若干个比较小的完全带隙(231~237kHz,245~255kHz)。对于反平面模式,带隙发生在 55~143,153~212,225~250 以及 270~276kHz。显然,若同时考虑这两种模式,那么完全带隙为 90 ~ 143, 153 ~ 204, 231 ~ 237 以及 245~250kHz。

利用前述的三维单胞,结合周期边界条件、自由表面以及 PML 等设定,可以计算出表面波色散结果,其特征模式如图 6.14(b)所示(菱形标记)。通过在自由表面上进行检测还可以发现一些额外的模式,例如在 Γ - X 方向上位于 7~79.5kHz 和 199~201kHz 范围内的新能带。此外,一些表面波能带上的点还会与体波模式发生重叠,例如 Γ - X 方向上的面内和面外横波的第一和第二能带。

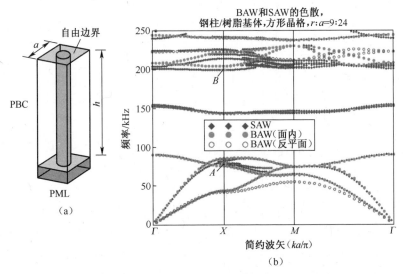

图 6.14　(a)用于计算 SAW 的声子晶体的三维单胞以及
(b)带有一个自由表面的声子晶体(方形晶格,钢/树脂)的声波色散图[51]

为了深入考察该三维声子晶体单胞中的波动模式,还应计算出特征模式的位移场分布。计算中的设定是与图 6.14(a) 相同的,不过需要定义一个波源,使之可以产生具有所需频率的波包。由于波矢和频率已经指定,因而可以激发出特定的特征模式,我们也就可以记录并绘制位移场分布情况了。

首先计算不同于体波的两个特征模式,即,图 6.14(b) 中的点 A(波矢 $k = (\pi/a, 0)$ 频率 $f = 77\text{kHz}$) 和点 $B(f = 199\text{kHz})$,结果分别如图 6.15(a) 和(b)所示。在矢量图中,圆锥的方向代表了位移矢量方向,其大小反映了位移幅值。这些波矢为 $k = (\pi/a, 0)$ 的模式是沿着图 6.15 中的 x_1 方向传播的。对于第一能带来说,$|k| = \pi/a$ 对应的波长为 $2a$,因此单胞中只显示出了周期位移场的 $1/2$。图 6.15(a) 所示的波的主要偏振方向是位于纵向平面内的,即 $x_1 - x_3$ 面内,而图 6.15(b) 中的波主要在 $x_1 - x_2$ 面内偏振。这些结果还表明了位移场是受限的,随着深度的增大它们的幅值在快速衰减,这也是表面波的典型特点。另外还有一个有趣的现象,对于图 6.15(a) 中的模式,它所属的能带要比体横波模式的相速度更大,这意味着该表面波是泄漏的,因而是伪表面波。

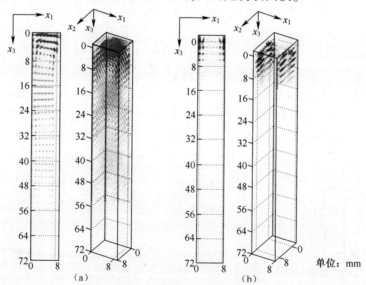

图 6.15 本征模式的三维位移场

(a) $k = (\pi/a, 0)$ $f = 77\text{kHz}$ (图 6.14(b) 中的点 A);

(b) $k = (\pi/a, 0)$ $f = 199\text{kHz}$ (图 6.14(b) 中的点 B)[51]。

我们也对那些与体波模式重叠的表面波模式进行了考察,例如频率为 $f = 43\text{kHz}$、波矢为 $k = (\pi/a, 0)$ 的特征模式。计算得到的该模式的位移场表明,它是在 x_2 方向偏振的,且其幅值并不是快速衰减的(在 9 个晶格常数范围内)。这实际上是横波的特点,与面内体横波模式是相同的。对另一个模式——波矢为 $k = (\pi/2a, 0)$、频率为 $f = 84\text{kHz}$ ——的计算得到的是一个旋转位移场,且与深度无关。因此,这些与体波模式重叠的点实际上给出的是体波。

经过上述分析可以看出,这个由钢/树脂构成的二维方形晶格的声子晶体(带自由表面)能够传播伪表面波,而不是表面波。色散曲线表明,该声子晶体的体波和伪表面波存在着公共的完全带隙。根据二维和三维单胞的分析计算,这些完全带隙位于 90~143kHz 和 154~199kHz。这些结果将为声子晶体表面波波导的设计提供有益的参考。

6.4.2 声子晶体波导中的表面波

在声子晶体结构中引入一系列相邻的点缺陷就可以构成波导结构。这些缺陷能够构成一个无散射体的连续区域,声波可以在其中传播。声子晶体表面波波导是建立在表面波的完全带隙基础上的,在带隙内表面波无法穿透周期结构部分,只能沿着缺陷区域传播。

为了考察声子晶体波导的表面波特性,我们将采用超元胞技术来分析波导的色散性质。这里将上一节给出的钢/树脂声子晶体作为基础(注意其完全带隙是 90~143kHz 和 154~199kHz)。

考虑一个 10mm 宽(w ,波导两侧两个圆柱之间的距离)的波导结构,如图 6.16(a)所示。在波导中施加一个初始扰动,从而激发出声波模式,然后把位移场记录下来。根据位移谱中的共振峰即可获得特征模式信息了。通过设置相应的边界,分别对二维和三维超元胞进行了计算,得到的色散结果如图 6.16(b)所示。我们着重考察 70~220kHz 这一频率范围,并将那些落在完全带隙之外的能带曲线略去(以灰色区域表示)。分析结果表明,在完全带隙范围内出现了一些新的缺陷声模式,图中的体波模式已经用实心和空心圆圈标出,菱形标记代表的是三维超元胞分析的结果。

只需将上面得到的声子晶体波导的色散曲线与理想声子晶体的色散曲线对比一下,就可以找出新出现的缺陷模式。在三维超元胞中,在波导自由表面上将检测到体波和表面波的缺陷模式信号。体波模式信号的峰值较小,它们会使信号谱变得复杂。因此,在三维波导计算中,我们去除了体波模式,只给出了表面波模式,如图 6.16(b)所示。可以看出,在第一个完全带隙内(90~143kHz),存在一条新能带,它从频率 $f = 87.5kHz$ 、波矢 $k = (\pi/a, 0)$ 出发一直延伸到频率 $f = 141kHz$ 、波矢 $k = (0.05\pi/a, 0)$,而在第二个完全带隙内(154~199kHz)也存在一条新能带,从频率 $f = 154kHz$ 、波矢 $k = (0.75\pi/a, 0)$ 出发一直延伸到频率 $f = 206kHz$ 、波矢 $k = (0.9\pi/a, 0)$ 。

我们将这两种缺陷模式的位移场用三维矢量图方式绘制出来,如图 6.17(a)和(b)所示,它们分别对应了两个特征模式点:图 6.16(b)中的点 A——$f = 114.5kHz$ 、 $k = (0.5\pi/a, 0)$;点 B——$f = 180kHz$ 、 $k = (0.5\pi/a, 0)$ 。由于色散图是在简约区域给出的,因此这两个模式的实际波矢应该是 $k = (1.5\pi/a, 0)$, $k = (2.5\pi/a, 0)$,波长分别为 $1.33a$ 和 $0.8a$。可以看出,波是沿着 x_1 方向传播的,而且位移场主要局域在波导区域。最大幅值出现在自由表面处,且幅值随深度快速衰减。显然,这两条能带是典型的表面波。

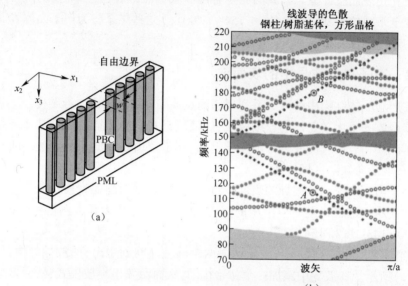

图 6.16 (a)用于分析声子晶体波导的超元胞以及
(b)钢/树脂声子晶体波导中的 BAW 和 SAW 本征模式的色散图[51]

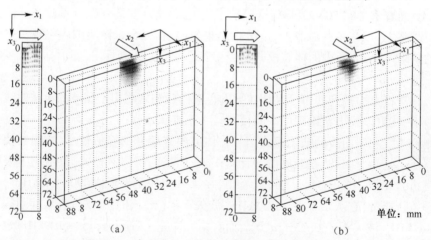

图 6.17 声子晶体波导中的缺陷模式的三维位移场

(a) $k = (0.5\pi/a, 0)$, $f = 114.5\text{kHz}$(图 6.16(b)中的点 A);

(b) $k = (0.5\pi/a, 0)$, $f = 180\text{kHz}$(图 6.16(b)中的点 B)[51]。

下面进一步讨论这个声子晶体波导中的缺陷模式。在计算特征模式的位移场时,我们将波源设定为具有指定频率 f 的高斯加权型波包,从而向超元胞结构输入有限能量以激发出相应的特征模式。随后,在自由表面上检测出位移场的变化情况,并记录其垂向分量 U_3。结果表明,这些特征模式具有不断衰减的幅值。这就意味着存在能量泄漏,部分声波将向半空间内部辐射,因此这些缺陷模式实际上应当是伪表面波。通过将信号周期转换为传播距离,我们还可以得到这两个模式的衰减系数,分别是 $-0.049\text{dB}/a$ 和 $-0.06\text{dB}/a$。

图 6.18 给出的是一个有限声子晶体波导的顶视图,周期分布的圆圈代表的是钢柱和树脂基体的边界,波导宽度为 10mm,长度为 $25a$,是沿着 $\varGamma X$ 方向移除一行散射体形成的。通过在波导入口处用 5 个线声源产生声波进行计算,结果表明结构中形成了伪表面波缺陷模式,波长为 $\lambda = 1.33a$(频率为 $f = 114.5\text{kHz}$)。在图 6.18 中,x_3 方向的位移分量 U_3 已经用不同的灰色程度给出,从中可以清晰地观察到表面波的传播。这个伪表面波的波场主要集中在波导区域中,只有小部分能量会泄漏到其他区域。此外,尽管伪表面波存在能量泄漏,但是应当注意它是沿着波导传播的,并且携带了大部分能量。

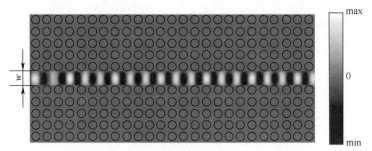

图 6.18　直线型声子晶体波导中的 PSAW 的 x_3 方向位移场:
频率 114.5kHz,波导宽度 10mm[51]

在声波导中,引入弯曲路径往往可以改变波的传播方向。类似地,这里我们也在上述声子晶体结构中引入了弯曲段,并进行了计算。引入的弯曲段将两个 $\varGamma X$ 方向的波导连接起来了,如图 6.19(a)所示,结构占据了一个 $17a \times 17a$ 的区域,两个波导的长度为 $11a$。在左下方的波导入口处加载频率为 114.5kHz 的缺陷模式(伪表面波),然后计算得到了表面上的位移场 U_3。该位移场表明,这个伪表面波仍然局限在弯曲型波导中,不过大部分能量将在转角处被反射回去。为便于比较,我们将前面给出的直线波导情况中(图 6.18)出口处的 114.5kHz 伪表面波的幅值作为参考值,那么这里的竖向波导出口处的最大幅值大约只有参考值的 59%了。另外,在这个弯曲波导结构中,体波模式也会被激发出来,因而会有相当部分的能量被带走,这也是导致竖向波导中的幅值迅速衰减的原因。根据上述结果可以看出,这种简单的弯曲波导结构并不理想。

另一种弯曲波导结构如图 6.19(b)所示,它包含两个 $\varGamma X$ 方向的直波导和一个 $\varGamma M$ 方向的直波导,因而波在传播过程中将会产生两次左偏(45°)。计算结果表明,对于 114.5kHz 的伪表面波缺陷模式来说,位移场 U_3 也会形成较强的反射,在 ΓM 段所产生的体波幅值约为参考值的 52%,而在竖向 ΓX 段将产生幅值约 26% 的体波。这些体波模式最终将重构为一个对称的伪表面波模式。在上述情况中,伪表面波的波长与晶格常数几乎是相等的,因而当声波在传播方向上遇到散射体时将会发生强烈的散射现象。此外,图 6.19(b) 中的反对称连接段也会增强这种散射以及模式转化。因此,被激发的体波在传播时其能量将不断分散,而当伪表面波遇到波导的边界时表面处的幅值也将会发生衰减。

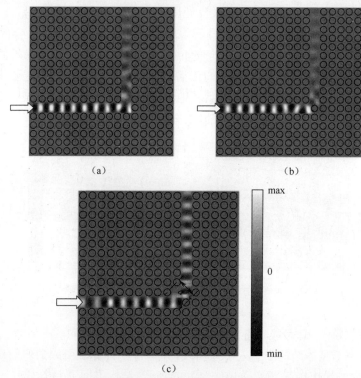

图 6.19　3 种波导内的 PSAW 的 x_3 方向位移场(114.5kHz)

(a)直角型弯曲波导;(b)三段型弯曲波导;(c)改进的弯曲波导(带散射体)[51]。

　　为了增强弯曲型声子晶体波导的透射率,这里给出一种改进的结构形式。在以往的光子晶体研究中,曾经采用散射体来提高二维光子晶体板中的弯曲波导的透射率,这一思路也可以用于声子晶体波导中的伪表面波。如图 6.19c 所示,在原有构型基础上,我们在 ΓM 段插了半径为 1.3mm 的细圆柱作为新引入的散射体,相邻散射体的中心距 $d = 16.97mm$($3\sqrt{2}\,a/2$)。此时连接段将具有更好的几何对称性,色散曲线也将发生改变,并且还会在连接段中形成损失较小的特征模式。我们计算了伪表面波的 U_3 位移场(114.5kHz 处,图 6.19(c)),结果表明伪表面波经过弯角处之后特征模式没有改变,其幅值提高到了参考值的 72%。

　　进一步的计算表明,波导中的伪表面波的透射率会受到散射体的明显影响。如果散射体向波导中心移动,色散性质将发生变化。当 $d = 11.31\text{mm}(\sqrt{2}a)$ 时,114.5kHz 处得到的伪表面波幅值将下降为参考值的 48%。还有一点非常重要,即,该结构中的不同频率的波具有不同的特性。例如,频率为 135kHz 时,该弯曲波导中的伪表面波将转变成体波模式,并将在波导中快速衰减,不过其幅值约为参考值的 62%(当 $d = 11.31\text{mm}$ 时)。因此,透射效率不仅要受散射体的影响,同时还跟频率有关。

　　总的来说,本节介绍了一种具有完全的体波和表面波带隙的钢/树脂声子晶体,根据这一带隙特性,进一步设计了一种声子晶体波导。由于三维结构中波可以向半空间内部传播,因此该波导中的缺陷模式存在能量泄漏,这些特征模式实际上是伪表面波。尽管波导中的这些伪表面波存在轻微的能量泄漏,但此类波导仍然是可行的。另外,在这些波导中引入散射体还能够增强透射,不过具体设计时还要注意频率的影响。

6.5　表面波带隙的实验

　　通过 MEMS 技术,人们已经实现了微米级声子晶体,并在几百兆赫频段观测到了带隙现象。这一节中,我们将介绍在硅晶片[41]和铌酸锂晶片[42]上制作的声子晶体及其实验研究。

6.5.1　硅基声子晶体中的表面波带隙

　　为考察二维硅基声子晶体中的表面波带隙特性,人们构造了一种由硅基体和圆孔方形阵列构成的结构[41],并在基体上采用高频宽带倾斜式叉指换能器(SFIT)产生和检测表面波信号。由于硅不是压电材料,因而采用的是分层结构形式的 SFIT/ZnO/硅,如图 6.20(a)所示,其中的 ZnO 层是压电的,而金属 SFIT 置于 ZnO 层上方,这样表面波就可以被激发出来,两个 SFIT 之间的圆孔阵列是采用微加工方法生成的,它们构成了声子晶体部分。SFIT 的设计参数和分层结构的几何参数主要取决于该二维声子晶体的带隙频率要求。此处声子晶体的晶格常数选择的是 $10\mu\text{m}$,圆孔半径为 $3.5\mu\text{m}$,相应的填充比 F 为 0.385。根据 PWE 计算结果可知,ΓX 方向上的带隙频率为 183~215MHz。

　　考虑到带隙频率范围,所选择的 SFIT 的参数如表 6.2 所列。在设计 1 中,SFIT 所激发的表面波频率范围覆盖了该声子晶体的带隙。因此,利用该套装置能够测出声子晶体的整个带隙。

在所制备的二维硅基声子晶体中,包含了6排空气柱,如图6.20(b)所示。图6.20(c)是该结构的截面视图。孔的深度大约为$80\mu m$,是波长的两倍多。设计1中测量得到的带隙如图6.21(a)所示,阴影区域示出了理论带隙,针对带声子晶体板和不带声子晶体板这两种情况所测得的频率响应分别如图中虚线和实线所示(两条虚线是同一设计的两个不同样件的测试结果)。可以看出,带隙内的表面波在该分层结构中传播时,带声子晶体情况下的插入损失要明显高于不带声子晶体的情况,这实际上说明了带隙内表面波的大部分能量会被声子晶体阻隔。将带声子晶体情况下的插入损失比上不带声子晶体的插入损失可以得到透射系数,图6.21(b)给出了透射谱。从透射谱中也可以清晰地看出,带隙内的表面波发生了显著的衰减。

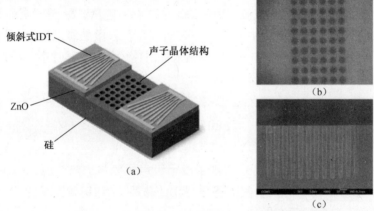

图6.20　(a)用于测量SAW带隙的实验设置原理图以及
(b)二维微米级硅声子晶体的顶视图以及(c)横截面图[41]

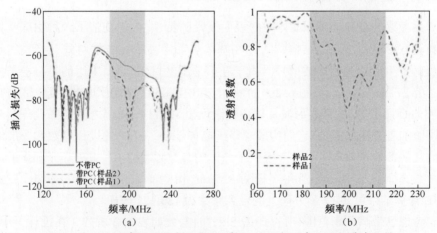

图6.21　(a)硅声子晶体中的SAW带隙:所制备的声子晶体带有6排
空气柱,阴影部分为带隙以及(b)声透射系数[41]

表 6.2　分层结构(SFIT/ZnO/硅)的设计参数

所设计的基础的编号	ZnO(2μm)/Si			
	1	2	3	4
中心频率	200	195	215	185
带宽	约 35	约 24	约 28	约 28
$\lambda_{min}/\mu m$	17	18	16	19
$\lambda_{max}/\mu m$	25	24	22	26
输入对数	40	40	40	40
输出对数	32	32	32	32
金属厚度/Å	1600	1600	1600	1600
传播长度/μm	631.25	606	489.5	656.5
孔径 μm	2500	2400	2200	2600
最大斜角/(°)	3.66	2.86	3.12	3.08

6.5.2　压电声子晶体

在无线通信和信号处理领域中,表面波和压电单晶体的组合占据了相当重要的地位,这些压电单晶体包括很多种类,例如石英、$LiTaO_3$ 和 $LiNbO_3$ 等。单晶基体能够提供现有压电薄膜所无法达到的压电和机电耦合性能。人们已经发现了表面波在此类介质中传播时存在带隙现象,这为我们提供了非常丰富的应用前景,同时也促使人们更深入地去研究它们。对于此类介质,可以利用叉指换能器生成和检测表面波,还可以使之工作在单模式条件下。这些特性非常有用,不过利用标准的微加工技术却很难加工这些介质(通常是氧化物)。显然,制备成了一个障碍。不仅如此,设计也并不容易,原因在于,声波在压电介质中传播时往往是强各向异性的,并且剪切波与纵波往往是混合在一起的,这些因素对这些周期结构的几何设计构成了很严的限制。

无论是从概念上,还是从制备角度来看,能够用于生成带隙的最显而易见的压电晶体构型应当是带有方形晶格孔阵列的压电固体。文献[42]针对铌酸锂情况进行了带隙验证。实际上,$LiNbO_3$ 除了声学特性以外,还具有非常丰富的光学特性,因而能够用于设计声光集成的功能装置,或者说,它能同时构成声子晶体和光子晶体,这一点将在第 9 章进行介绍。

这里采用 PWE 方法来分析上述的声子晶体。针对一个理想的无限二维声子晶体($LiNbO_3$ 基体,Y 晶轴取向),图 6.22(a)给出了第一布里渊区内 $\Gamma - X - M$

---

①　1Å = 0.1nm。

$-Y-\Gamma$路径上的表面态密度结果。结构中的孔为圆形,直径$d = 0.9a$(a为晶格常数),填充比为63%。在PWE计算中,每个方向上采用了7个谐波项,因此共有$N = 49$个谐波项。可以看出,在$fa = 1935 \sim 2745\text{m/s}$(相对带宽大于34%)范围内存在一个完全带隙,所有方向上所有偏振类型的波都将受到抑制。一般来说,在各向异性情况下是较难形成完全带隙的(与各向同性相比),但是由于此处空腔(散射体)的自由边界对任何类型的弹性波来说都是非常有效的散射体,因而生成了明显的完全带隙。另一个有意思的现象是,这里的带隙宽度和位置是与面内体波的PWE法结果[33]相当一致的。图6.22(b)给出了同一结构中一些体波的有限元仿真结果,该结果同样证实了上述现象。

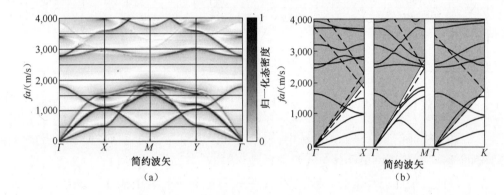

图6.22 (a)第一布里渊区中的表面波能带结构:声子晶体由铌酸锂(Y向切割)基体和方形阵列的孔构成,填充率为64%以及(b)体波的理论能带图:短点画线为瑞利表面波,长点画线为泄漏表面波,灰色区域给出了声锥范围

上述的声子晶体已经在Y向切割的LiNbO_3基体(500μm厚)上制备出来。为了减少技术上的限制,以及能够采用光刻法和集成制造方法进行加工,这里将该结构的工作频率设定为200MHz,相应地,将晶格常数设定为10μm,孔径9μm。根据有限元结果,这一结构的完全带隙将位于190~250MHz。另外,在图6.23(a)中可以注意到,所制备出的孔的壁面有一定的倾斜,大约为72°,这使得深度受到了限制(约为11μm)。

在表面波的激发和检测中,可以采用延迟线形式的叉指换能器。为了能够完全控制强各向异性介质(如LiNbO_3)中的波矢方向,以及确保只产生瑞利波,所使用的叉指换能器为8组,每组10指条,周期是不同的,对应的波长为12.2~26μm,这样就可以覆盖整个感兴趣的频率范围。叉指换能器的方位与所考察的弹性波传播方向一致,即第一布里渊区的$\Gamma X, \Gamma M, \Gamma Y$方向,参见图6.23(b)。

图6.24中给出了测得的归一化透射率,即每组延迟线情况下带声子晶体和不带声子晶体的透射系数之比。如果以透射率的值下降20dB来衡量和确定完

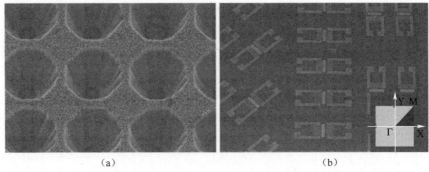

图 6.23 (a)蚀刻在铌酸锂基板中的孔阵列的 SEM 照片(去掉蚀刻掩模之前):
孔深 10μm,孔的直径为 9μm 以及(b)用于验证带隙现象的实验装置的显微图像

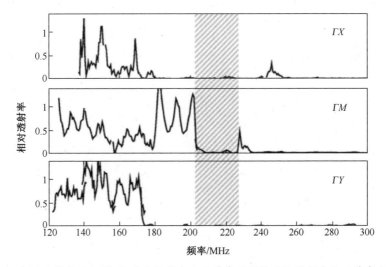

图 6.24 相对透射率的频谱:相对透射率定义为带声子晶体时的透射率与不带声子晶体时
的透射率之比,阴影部分给出了完全带隙范围,即 203~226MHz

全带隙范围,那么在带隙上方的频率处将不会测得透射信号,这一现象可以根据所制备的表面波声子晶体的实际几何特性来解释。事实上,由于表面波在基体中的深度至少与孔深同阶,因而实验中的结构可以看成是一种分层介质,也就是一块空腔/铌酸锂声子晶体板放置在一个半无限的铌酸锂基体上,这一点再加上孔的锥度,将会导致面外散射变强,从而使得表面波与基体中的体波模式之间产生耦合。类似于光子晶体板研究中的光线,这里也可以定义声线,它对应于基体中最慢的体波模式的色散关系,也就是最慢的剪切波模式。位于声锥区域内的表面波模式可能是强耗散类型的辐射模式,只有那些位于声线之下的模式才能够在表面上传播,这一点与实验结果是非常吻合的。高频处信号消失的另一个原因在于声子晶体所产生的弹性波衍射,这是因为该声子晶体事实上可以视为

一种二维衍射栅格结构[43]。很明显,射频探测方法并不能帮助我们观察到这种现象,需要采用其他一些测试技术才能更好地认识声子晶体中的散射和衍射现象,如表面位移场的光学测绘技术。这些技术将在第 7 章和第 8 章进行介绍。

在图 6.22(b)中已经将声锥叠加到了能带图上,即灰色区域。这种表示方法在光子晶体和声子晶体研究中是非常常见的,但也比较容易导致误解。声锥内的模式并不令人感兴趣,不过其中也可能存在表面波或伪表面波。例如在图 6.25 所示的结构中,人们已经实验验证了这一点。该结构是前一个实例的小尺寸模型(缩小了 5 倍),仍然是方形晶格,填充比约 64%。不过该结构的周期大约为 2.2μm,并且所选择的 LiNbO$_3$ 基体是 X 晶轴取向的。制备过程中的主要不同在于那些 2μm 直径的孔是通过聚离子束(FIB)蚀刻而成的。这种制备技术能够获得近似垂直的孔轮廓,孔的壁面倾斜角约85°,这一点显然要比前面的方法优越(前面的倾斜角为72°)。

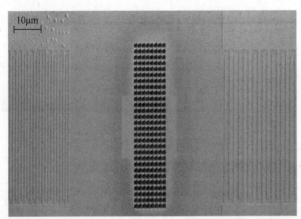

图 6.25　特超声声子晶体装置的 SEM 照片:结构周期约 2.2μm,孔直径约 2μm,
填充率约 64%,采用了一对宽带啁啾换能器进行弹性波的电学激发与检测

FIB 制备方法的主要缺点在于耗时较长,以这里的声子晶体结构为例,采用现有设备(Orsay Physics LEO FIB440)蚀刻出一个样件需要大约 9h,因此如果要制备多个这样的样件所需的时间就相当长了。为此,可以将标准的叉指换能器换成变周期形式的,它能够激发出超过一个倍频程的宽带信号。这样一来,在检测带隙时只需两个相同的声子晶体样件即可,并且换能器也只需 2 组,而不是前面的 8 组。当所采用的变周期 IDT 还允许设定波矢方向时,检测带宽在某些情况下可能会受到一些限制,这来自于纯瑞利波与较慢的剪切泄漏表面波之间的相互作用。例如在 X 向切割的 LiNbO$_3$ 的情况中,只有在(XZ)传播方向上才可能实现宽带检测,而(XY)方向上的带宽会受到横向泄漏波的限制(该泄漏波波速为 $v = 4100\text{m/s}$,瑞利波波速为 $v = 3680\text{m/s}$)。

　　图 6.26 给出了声子晶体和参考延迟线的原始透射数据,以及归一化的透射率。在 620MHz 以下的频率处可以看出两种信号之间非常吻合。在此频率之上,电响应发生了强烈的衰减(大约 13dB),而在 1GHz 附近透射将再次增强。尽管进一步的反射和散射参数的研究似乎表明带隙应该是在 1GHz 附近结束[55],但是带隙上方没有发现表面波模式。这一点也已经通过光学外差干涉法的测量得到了证实。通过在带隙下方、内部和上方的频率点提取并构造波幅的外形,可以得到声子晶体区域中表面运动情况(横截面平均),如图 6.27 所示。如同所预期的,在带隙下方(540MHz),弹性波基本上无变化地通过了声子晶体结构,而在 660MHz(带边)和 800MHz(带隙中心)处却可以发现明显的驻波形式,这就证实了这两个频率处形成了带隙内的表面波(导波)。在带边频率处,弹性波在声子晶体内的透射距离要比带隙中心频率处的透射距离更大,约有 25% 的能量仍然会透射出去(660MHz 处)。在 800MHz 处,表面运动的截面图表明,晶体内部的波是呈指数衰减的,进而导致其输出接近于噪声水平。最令人惊讶的现象发生在较高频率处,即 1.05GHz 处,电学响应很弱,而光学测量则表明在这个带隙上方的频率处发生了透射。输出的平均幅值大约在 0.17nm 左右,

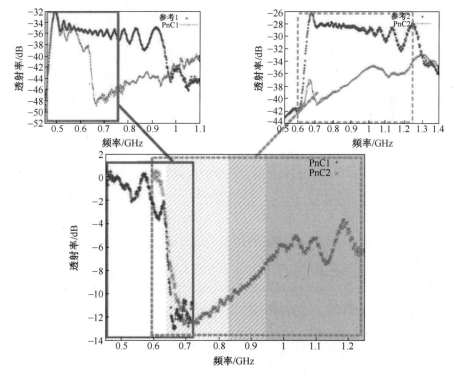

图 6.26　两种声子晶体结构的透射响应与作为参考的电声延迟线的透射响应,
同时也反映了声子晶体的表面导波模式的归一化透射率与频率的关系

对应的幅值透射率接近 75%(入射波幅值 0.22nm)。这一结果说明,确实存在这样一些构型,在这些构型中可以部分打破声线的限制,即虽然声锥限定了表面模式能够向体波模式产生泄漏的频率范围,但是这并不意味着在这个范围内不可能存在表面波的传播。

面向表面波的压电声子晶体的研究还处于初期阶段,此类结构的物理描述和制备方法也需要进一步完善。目前对于这些周期结构物的理论描述是偏理想的二维形式,与实际情况相距较远。迄今为止,人们主要还是通过微米或纳米制备技术来实现表面结构化,从而制备这些声子晶体结构,不过这些方法不可避免地会限制结构的深径比,特别是对于压电材料,它们在通常的蚀刻过程中经常会产生回弹效应。在这些结构中,纯表面导波模式很难存在于声线上方的频率处,因而在实际应用中,由于整个工作频率范围内都会产生能量的辐射,所以无法充分发挥此类声子晶体的能力。不过,位于声线以下的那些表面导波模式的带隙仍然是存在的,因而声锥外部的频率范围能够用于设计波导、高 Q 值空腔以及 RF 信号处理。在声锥内,带隙频率以外的弹性波模式会形成明显的透射,这表明了高频表面波的损耗是可以部分地抑制掉的,当然这要求我们应尽量提高该声子晶体中的孔壁面的垂直度和孔的深径比。这一点对于基础研究和应用研究来说可能构成一个令人感兴趣的主题。

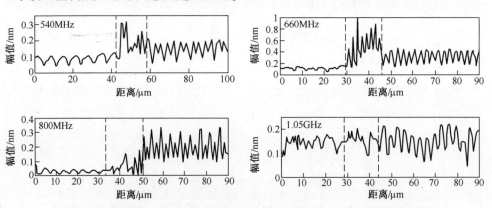

图 6.27 在不同频率处通过光学干涉法测得的声子晶体结构的垂向位移:540MHz(带隙下方),660MHz(带边),800MHz(带隙内),1.05GHz(带隙上方),幅值数据已经在 y 方向上进行了平均,所有情况中的激发换能器均放置在右侧

6.6 表面波带隙在表面波装置中的应用

6.6.1 基于声子晶体的表面波反射格栅

在过去的几十年中,由 IDT 和金属格栅组成的表面波装置已经广泛用于共

振器。为了获得良好的反射,人们往往会采用上百个金属条,因而消耗量是比较
大的。声子晶体是由具有周期性的介质构成的,具有带隙特性。6.5 节中的实
验研究已经指出,只需若干个晶格周期,声子晶体就能够有效阻止表面波的传
播,这也就意味着声子晶体可用于设计空间紧凑的波反射器。这一节中,我们将
介绍面向表面波装置的声子晶体反射格栅的分析与设计。

　　这里的表面波装置的基础是一个硅晶片,在它的上面制出了方形晶格形式
的圆柱孔阵列,从而构成了声子晶体结构。对于这种方形晶格的空气/硅声子晶
体来说,人们已经对表面波在其中的传播问题进行了研究[56,41]。当填充比 $F=$
0.283 时,在 ΓX 方向上存在一个表面波带隙[56]。随着填充比的增大,这个带
隙也将不断加宽,当 $F=0.48$ 时达到最大宽度[41]。在考察这个声子晶体格栅
时,为了便于制备样件,我们选择了填充比为 $F=0.283$。根据 PWE 方法的分析
计算,可以得到能带结构,如图 6.28 所示。可以看出,在归一化频率 2.1~2.41
范围内存在一个表面波的部分带隙(体波也存在一个部分带隙)。应当注意,在
表面波折叠能带中(频率高于 2.41),由于表面波模式侵入了体波能带区域并和
SV 模式发生了耦合,表面波模式变成了泄漏型的表面波了,它会向半空间内部
辐射能量。不过,最低阶的表面波能带上的模式仍然是真正的表面波,它们在纵
向平面内偏振,且与 SH 模式是不耦合的。另外顺便指出,这里的晶格常数选定
的是 $10\mu m$,因而所对应的这个部分带隙为 195~224MHz,6.5 节中已经通过实
验验证了该带隙的存在性。

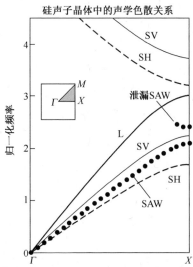

图 6.28　空气/硅声子晶体中的 SAW 和 BAW 的色散关系:填充率为 0.283,
插图中的 Γ,X,M 为 k 空间第一布里渊区的对称点,
归一化频率定义为 ω_a/C_T,其中 ω 是角频率,C_T 是横波波速[45]

在传统的表面波装置中,人们通常采用数百根金属条作为反射格栅来改善 IDT 的插入损失。IDT 和格栅之间的距离一般要经过优化,从而保证获得相干反射波。当我们将声子晶体设计为反射格栅时,一般需要借助 FDTD 方法对有效反射面的位置进行计算。这里针对上述的声子晶体(空气/硅,方形晶格,晶格常数 $a = 10\mu m$,填充比 $F = 0.283$),在一个硅介质半空间中激发出 210MHz 的表面波,考察它在遇到声子晶体结构时的反射情况。由于该频率位于带隙内,因而侵入声子晶体的凋落波将快速衰减,大部分的入射波将被反射回去。如果是一个连续波源的入射,那么反射波将与入射波相互作用并形成驻波形态。

图 6.29 给出了表面位移场的面内分量 U_1(计算中采用了 15 列圆柱孔)。表面波在声子晶体结构中产生了反射,并出现了衰减。由于散射体的圆形边界,反射波需要经过一段距离才能重构其直线型波前。我们将第一层圆柱孔的中心线到 U_1 峰值位置之间的距离定义为 l,如图 6.29(a) 所示,这个 U_1 峰值位置可以视为该声子晶体反射格栅的有效反射面。应当注意,从这个有效反射面到波源(左侧)之间的距离是满足半波长的整数倍这个条件的。对于 210MHz 的表面波,这里的 l 大约为 1.32λ,λ 是该频率表面波在硅介质半空间中的波长,约为 $23.39\mu m$。在下面一节中,这个距离 l 将作为设计双端口共振表面波装置的参考。

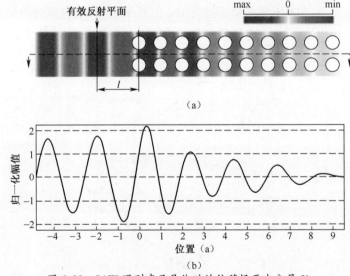

图 6.29 SAW 遇到声子晶体时的位移场面内分量 U_1

(a)直线型波前的重构需要一个附加的延迟距离;(b)(a)中虚线上的归一化位移幅值分布,可以看出声子晶体内的反射与衰减,归一化是相对于无声子晶体情况下的 U_1 进行的[45]。

6.6.2 表面波共振器

在了解了声子晶体格栅对表面波的反射行为之后,这里采用声子晶体格栅设计一种双端口分层(ZnO/Si)表面波装置,并考察反射效率以及 IDT 与声子晶体之间的最优距离。图 6.30(a)给出了该装置的原理图。我们采用有效介电常数法[57]计算了中心频率 210MHz 处的情况。IDT 的前两个金属条中心线与 ZnO 膜边缘之间的设计距离为 1.5λ,在 IDT 外部设置了两个 15 层声子晶体作为反射格栅。为考察 IDT 和声子晶体格栅之间的距离 D 的影响,计算中选择了 4 个不同的 D 值,分别为 0.875λ,1.0λ,1.125λ,1.25λ。

　　这里简要介绍一下上述装置的实现过程。$0.5\mu m$ 厚的 ZnO 膜是通过溅射法覆盖在硅基体上的,在该膜上蒸发沉积了一层 150nm 厚的铝膜,叉指换能器是通过传统的光刻与剥离过程制成的。IDT 的线宽为 $5.5\mu m$,孔径为 100 个波长,70 对叉指。包含 15 层圆柱孔的声子晶体是采用 ICP 方法制备而成的。图 6.30(b)给出了整个装置的扫描电子图像。作为反射格栅的 15 行圆柱孔位于换能器的两侧,孔深约 $20\mu m$,格栅宽度大约与 7 对叉指相当。显然,与带有数百根金属条的传统双端口表面波共振器相比,声子晶体反射格栅的尺寸要减小很多。将表面波装置制备完成后,就可以采用射频网络分析仪来检测透射系数 S_{21} 了,实验中需要分别测量不带声子晶体格栅和带声子晶体格栅两种情况下的频率响应,前者主要作为参考信号。

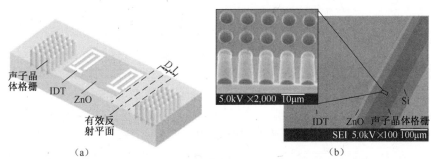

图 6.30　(a)采用 PC 格栅的双端口分层 SAW 装置原理图和
(b)带 PC 格栅的分层 SAW 装置的 SEM 照片[45]

　　下面考察 IDT 和声子晶体格栅之间的最优距离问题。图 6.31 给出了 $D=1.0\lambda$ 和 $D=1.25\lambda$ 情况下的结果。透射情况表明,中心频率大约为 212MHz。这个频率的偏移可能是 ZnO 的材料参数差异导致的,计算中采用的是单晶体,而实验中是沉积得到的多晶薄膜。尽管中心频率不是精确相符,但这并不影响声子晶体格栅的作用。在图 6.31(a)中,带格栅情况下的插入损失有了显著提高,而在图 6.31(b)中心频率处的插入损失却出现了一个显著下降,这实际上表明了这一 D 值导致了装置内发生了波的相消干涉。类似地,另外两种不恰当的距离值,$D=0.875\lambda$ 和 1.125λ,也给出了不合适的频率响应,插入损失的峰值出现在了更高或者更低频率处。此外,由于声子晶体格栅的带隙较宽,195～224MHz 内的波都将被反射回去,不过从图 6.31 可以看出,多个频率点处存在着一些峰和谷,它们都是受距离 D 的影响而产生的,主要体现在波的相消或相长干涉作用上。事实上,在设计基于声子晶体格栅的表面波装置过程中,有效反射面的位置是十分重要的一个方面。

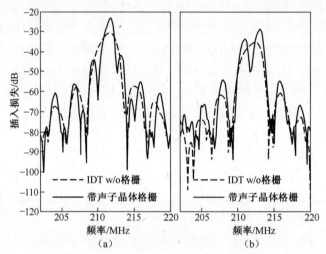

图 6.31　带 PC 格栅的双端口 SAW 装置的透射情况

(a) $D = 1.0\lambda$;(b) $D = 1.25\lambda$[45]。

为了展示声子晶体格栅比金属反射器的优越之处,我们制备并测试了一个双端口表面波装置,它带有 300 个金属反射器。由于声子晶体格栅是硅基的,因此这些金属反射器也是在硅基上制备的。测试结果表明,采用金属反射器对插入损失并没有明显的提高效果。这可能是由于直接沉积在硅基上的金属反射器只能通过力学效应来反射表面波,而不是电学反射。

上面我们介绍了由分层表面波装置和声子晶体(作为格栅)组合而成的结构,分析结果说明,IDT 和格栅之间的距离是一个重要参数,必须精心地设计。在利用声子晶体作为波反射器的实验中,我们观测到了中心频率处能够获得7dB 的性能增强。除此之外,声子晶体格栅的尺寸还比传统结构(数百根金属条)要小很多,这也是一个重要优势。

6.7　结　束　语

这一章中,我们总结了近期有关二维声子晶体结构中表面波传播的理论和实验研究内容。简要介绍了非压电和压电声子晶体结构中用于表面波分析的PWE 方法,并阐述了能够用于处理空气散射体(基体为固体)的技术手段。给

出了 FDTD 方法的基本原理和一些有用的边界条件,并据此计算了声子晶体的
表面波能带结构。利用这些数值工具,我们能够成功地分析二维声子晶体自由
表面上传播的声波。借助一般声子晶体研究中的表面波等频面分析技术,我们
可以清晰地将瑞利波和伪表面波区分开来。对于压电声子晶体情况,分析结果
证实了 BG 表面波的存在性,而且电学边界条件会影响到 BG 表面波和伪表面波
的相速度。不过,最重要的结果应当是证实了在带有自由表面的二维声子晶体
中,表面波会表现出完全带隙这一性质。

　　借助 FDTD 方法和超元胞分析,我们揭示了直波导和弯曲波导中的一些典
型的表面波传播特征。分析表明,对于直波导,最直接的构造方法是从二维声子
晶体中移除一层散射体;对于弯曲波导,为了保持合适的透射效率,弯曲波导转
角处的结构应该精心设计。分析结果还指出,直波导中的表面波是伪表面波,它
存在轻微的能量泄漏。

　　在实验方面,过去的几年中人们已经研究了基体为硅介质和压电介质的情
况,证实了在微米级的声子晶体中存在着表面波带隙[41,42]。实验中,可以利用
IDT 来检测表面波,从而获得透射谱。此外,利用激光干涉仪还可以获得微米级
声子晶体的表面波场形貌,据此可进一步验证此类结构中的表面波带隙特性。

　　最后,我们介绍了空气/硅声子晶体在双端口表面波共振器中的应用,这一
工作是近期出现的。在对带隙和有效反射距离进行详细设计的基础上,数值和
实验分析的结果均表明,10 层的声子晶体就足以满足表面波共振装置的反射器
需要。与传统的由数百根金属条构成的反射格栅相比,采用声子晶体作为反射
格栅能够大大减小尺寸。

参 考 文 献

[1] M. S. Kushwaha, P. Halevi, L. Dobrzynski, B. Djafari-Rouhani, Acoustic band structure of periodic elastic composites. Phys. Rev. Lett. **71**, 2022 (1993)

[2] M. M. Sigalas, E. N. Economou, Elastic and acoustic wave band structure. J. Sound Vib. **158**, 377 (1992)

[3] Z. Liu, C. T. Chan, P. Sheng, Three-component elastic wave band-gap material. Phys. Rev. B**65**, 165116 (2002)

[4] M. S. Kushwaha, P. Halevi, Band-gap engineering in periodic elastic composites. Appl. Phys. Lett. **64**, 1085-1087 (1994)

[5] M. S. Kushwaha, P. Halevi, G. Martinez, L. Dobrzynski, B. Djafari-Rouhani, Theory of acoustic band structure of periodic elastic composites. Phys. Rev. B **49**, 2313-2322 (1994)

[6] J. O. Vasseur, B. Djafari-Rouhani, L. Dobrzynski, M. S. Kushwaha, P. Halevi, Complete acoustic band gaps in periodic fiber reinforced composite materials: the carbon/epoxy composite and some metallic systems. J. Phys. Condens. Matter **6**, 8759-8770 (1994)

[7] M. Wilm, A. Khelif, S. Ballandras, V. Laude, Out-of-plane propagation of elastic waves in two-dimensional

158 声子晶体的基本原理与应用

phononic band-gap materials. Phys. Rev. E **67**,065602 (2003)

[8] C. Goffaux,J. P. Vigneron,Theoretical study of a tunable phononic band gap system. Phys. Rev. B**64**,075118 (2001)

[9] F. Wu,Z. Liu,Y. Liu,Acoustic band gaps in 2D liquid phononic crystals of rectangular structure. J. Phys. D Appl. Phys. **35**,162-165 (2002)

[10] F. Wu,Z. Liu,Y. Liu,Acoustic band gaps created by rotating square rods in a two-dimensional lattice. Phys. Rev. E **66**,046628 (2002)

[11] X. Li,F. Wu,H. Hu,S. Zhong,Y. Liu,Large acoustic band gaps created by rotating square rods in two-dimensional periodic composites. J. Phys. D Appl. Phys. **36**,L15-L17 (2003)

[12] M. M. Sigalas,E. N. Economou,Attenuation of multiple-scattered sound. Europhys. Lett. **36**,241-246 (1996)

[13] M. S. Kushwaha,P. Halevi,Stop-bands for periodic metallic rods：Sculptures that can filter the noise. Appl. Phys. Lett. **70**,3218-3220 (1997)

[14] Y. -Z. Wang,F. -M. Li,K. Kishimoto,Y. -S. Wang,W. -H. Huang,Elastic wave band gaps in magneto-electroelastic Phononic crystals. Wave Motion **46**,47-56 (2009)

[15] M. Kafesaki,E. N. Economou,Multiple-scattering theory for three-dimensional periodic acoustic composites. Phys. Rev. B **60**,11993 (1999)

[16] I. E. Psarobas,N. Stefanou,Scattering of elastic waves by periodic arrays of spherical bodies. Phys. Rev. B **62**,278 (2000)

[17] Z. Liu,C. T. Chan,P. Sheng,Elastic wave scattering by periodic structures of spherical objects：Theory and experiment. Phys. Rev. B **62**,2446 (2000)

[18] J. Mei,Z. Liu,J. Shi,D. Tian,Theory for elastic wave scattering by a two-dimensional periodical array of cylinders：An ideal approach for band-structure calculations. Phys. Rev. B**67**,245107 (2003)

[19] D. Garcia-Pablos,M. Sigalas,F. R. Montero de Espinosa,M. Torres,M. Kafesaki,N. Garcia,Theory and experiments on elastic band gaps. Phys. Rev. Lett. **84**,4349 (2000)

[20] Y. Tanaka,Y. Tomoyasu,S. Tamura,Band structure of acoustic waves in phononic lattices：Two-dimensional composites with large acoustic mismatch. Phys. Rev. B **62**,7387-7392(2000)

[21] A. Khelif,B. Djafari-Rouhani,V. Laude,M. Solal,Coupling characteristics of localized phonons in photonic crystal fibers. J. Appl. Phys. **94**,7944-7946 (2003)

[22] J. O. Vasseur,P. A. Deymier,G. Frantziskonis,G. Hong,B. Djafari-Rouhani,L. Dobrzynski,Experimental evidence for the existence of absolute acoustic band gaps in two-dimensional periodic composite media. J. Phys. Condens. Matter **10**,6051-6064 (1998)

[23] J. O. Vasseur,P. A. Deymier,B. Chenni,B. Djafari-Rouhani,L. Dobrzynski,D. Prevost,Experimental and theoretical evidence of absolute acoustic band gaps in two-dimensional solid phononic crystals. Phys. Rev. Lett. **86**,3012-3015 (2001)

[24] F. R. Montero de Espinosa,E. Jimenez,M. Torres,Ultrasonic band gap in a periodic two dimensional composite. Phys. Rev. Lett. **80**,1208-1211 (1998)

[25] M. Torres,F. R. Montero de Espinosa,J. L. Aragón,Ultrasonic wedges for elastic wave bending and splitting without requiring a full band gap. Phys. Rev. Lett. **86**,4282-4285 (2001)

[26] P. S. Russell,E. Marin,A. Díez,Sonic band gaps in PCF preforms：enhancing the interaction of sound and light. Opt Express **11**,2555-2560 (2003)

[27] K. M. Ho,C. K. Cheng,Z. Yang,X. X. Zhang,P. Sheng,Broadband locally resonant sonic shields. Appl. Ph-

ys. Lett. **83**,5566-5569 (2003)

[28] M. Sigalas, M. S. Kushwaha, E. N. Economou, M. Kafesaki, I. E. Psarobas, W. Steurer, Classical vibrational modes in phononic lattices: theory and experiment. Z. Kristallogr. **220**,765-809(2005)

[29] Y. Tanaka, S. Tamura, Surface acoustic waves in two-dimensional periodic elastic structures. Phys. Rev. B **58**,7958 (1998)

[30] Y. Tanaka, S. Tamura, Acoustic stop bands of surface and bulk modes in two-dimensional phononic lattices consisting of aluminum and a polymer. Phys. Rev. B **60**,13294 (1999)

[31] T. -T. Wu, Z. -G. Huang, S. Lin, Surface and bulk acoustic waves in two-dimensional phononic crystals consisting of materials with general anisotropy. Phys. Rev. B **69**,094301 (2004)

[32] T. -T. Wu, Z. -C. Hsu, Z. -G. Huang, Band gaps and the electromechanical coupling coefficient of a surface acoustic wave in a two-dimensional piezoelectric phononic crystals. Phys. Rev. B**71**,064303 (2005)

[33] V. Laude, M. Wilm, S. Benchabane, A. Khelif, Full band gap for surface acoustic waves in a piezoelectric phononic crystal. Phys. Rev. E **71**,036607 (2005)

[34] J. -C. Hsu, T. -T. Wu, Bleustein-Gulyaev-Shimizu surface acoustic waves in two dimensional piezoelectric phononic crystals. IEEE Trans. Ultrason. Ferroelectr. Freq. Control **53**,1169-1176 (2006)

[35] Y. -Z. Wang, F. -M. Li, W. -H. Huang, Y. -S. Wang, The propagation and localization of Rayleigh waves in disordered piezoelectric phononic crystals. J. Mech. Phys. Solids **56**,1578-1590(2008)

[36] M. Torres, F. R. Montero de Espinosa, D. Garcia-Pablos, N. Garcia, Sonic band gaps in finite elastic media surface states and localization phenomena in linear and point defects. Phys. Rev. Lett. **82**,3504 (1999)

[37] F. Meseguer, M. Holgado, D. Caballero, N. Benaches, J. Sanchez-Dehesa, C. López, J. Llinares, Rayleigh-wave attenuation by a semi-infinite two-dimensional elastic-band-gapcrystal. Phys. Rev. B**59**, 12169-12172 (1999)

[38] R. E. Vines, J. P. Wolfe, J. V. Every, Scanning phononic lattices with ultrasound. Phys. Rev. B**60**, 11871 (1999)

[39] X. Zhang, T. Jackson, E. Lafond, Evidence of surface acoustic wave band gaps in the phononic crystals created on thin plates. Appl. Phys. Lett. **88**,041911 (2006)

[40] B. Bonello, C. Charles, F. Ganot, Velocity of a SAW propagating in a 2D phononic crystal. Ultrasonics**44**, 1259-1263 (2006)

[41] T. -T. Wu, L. -C. Wu, Z. -G. Huang, Frequency band-gap measurement of two-dimensional air/silicon phononic crystals using layered slanted finger interdigital transducers. J. Appl. Phys. **97**,094916 (2005)

[42] S. Benchabane, A. Khelif, J. -Y. Rauch, L. Robert, V. Laude, Evidence for complete surface wave band gap in a piezoelectric phononic crystal. Phys. Rev. E **73**,065601 (2006)

[43] K. Kokkonen, M. Kaivola, S. Benchabane, A. Khelif, V. Laude, Scattering of surface acoustic waves by a phononic crystal revealed by heterodyne interferometry. Appl. Phys. Lett. **91**,083517 (2007)

[44] D. M. Profunser, E. Muramoto, O. Matsuda, O. B. Wright, U. Lang, Dynamic visualization of surface acoustic waves on a two-dimensional phononic crystal. Phys. Rev. B **80**,014301 (2009)

[45] T. -T. Wu, W. -S. Wang, J. -H. Sun, J. -C. Hsu, Y. -Y. Chen, Utilization of phononic-crystal reflective gratings in a layered surface acoustic wave device. Appl. Phys. Lett. **94**,101913(2009)

[46] B. Manzanares-Martínez, F. Ramos-Mendieta, Surface elastic waves in solid composites of two-dimensional periodicity. Phys. Rev. B **68**,134303 (2003)

[47] J. O. Vasseur, P. A. Deymier, B. Djafari-Rouhani, Y. Pennec, A. -C. Hladky-Hennion, Absolute forbidden

bands and waveguiding in two-dimensional phononic crystal plates. Phys. Rev. B77,085415 (2008)

[48] M. M. Sigalas,N. Garcia,Theoretical study of three dimensional elastic band gaps with the finite-difference time-domain method. J. Appl. Phys. **87**(6),3122-3125 (2000)

[49] M. Kafesaki,M. M. Sigalas,N. Garcia,Frequency modulation in the transmittivity of waveguides in elastic-wave band-gap materials. Phys. Rev. Lett. **85**(19),4044-4047 (2000)

[50] P. -F. Hsieh,T. -T. Wu,J. -H. Sun,Three-dimensional phononic band gap calculations using the FDTD method and a PC cluster system. IEEE Trans. Ultrason. Ferroelectr. Freq. Control **53**(1),148-158 (2006)

[51] J. -H. Sun,T. -T. Wu,Propagation of surface acoustic waves through sharply bent two dimensional phononic crystal waveguides using a finite-difference time-domain method. Phys. Rev. B **74**,174305 (2006)

[52] J. Berenger,A perfectly matched layer for the absorption of electromagnetic waves. J. Comput. Phys. **144**,185 -200 (1994)

[53] W. C. Chew,Q. H. Liu,Perfectly matched layers for elastodynamics:a new absorbing boundary condition. J. Comput. Acoustics **4**(4),341-359 (1996)

[54] F. Chagla,C. Cabani,P. M. Smith,Perfectly matched layer for FDTD computations in piezoelectric crystals. Proc. IEEE Ultrason. Symp. ,pp. 517-520 (2004)

[55] S. Benchabane,O. Gaiffe,R. Salut,G. Ulliac,Y. Achaoui,V. Laude,Observation of surface guided waves in holey hypersonic phononic crystal. Appl. Phys. Lett. **98**,171908 (2011)

[56] T. -T. Wu,Z. -G. Huang,S. Y. Liu,Surface acoustic wave band gaps in micro-machined air/silicon phononic structures - theoretical calculation and experiment. Zeitschriftfür Kristallographie**220**,841 (2005)

[57] T. -T. Wu, Y. - Y. Chen,Exact analysis of dispersive SAW devices on ZnO/diamond/Si-layered structures. IEEE Trans. Ultrason. Ferroelectr. Freq. Control **49**,142 (2002)

第7章 时域中声子晶体的光学测试

Osamu Matsuda，Oliver B. Wright

7.1 引　言

在声子晶体及其派生结构的测试中，对声场的空间变化情况进行测量是很有用的。这种测量能够帮助我们进一步认识和理解声子晶体的基本特性，例如色散性质、声子带隙、特征模式的分布，以及特定情形中的声波泄漏性质等。光学技术在这些声场测量工作中是非常合适的，它能够适用于从声频到千兆赫这一宽广的频带。这些技术总体上可以分为两大类，一类是时域方法，这是本章的主题，另一类是频域方法[1-9]，将在第8章介绍。

人们已经采用各种技术方法研究了固体中声波的时间分辨光学成像问题，例如光弹性技术[10-13]、射束偏转[14,15]、全息摄影[16]及干涉法[17-24]等。对声子晶体来说，声波传播的时域成像最早是在毫米级液/固结构中得以实现的（MHz频段），没有采用光学方法，而是借助了聚焦换能器[25-27]。最近，人们采用了时域光学干涉法测量了微米级固体和固体/空气声子晶体，频率达到了约1GHz[28-32]，这种测量方法具有广泛的用途，本章将对其进行详细介绍。

本章首先介绍高速光学技术，它可用于微观声子晶体表面两个空间维度上的声场时域成像，工作频率范围约100MHz~1GHz。成像区域一般约为$100\mu m \times 100\mu m$，横向空间分辨率主要受光学衍射限制，约为$1\mu m$。我们还将给出它在一些样件上的应用，这些样件是由一维和二维声子晶体构成的，具有声子带隙特性。

7.2 时域中激光扫描干涉的实验设置

采用光学泵浦探测技术，并结合扫描干涉仪，可以实现表面位移的高速频闪成像。这种时间分辨测试技术将在7.2.1节中进行介绍，而7.2.2节将讨论皮米级表面位移的检测，7.2.3节将给出用于表面运动成像的光学扫描系统。

7.2.1　光学泵浦探测技术

这一节介绍一个典型的光学泵浦探测仪,它可用于干涉成像,特别是针对表面声波的测量[20,24]。在该仪器中,光脉冲(泵浦脉冲)的吸收会导致光学反射或相位变化,利用延迟光脉冲(探测脉冲)可以测出这种变化。只需改变泵浦脉冲和探测脉冲之间的延迟时间,就可以频闪方式获得时域内的瞬态变化。

将光学泵浦探测技术用于测量声学现象大约是 25 年前提出的,由此开启了皮秒激光声学这一研究领域[33,34]。泵浦光脉冲将在样件中产生声波,而探测光脉冲将聚焦到样件上的同一个点,从而可以检测由声波传播导致的光学特性的调制(作为延迟时间的函数)。时间分辨率主要受光脉冲持续时间的影响,一般小于 1ps。这一技术适合于测量体声波,后来人们发现它也可以拓展到表面波的二维成像工作中[20],是通过扫描探测光斑在样件表面上的位置而实现的,这将在 7.2.3 节中介绍。

图 7.1 给出了用于测试实验的典型设置。光源采用了钛蓝宝石锁模激光器,它可以产生波长为 830nm 的光脉冲序列,持续时间约 100fs,脉冲重复频率 80MHz。在非线性光学晶体(可生成二次谐波,如 BBO($\beta - BaB_2O_4$))作用下,该脉冲序列的一部分具有双倍的频率,波长为 415nm。这个 415nm 的光脉冲将用作泵浦脉冲,而 830nm 的脉冲则用作探测脉冲。

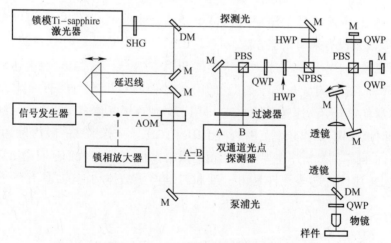

图 7.1　时间分辨二维 SAW 成像的典型原理方案

SHG—二次谐波发生晶体;AOM—声光调制器;HWP—半波板;QWP—1/4 波板;
PBS—偏振光束分光器;NPBS—无偏振分光器;DM—分色镜;M—反射镜

通过一个大功率物镜,泵浦脉冲将被聚焦在样件表面上一个直径约 1μm 的点处,每个泵浦脉冲的光能流一般约为 1mJ·cm⁻²。被吸收的泵浦脉冲将使得被照亮的区域温度升高,对于那些在泵浦光波长处不传热的金属和半导体来说,热电子透入深度约 10~100nm。这种局部温度的升高是显著的,一般在 100K 左右,它将导致热应力场在时间和空间上发生变化,进而产生沿着样件表面传播的声波以及向远离表面方向传播的体声波。所产生的表面波频谱主要受泵浦光斑横向尺寸的制约,光斑尺寸一般是微米级的,它决定了表面波的最短波长。例如,对于表面波速度为 $3\text{km} \cdot \text{s}^{-1}$ 的固体来说,直径 $1\mu\text{m}$ 的光斑所产生的波长约为 $2\mu\text{m}$,对应的周期为 0.6ns,频率为 1.5GHz。所产生的声波频谱理论上还要受到光脉冲持续时间的影响,不过,持续时间小于 1ps 的光脉冲对于生成高于 1GHz 的声波来说已经足够短,因此对表面波的高频限制实际上只由泵浦光斑尺寸决定。低频极限一般是由激光器的重复频率决定的,即 80MHz。此外,当波长为 $10\mu\text{m}$ 时,表面波的应变幅值一般在 10^{-6},对应的表面位移约为 10pm。

探测脉冲也被相同的物镜聚焦到一个直径约 $1\mu\text{m}$ 的光斑上,利用光学干涉仪(7.2.2 节将详细介绍),在探测脉冲打在样件表面的瞬时,表面位移将使得反射光的强度发生变化(更准确地说,这里的表面位移是指两个临近时刻的面外表面位移之差)。通过利用扫描系统来改变探测光斑的位置,就可以获得二维表面波图像了。这一测量的空间分辨率主要受探测光斑的尺寸限制,一般约为 $1\mu\text{m}$。

样件表面上泵浦和探测光脉冲的到达时间之间的延迟是由电动光学延迟线控制的,通过改变光学路径长度(最大 4m),延迟时间可以从 0 到 13ns 之间变化,这已经足以覆盖单个激光脉冲的重复周期了(12.5ns)。

光学干涉仪输出的反射探测光将导入到一个带有硅二极管(带宽约 5MHz)的光电探测器。反射探测光强度的相对变化量 $\Delta I/I_0$ 大约在 10^{-5} 量级,这里的 ΔI 是强度变化量,而 I_0 为检测到的稳态强度。为了能够观测到这么小的强度变化,可以采用锁相检测技术。在 1MHz 附近,利用一个光电调制器对泵浦光脉冲序列进行调制。将光电探测器的输出导入到锁相放大器中作同步放大。在光电探测器之前设置了彩色滤光片,它可以消除所有偏离的泵浦光。这一检测系统的分辨率可以达到接近光散粒噪声水平,它主要取决于到达光电探测器的探测光功率[24]。

光学泵浦探测技术还可以进行拓展,从而用于声场的脉冲电激励和高速光学成像[35]。在这种情况中,电脉冲应当是与光学探测脉冲同步的。这种方法对基于体波或表面波的压电仪器是很有用的。它的优点在于声波幅值不受光学泵浦损伤阈值的限制。此外,该方法还可用于声子晶体成像。

7.2.2　干涉仪

有多种干涉仪可以用来检测面外的表面运动,例如 Mach-Zender[36]、Sagnac[37,38] 以及 Michelson 干涉仪[5,24,30,39,40]。这里我们介绍一个实例,它是在 Sagnac 干涉仪[37]基础上修改得到的,实际上称为 Michelson 干涉仪更为合适。图 7.2 给出了光学部分的细节,它与图 7.1 所示的泵浦探测系统是集成在一起的。这个干涉仪可以归类为时分共光路类型。

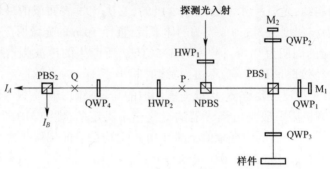

图 7.2 时分共光路 Michelson 干涉仪的原理图

HWP—半波板;QWP—1/4 波板,PBS—偏振光束分光器;

NPBS—无偏振分光器;DM—分色镜,M—反射镜

工作过程如下:经过一个半波板HWP$_1$ 后,探测光的线性偏振面与水平方向呈45°。此时它的水平(x)和竖直(y)方向偏振分量是同相位的。然后光束经过一个非偏振光束分光器 NPBS 之后再导入到一个偏振光束分光器PBS$_1$,所产生的两个光束指向 M$_1$ 镜或 M$_2$ 镜。1/4 波板 QWP$_1$,QWP$_2$,QWP$_3$ 的光轴与水平方向的夹角已设置为45°,因而 QWP 和镜片(或样件)的组合将使得 x 方向偏振的入射光转为 y 向偏振的反射光,反之亦然。通过PBS$_1$ 的光经由 M$_1$ 和PBS$_1$ 到达样件,而PBS$_1$ 反射的光则经由 M$_2$ 和PBS$_1$ 到达样件。PBS$_1$ 和 M$_2$ 之间的距离设置得比PBS$_1$ 和 M$_1$ 之间的距离更长一些,因此经 M$_2$ 的探测光脉冲到达样件的时间要晚于经 M$_1$ 的脉冲。这个延迟时间 $\Delta\tau$ 一般选择在 300ps 左右。由于 QWP$_3$ 和样件表面的作用,从样件上反射的探测光脉冲将出现在相反的方向上(与到达样件之前的路径相反)。这两个出现在不同路径上的连续不断的探测光脉冲,在经过PBS$_1$ 或被PBS$_1$ 反射之后最终将重构为一个脉冲。换言之,这两个探测光脉冲到达时间的差值在光束重构时将得到补偿。在最终的这个光束中,y 方向偏振分量包含了某时刻样件的位置信息,该时刻要比 x 偏振分量所包含的信息早 $\Delta\tau$ 时间。

当样件表面被声波激发出动态位移变化后,探测光束中的 x 和 y 偏振分量之间就会产生有限的相位差 $\phi_x - \phi_y$。在小位移情况下,这个相位差与探测脉冲到达样件表面时的面外表面位移差值是成比例的。由于 $\Delta\tau$ 选择得比表面波周期要小得多,因此这个相位差就可以用于测量样件运动的面外表面速度了。借助 HWP$_2$、QWP$_4$、PBS$_2$ 对 x 和 y 偏振分量的干涉,它将被转换为光的强度变化。

这里简要介绍一下所涉及的一些光学理论。若令图 7.2 中的点 P 处探测光的电场幅值和相位分别为 $E_{x,y}$ 和 $\phi_{x,y}$,那么相应的琼斯矢量为

$$E_P = \begin{pmatrix} E_x \exp(\mathrm{i}\phi_x) \\ E_y \exp(\mathrm{i}\phi_y) \end{pmatrix} \tag{7.1}$$

HWP$_2$ 的光轴设置为与水平面成 22.5°,相应的琼斯矩阵为

$$M_{\mathrm{HWP2}} = \frac{\sqrt{2}}{2}\begin{pmatrix} 1 & 1 \\ 1 & -1 \end{pmatrix} \tag{7.2}$$

QWP$_4$ 的光轴设置为与水平面成 45°,对应的琼斯矩阵为

$$M_{\mathrm{HWP4}} = \frac{1}{2}\begin{pmatrix} 1+\mathrm{i} & 1-\mathrm{i} \\ 1-\mathrm{i} & 1+\mathrm{i} \end{pmatrix} \tag{7.3}$$

点 Q 处的琼斯矢量为

$$E_Q = M_{\mathrm{QWP4}}M_{\mathrm{HWP2}}E_P = \frac{1}{\sqrt{2}}\begin{pmatrix} E_x \exp(\mathrm{i}\phi_x) + \mathrm{i}E_y \exp(\mathrm{i}\phi_y) \\ E_x \exp(\mathrm{i}\phi_x) - \mathrm{i}E_y \exp(\mathrm{i}\phi_y) \end{pmatrix} \tag{7.4}$$

利用 PBS$_2$ 可以将电场的 x 和 y 分量分离开,并由双通道光电探测器的通道 A 和 B 分别进行检测。对应的强度 I_A 和 I_B 为

$$I_A \propto \frac{1}{2}\,|E_{Qx}|^2 = \frac{1}{2}\{E_x^2 + E_y^2 + 2E_xE_y\sin(\phi_x - \phi_y)\} \tag{7.5}$$

$$I_B \propto \frac{1}{2}\,|E_{Qy}|^2 = \frac{1}{2}\{E_x^2 + E_y^2 - 2E_xE_y\sin(\phi_x - \phi_y)\} \tag{7.6}$$

取这两个强度的差值 $I_A - I_B$,可以得到与光相位差成比例的输出:

$$I_A - I_B \propto 2E_xE_y\sin(\phi_x - \phi_y) \tag{7.7}$$

如果相位差主要是由表面位移 u 导致的(对于带金属镀层的样件一般是这样),那么它可以较好地近似为

$$\phi_x - \phi_y = -\frac{4\pi\Delta u}{\lambda} \tag{7.8}$$

式中:λ 为探测光的波长;Δu 为时间段 $\Delta\tau$ 上的位移。这里,$\Delta u > 0$ 对应于向外的位移。由于 $|\Delta u|$ 一般约为 10pm,远小于 λ,因而可以将正弦函数展开,进而有

$$I_A - I_B \propto -2E_xE_y\frac{4\pi\Delta u}{\lambda} \tag{7.9}$$

面外的表面运动速度 v 为

$$v \approx \frac{\Delta u}{\Delta\tau} \propto I_B - I_A \tag{7.10}$$

且 $v > 0$ 代表的是向外的表面运动。

考虑到 E_x 和 E_y 的调制非常小(相位调制亦然,一般地, $\Delta E_x / E_x \leqslant 10^{-2}$),因此可以根据如下关系来计算面外表面运动的速度值:

$$\frac{I_A - I_B}{I_A + I_B} \approx \sin(\phi_x - \phi_y) \approx -\frac{4\pi v \Delta \tau}{\lambda} \qquad (7.11)$$

在声子晶体的测量中,上述的这个共光路干涉仪有一个显著的优点,即由于不需要主动的稳定性控制,因而可以用于测量那些表面各处的光反射率宽幅变化的样件。

7.2.3　扫描系统

为了得到声波传播的二维图像,需要在样件表面扫描探测光斑位置(泵浦光斑位置是固定的)。一个最简单的办法是针对泵浦和探测光束分别设置两个独立的物镜,然后在样件表面上扫描探测光束物镜。人们已经针对透明基板上的薄膜金属样件进行了这一实验[20,41]。在这些实验中,泵浦光从样件的基板一侧聚焦,而探测光则从前方聚焦。对于不透明基板,泵浦和探测光可以从样件的同一侧聚焦(仍然使用独立的物镜),其中泵浦光是斜入射的[42]。不过,这一设置较难实现,因为两个物镜之间过于靠近了。

为解决这一问题,可以为泵浦与探测光采用单个物镜[24]。这种设置中的物镜将以 $4f$ 构型布置,它能够允许我们扫描显微物镜下的探测光束入射角。图 7.3 给出了这一扫描系统的原理图。借助安装在自动双轴旋转平台上的 M_3 镜,入射的探测光束被导向到透镜 L_1。M_3 上的探测光束位置为该镜的转动中心,其上的光斑位置、透镜 L_1 和 L_2 的中心以及物镜光阑中心都位于同一直线 A 上。L_1 和 L_2 相距 $2f$,而它们分别与 M_3、物镜光阑相距 f。当设置 M_3 使得探测光束沿着 A 传播时,探测光束将法向入射并聚焦在样件的点 O 处。而当 M_3 倾斜一些使得反射光束与 A 偏离 θ 角时,探测光束将以非零入射角 θ 进入物镜光阑(平行光束),进而聚焦到样件上距离点 O 为 $f'\theta$ 处,f' 为物镜焦距。通过扫描 θ 角,探测光斑将在样件表面上移动,其最大范围一般可达 $500\mu m \times 500\mu m$。从样件上反射回来的探测光束将折回到入射光束的路径上,不过带有一个平移量 $2f\theta$,这个量一般远小于探测光束直径,对测试过程没有明显影响。一般来说,$5\sim10\min$ 内就能获得像素约 200×200 的图像,$3.5\sim7h$ 内就可以记录下约 40 幅图像(在不同的延迟时间)。这一测试技术的不足将在 7.3.4 节中介绍。

泵浦光束是通过双色镜导向到物镜的,进而聚焦到样件上的固定点。为了补偿探测与泵浦光束之间的色差和发散差异,可以在泵浦或探测光束路径上设置一对附加的透镜(图中没有显示)。

另一种类似的扫描系统在设计时也是基于 $4f$ 共焦设置,不过它利用两个电动平移台代替了双轴旋转平台[43],在一定程度上这种系统要比前面那种更容

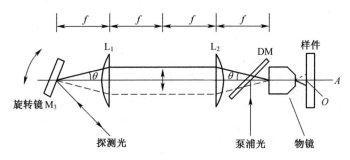

图 7.3　扫描系统原理图

DM—分色镜,M—反射镜。

易调整一些。不过,它会导致在扫描区域内泵浦探测的延迟时间会有小的变化
(<100ps)。当然,这种变化在亚吉赫表面波或者其他纳秒成像实验中是可以忽略不计的。

7.3　在声子晶体中的应用

这一节我们介绍这种高速时域干涉成像技术在表面声子晶体中的应用,并阐述如何从声子能带理论层面去理解和认识相关结果。首先我们来观察一下表面位移场(随时间和空间而变)怎样进行傅里叶分析,从而获得声波色散关系,这里也就是指声子能带结构。然后我们将回顾一些关于一维和二维声子晶体的相关实验结果。

7.3.1　从时间分辨数据到声学色散关系

从实验中获得的面外的表面运动速度场可以记为 $v(\boldsymbol{r},t)$,它是二元函数,自变量为位置矢量 $\boldsymbol{r}$ 和时间 t 。通过傅里叶分析,可以将这个速度场与表面位移场 $u(\boldsymbol{r},t)$ 联系起来。对应的傅里叶幅值 $V(\boldsymbol{k},\omega)$ 和 $U(\boldsymbol{k},\omega)$ 如下:

$$V(\boldsymbol{k},\omega) = \frac{1}{(2\pi)^3} \int_{-\infty}^{\infty} v(\boldsymbol{r},t) \exp\{-\mathrm{i}(\boldsymbol{k} \cdot \boldsymbol{r} - \omega t\} \,\mathrm{d}^2\boldsymbol{r}\mathrm{d}t \qquad (7.12)$$

$$v(\boldsymbol{r},t) = \int_{-\infty}^{\infty} V(\boldsymbol{k},\omega) \exp\{\mathrm{i}(\boldsymbol{k} \cdot \boldsymbol{r} - \omega t\} \,\mathrm{d}^2\boldsymbol{k}\mathrm{d}\omega \qquad (7.13)$$

$$U(\boldsymbol{k},\omega) = \frac{1}{(2\pi)^3} \int_{-\infty}^{\infty} u(\boldsymbol{r},t) \exp\{-\mathrm{i}(\boldsymbol{k} \cdot \boldsymbol{r} - \omega t\} \,\mathrm{d}^2\boldsymbol{r}\mathrm{d}t \qquad (7.14)$$

$$u(\boldsymbol{r},t) = \int_{-\infty}^{\infty} U(\boldsymbol{k},\omega) \exp\{\mathrm{i}(\boldsymbol{k} \cdot \boldsymbol{r} - \omega t\} \,\mathrm{d}^2\boldsymbol{k}\mathrm{d}\omega \qquad (7.15)$$

将式(7.15)的时间导数与式(7.13)比较,得

$$U(\boldsymbol{k},\omega) = \frac{\mathrm{i}}{\omega} V(\boldsymbol{k},\omega) \tag{7.16}$$

一般地,位移场 $u(\boldsymbol{r},t)$ 可以表为一系列简正模式的叠加。对于具有周期性的样件,一个简正模式所对应的位移(或者更严格地说,位移矢量的一个分量),可以用分支标号 j 和波矢 $\boldsymbol{k}$ (第一布里渊区内)来表征,根据布洛赫定理它可以写为

$$\boldsymbol{u}_{k,j}(\boldsymbol{r},t) = \mathrm{Re}\Big[\sum_G C_j(\boldsymbol{k}+\boldsymbol{G})\exp\{\mathrm{i}((\boldsymbol{k}+\boldsymbol{G})\cdot\boldsymbol{r}-\omega_j(\boldsymbol{k})t\}\Big] \tag{7.17}$$

式中: $\boldsymbol{G}$ 为倒格矢(由整数倍倒晶格单位矢量线性组合而成); $C_j(\boldsymbol{k}+\boldsymbol{G})$ 为对应的布洛赫谐波(由 $\boldsymbol{G}$ 指定)的幅值。求和是在所有可能的 $\boldsymbol{G}$ 上进行的。角频率 $\omega_j(\boldsymbol{k})$ 对应的是由 j 和 $\boldsymbol{k}$ 表征的模式,它描述了色散关系。由此,时空位移场可以展开为

$$u(\boldsymbol{r},t) = \frac{1}{2}\sum_j\int_{\text{第一布里渊区}}\left\{\begin{array}{l} A_j(\boldsymbol{k})\sum_G C_j(\boldsymbol{k}+\boldsymbol{G})\exp\{\mathrm{i}((\boldsymbol{k}+\boldsymbol{G})\cdot\boldsymbol{r}-\omega_j(\boldsymbol{k})t)\}\ + \\ A_j^*(\boldsymbol{k})\sum_G C_j^*(\boldsymbol{k}+\boldsymbol{G})\exp\{-\mathrm{i}((\boldsymbol{k}+\boldsymbol{G})\cdot\boldsymbol{r}-\omega_j^*(\boldsymbol{k})t)\} \end{array}\right\}\mathrm{d}^2\boldsymbol{k}$$

$$\tag{7.18}$$

上面的 $A_j(\boldsymbol{k})$ 是源函数,它代表了分支标号 j 波矢 $\boldsymbol{k}$ 的模式的幅值。积分在第一布里渊区进行,求和应覆盖所有的 $\boldsymbol{G}$,它们可以拓展为在整个 $\boldsymbol{k}$ 空间上的积分,即

$$u(\boldsymbol{r},t) = \frac{1}{2}\sum_j\int_{\text{所有的}\boldsymbol{k}}\left\{\begin{array}{l} A_j(\boldsymbol{k}')C_j(\boldsymbol{k})\exp\{\mathrm{i}(\boldsymbol{k}\cdot\boldsymbol{r}-\omega_j(\boldsymbol{k}')t)\}\ + \\ A_j^*(\boldsymbol{k}')C_j^*(\boldsymbol{k})\exp\{-\mathrm{i}(\boldsymbol{k}\cdot\boldsymbol{r}-\omega_j^*(\boldsymbol{k}')t)\} \end{array}\right\}\mathrm{d}^2\boldsymbol{k}$$

$$= \frac{1}{2}\int_{\text{所有的}\boldsymbol{k}}\sum_j\left\{\begin{array}{l} A_j(\boldsymbol{k}')C_j(\boldsymbol{k})\exp\{-\omega_j(\boldsymbol{k}')t\}\ + \\ A_j^*(-\boldsymbol{k}')C_j^*(-\mathrm{k})\exp\{\mathrm{i}\omega_j^*(-\boldsymbol{k}')t\} \end{array}\right\}\exp(\mathrm{i}\boldsymbol{k}\cdot\boldsymbol{r})\mathrm{d}^2\boldsymbol{k}$$

$$\tag{7.19}$$

式中: $\boldsymbol{k}'$ 为通过 $\boldsymbol{k}=\boldsymbol{k}'+\boldsymbol{G}$ 缩减到第一布里渊区的波矢。

式(7.15)可以重写为

$$u(\boldsymbol{r},t) = \int_{\text{所有的}\boldsymbol{k}}\left\{\int U(\boldsymbol{k},\omega)\exp(-\mathrm{i}\omega t)\mathrm{d}\omega\right\}\exp(\mathrm{i}\boldsymbol{k}\cdot\boldsymbol{r})\mathrm{d}^2\boldsymbol{k} \tag{7.20}$$

将式(7.20)与式(7.19)对比,得

$$\int U(\boldsymbol{k},\omega)\exp(-\mathrm{i}\omega t)\mathrm{d}\omega$$

$$= \frac{1}{2}\sum_j\{A_j(\boldsymbol{k}')C_j(\boldsymbol{k})\exp\{-\mathrm{i}\omega_j(\boldsymbol{k}')t\} + A_j^*(-\boldsymbol{k}')C_j^*(-\boldsymbol{k})\exp\{-\mathrm{i}\omega_j^*(-\boldsymbol{k}')t\}\}$$

$$\tag{7.21}$$

当声波的吸收可以忽略不计时，$\omega_j(\boldsymbol{k}')$ 是实数，于是 $\omega_j(\boldsymbol{k}') = \omega_j^*(\boldsymbol{k}')$。因此，式(7.21)可以进一步简化(两端同乘以 $\exp(\mathrm{i}\omega't)/(2\pi)$，并对 t 积分)，有

$$U(\boldsymbol{k},\omega') = \frac{1}{2}\sum_j \{A_j(\boldsymbol{k}')C_j(\boldsymbol{k})\delta(\omega' - \omega_j(\boldsymbol{k}')) + A_j^*(-\boldsymbol{k}')C_j^*(-\boldsymbol{k})\delta(\omega' + \omega_j(-\boldsymbol{k}'))\}$$
(7.22)

式(7.22)满足如下关系：

$$U(\boldsymbol{k},\omega') = U^*(-\boldsymbol{k}, -\omega') \qquad (7.23)$$

这一点与实函数 $u(\boldsymbol{r},t)$ 的傅里叶变换结果也是一致的(参见式(7.14)和式(7.15))。

声波方程关于时间的反转对称性意味着 $\omega_j(\boldsymbol{k}') = \omega_j(-\boldsymbol{k}')$，同时也使得布洛赫谐波的幅值满足 $C_j(\boldsymbol{k}) = C_j^*(-\boldsymbol{k})$。事实上，通过在式(7.17)中令 $t \to -t$ 并将其与 $u_{-k,j}(\boldsymbol{r},t)$ 比较即可看出这一点。于是，式(7.22)可以写为

$$U(\boldsymbol{k},\omega') = \frac{1}{2}\sum_j \{A_j(\boldsymbol{k}')C_j(\boldsymbol{k})\delta(\omega' - \omega_j(\boldsymbol{k}')) + A_j^*(-\boldsymbol{k}')C_j(\boldsymbol{k})\delta(\omega' + \omega_j(\boldsymbol{k}'))\}$$
(7.24)

式(7.22)或式(7.24)表明，对于分支 j 来说，当 $(\boldsymbol{k}',\omega')$ 满足 $\omega' = \omega_j(\boldsymbol{k}')$ 时，$U(\boldsymbol{k},\omega')$ 只能取一个有限值。显然，根据声场二维图像的时间序列，能够确定色散关系。

如果 $\omega_j(\boldsymbol{k}')$ 选择正值，那么式(7.22)或式(7.24)中求和符号内的第一项对应于 $\omega' > 0$，而第二项则对应于 $\omega' < 0$。由于正 ω' 和负 ω' 的傅里叶幅值是通过式(7.23)联系的，因而只需考虑第一项即可，有

$$U(\boldsymbol{k},\omega') = \frac{1}{2}\sum_j A_j(\boldsymbol{k}')C_j(\boldsymbol{k})\delta(\omega' - \omega_j(\boldsymbol{k}')) \qquad (\omega' > 0) \qquad (7.25)$$

若 $(\boldsymbol{k}',\omega')$ 满足色散关系，即 $\omega' = \omega_j(\boldsymbol{k}')$，那么对于任意的 $\boldsymbol{G}$，$U(\boldsymbol{k}' + \boldsymbol{G}, \omega')$ 可取有限值，且不同的 $\boldsymbol{G}$ 所对应的 $C_j(\boldsymbol{k}' + \boldsymbol{G})$ 的比值等于对应的 $U(\boldsymbol{k}' + \boldsymbol{G}, \omega')$ 的比值。

7.3.2　一维声子晶体

最简单的声子晶体是一维周期结构，人们已经采用前述的实验方法考察了这样的一个实例[28,32]。该一维声子晶体是由铜条和二氧化硅条在厚度为 0.74mm 的硅(001)基板上交替排列构造而成的，如图 7.4(a)和(b)所示。每条的宽度为 2μm，厚度为 800nm。这些条沿着基板的 [1$\overline{1}$0] 方向布置，从而构成了一个 [110] 方向周期为 $a = 4$μm 的一维周期结构。整个制备过程是通过镶嵌工艺实现的。上表面经化学机械抛光(CMP)方法处理，平面度小于 10nm，并在铜条下方附着一层厚度为 25nm 的钽层作为扩散隔膜。然后通过射频溅射方

法在上表面上覆盖一层 30nm 的金膜,从而生成具有均匀光反射率的样件(同时也可以提高探测光的反射率)。

利用 7.2 节所述的仪器设备就可以获得面外表面运动速度的时间分辨二维图像。泵浦光波长为 400nm,探测光波长为 800nm。泵浦光的每个脉冲能量为 0.2nJ,持续时间 200fs,重复频率 76.3MHz,它们法向入射并在样件上聚焦成一个直径约 $2\mu m$ 的光斑。探测光脉冲也聚焦成相同直径的光斑,成像区域约为 $150\mu m \times 150\mu m$。我们可以在不同的延迟时间(步长 13.1/40＝0.33ns,激光器重复周期为 13.1ns)将这些图像记录下来,如图 7.4(c)所示,其中给出了延迟时间 2.62ns 处的情况。图像中心对应于泵浦光斑,而同心环对应了从激励点产生的表面波,并且环中还存在着复杂的波模式。

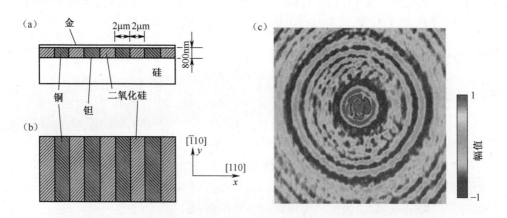

图 7.4　(a)一维声子晶体样件的横截面以及(b)声子晶体样件的顶视图:
可以看出基板方位与坐标系统的定义以及(c)实验得到的 SAW 快照:
光学激励后 2.62ns 时刻,图像中心对应于泵浦光斑,成像区域的大小为 $150\mu m \times 150\mu m$。

可以从时空傅里叶变换角度来更好地理解这些结果。图 7.5 中的上面一行给出了傅里叶幅值的模 $|V(\boldsymbol{k},\omega)|$,是在二维 $\boldsymbol{k}$ 空间中针对一些有代表性的频率点绘制的。正如 7.3.1 节所指出的,如果 $(\boldsymbol{k},\omega)$ 满足色散关系 $\omega = \omega_j(\boldsymbol{k})$ 的话,那么 $|V(\boldsymbol{k},\omega)|$ 只能取一个有限值。

从 458MHz 的图像(图 7.5(a))可以看出,存在两个同心环(红色),其中心在 $\varGamma$ 点。近似圆形的环表明,该频率处这些波的传播几乎是各向同性的。外环的相速度约为 $4000ms^{-1}$,对应于瑞利类型的波(RW),而内环相速度约为 7400 ms^{-1},它对应于 Sezawa 波(SW)[44]。两个环都位于第一布里渊区,即 $|k_x| <$ $\pi/a = 0.79\mu m^{-1}$,$a = 4\mu m$ 是声子晶体的周期)。在 RW 环的左右两侧还存在两个较模糊的环,它们是布洛赫谐波,其形状与 RW 环完全相同。它们实际上是第一布里渊区内主环偏移的结果,倒格矢移动量为 $\pm\boldsymbol{G}_0$,$\boldsymbol{G}_0$ 是单位倒格矢

$2\pi i/a$(i 为 x 方向单位矢量)。对于 SW 模式来说,布洛赫谐波不明显。在图 7.5 中的下面一行更清晰地给出了这些模式的情况。

在 534MHz 处的图像中,如图 7.5(b)所示,RW 和 SW 环的半径变得更大一些,不过环的一部分消失了。若定义一个传播角度 θ(相对于 k_x 轴),那么可以发现这个开口位于 $|\theta| < 15°$(对于 RW)和 $|\theta| < 20°$(对于 SW),这就说明了该声子晶体存在着方向带隙。曲线的形状表明,该声子晶体带隙的形成是由于 SW 模式和 RW 模式之间发生了相互作用而导致的[44]。这个带隙之所以存在,是因为非相互作用的系统的色散曲线形成了模式交叉(退化),而对于存在相互作用的系统来说,模式之间相互排斥,进而生成了绑定模式和反绑定模式[45],这也可看作是一种对模式交叉的消除。

在 610MHz 的图像中,如图 7.5(c)所示,RW 和 SW 的每段分支进一步向外拓展了,而开口均在 $k_y = 0$ 附近。若将频率提高到 687MHz(图 7.5(d)),在 610MHz 条件下的开口所在区域中将出现一些新的特征。这意味着 534MHz 和 610MHz 均在方向带隙内,不过在 458MHz 和 687MHz 处带隙关闭了。

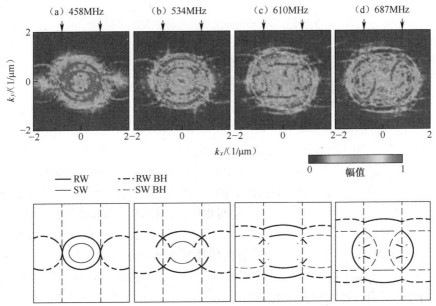

图 7.5　上面一行给出了时空傅里叶变换的幅值(模):傅里叶变换针对的是一个一维声子晶体样件的时间分辨二维 SAW 图像,(a)458MHz,(b)534MHz,(c)610MHz,(d)687MHz,箭头示出了第一布里渊区的边界。下面一行给出了模式识别图:实线代表了声学色散关系中的主导成分,虚线为布洛赫谐波成分(BH),红线为瑞利型波(RW),绿线是 Sezawa 波(SW),黑色虚线示出了第一布里渊区

若将常频率曲线叠加起来,可以构造出一个 (k_x, k_y, ω) 空间中的三维色散

曲面。图 7.6(a) 给出了该曲面的一个截面,即 (k_x, ω) 平面,它代表了 k_x 上的色散关系,而 $k_y = 0$。类似地,图 7.6(b) 给出了 (k_y, ω) 截面。每幅图中包含了从 $k_{x,y} = 0$ 发出的不同斜率的直线。较陡峭的直线对应于 SW 分支,而较平坦的代表了 RW 分支。正如所预期的,对于沿着 k_x 传播的波(图 7.6(a)),可以观察到在 0.5~0.7GHz 之间存在一个方向带隙(因为该范围内没有明亮的部分)。图 7.6(c) 表明了第一带隙的形成原因,它在瑞利分支和 Sezawa 分支的交叉处产生,位置在稍微远离第一布里渊区的边界处[44]。

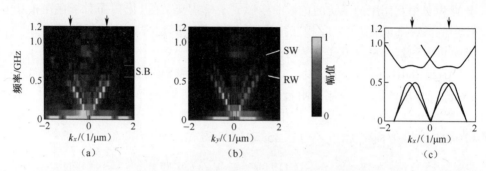

图 7.6　实验得到的一维声子晶体色散关系

(a) k_x 方向($k_y = 0$);(b) k_y 方向($k_x = 0$),向下的箭头示出了第一布里渊区的边界,RW—瑞利波, SW—Sezawa 波,S. B.—带隙;(c)用于模式识别的辅助图,红线为瑞利波(RW),绿线为 Sezawa 波(SW)。

将实验数据(常频率下)的时域傅里叶变换 $F(\boldsymbol{r}, \omega)$ 的实空间图像绘制出来也是有用的。图 7.7 中的第一行给出了傅里叶幅值 $A = |F(\boldsymbol{r}, \omega)|$ 图,第二行为相位 $\psi = \arg F(\boldsymbol{r}, \omega)$。频率 ω 处声场的时空演变可由下式给出:

$$\mathrm{Re}[F(\boldsymbol{r}, \omega) \exp(-\mathrm{i}\omega t)] = \mathrm{Re}[A \exp\{\mathrm{i}(\psi - \omega t)\}] \tag{7.26}$$

因此,$t = 0$ 时刻声场的快照应为 $A(\boldsymbol{r}, \omega) \cos\psi(\boldsymbol{r}, \omega)$。这个函数的图像已经在图 7.7 中的第三行给出。幅值图有助于观察给定频率处模式的空间范围,而相位图便于观察模式的波长。快照是与相位、幅值图相关联的,它能给出单频激励下某一时刻的瞬态声场。

在 458MHz 处(图 7.7(a)),x 方向传播的 RW 分支的波长要比结构周期的两倍($2a = 8\mu m$)稍多一些,相位图表现为一个近似圆形。在这一频率处,x 方向的等幅反向行波激励将使得相邻单胞产生反相振动[46]。在此情况下,该模式表现为一个纯驻波,满足布拉格散射条件。在 534MHz 及以上(图 7.7(b) ~ (d),高幅值区域更多地局域在 y 方向上,这是 k_x 轴的方向带隙和部分常频率曲线具有相对较小的曲率所造成的结果。(对于后者来说,由于群速度是由 $\omega_j(\boldsymbol{k})$ 的梯度给出的,因而小曲率会导致声子聚焦效应(沿着小曲率线的垂向,参见图 7.5))。

这种时间和空间上的傅里叶变换方法也已经用于上述一维声子晶体结构的

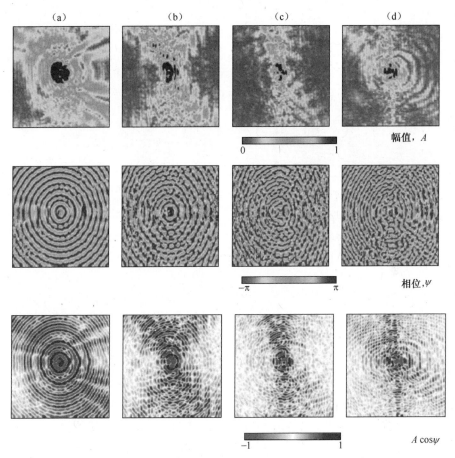

图 7.7　根据二维声子晶体样件的时间分辨 SAW 图像得到的时间傅里叶变换图

(a) 458MHz；(b) 534MHz；(c) 610MHz；(d) 687MHz。

第一行给出的是傅里叶幅值的模，第二行给出的是傅里叶幅值的相位，

第三行给出的是单个频率处面外表面速度场的快照，成像区域大小为 $150\mu m \times 150\mu m$

波场时域仿真，仿真结果与实验结果相当吻合[32]。

7.3.3　二维声子晶体

对于二维声子晶体的声学特性，人们也已经采用前面介绍过的实验方法进行过研究[29,31]。所分析的样件是一个二维方形晶格，基体是 Si(100)，厚度 0.46mm，并利用深反应离子刻蚀方法(DRIE)在基体上加工出孔阵列。图 7.8 (a) 给出了该样件的光学显微照片 ($60\mu m \times 60\mu m$)。孔的直径为 $12\mu m$，晶格常数 $a = 15\mu m$，孔深 $10.5\mu m$ (采用白光扫描干涉法测得)。晶体的 x 和 y 轴分别平行于 Si 基体的 [110] 和 [1̄10] 方向。样件表面上覆盖了一层 40nm 金膜，目的是提高由泵浦光吸收而致的表面波生成效率，同时也是为了增强探测光的

反射。

类似于前面针对一维声子晶体的分析,采用相同仪器和相似的条件,可以得到这个二维声子晶体的面外表面运动速度的时间分辨二维图像。图7.8(b)给出了延迟时间7.4ns处得到的表面波图像,区域大小为$150\mu m \times 150\mu m$(泵浦光聚焦在图像中心)。可以看出,表面波在孔阵列的作用下发生了强烈的散射。

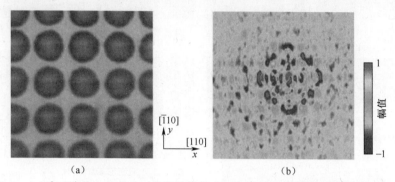

$$(a) \qquad\qquad\qquad (b)$$

图7.8　(a)在硅基板上制备的二维声子晶体的光学显微图:图像大小为$60\mu m \times 60\mu m$,孔的直径$D = 12\mu m$,晶格常数$a = 15\mu m$,图中还可看出基板的方位和坐标系的定义以及(b)实验得到的二维声子晶体SAW图像:激励后7.4ns时刻,泵浦光聚焦在图像中心处,成像区域大小为$150\mu m \times 150\mu m$

同样地,表面波模式也能利用时空傅里叶变换来提取。图7.9中的上面一行示出了一些代表性频率处的傅里叶幅值$|V(\boldsymbol{k},\omega)|$。在每个幅值图的下方,还给出了常频率圆来匹配$x$和$y$方向的速度数据,以及它们经过倒格矢平移后的结果。这些圆代表了与该声子晶体具有相同周期性的空晶格的色散关系,可以帮助我们理解实验得到的傅里叶幅值图。图中的细直线给出的方块区域是第一布里渊区。

153MHz处的图像(图7.9(a))表明,常频率曲线近似为圆形,且恰好与第一布里渊区的边界接触。这个圆对应于瑞利类型的模式,其相速度约为4800 ms^{-1},类似于Si(100)基体所对应的瑞利波(5100ms^{-1})[47]。在从第一布里渊区(中心方块)平移而成(平移量为$\boldsymbol{G} = (\pm 2\pi/a, 0)$和$(0, \pm 2\pi/a)$)的方块区域中,还可以观察到布洛赫谐波。

在229MHz处的图像(图7.9(b))中,与瑞利类型的模式所对应的圆要更大一些,一部分与布里渊区边界是接触的。可以看出,这些模式存在于第一布里渊区的角落附近,而在该区的其他部分,模式交叉被消除了(与一维声子晶体情况是类似的),并出现了一个方向带隙(对于传播方向角接近k_x和k_y的波而言)。

在305MHz处的图像中(图7.9(c)),主要的高幅值区域在第一布里渊区外面,这表明该频率处的这些模式出现在二阶或更高阶的扩展布里渊区中。由于

在 k_x 和 k_y 附近的传播方向上仍然存在方向带隙,因而傅里叶幅值在这些方向上将会减小。

382MHz 的图像如图 7.9(d)所示,在圆角方块形状的常频率曲线上出现了很多点(方形阵列)。这些点位于空晶格色散图中的 4 个相邻圆的交点附近,这 4 个圆的中心是 $k = (\pm 2\pi/a, \pm 2\pi/a)$。

在 458MHz 处(图 7.9(e)),常频率曲线形成了一个大方块,在高阶布里渊区中幅值十分显著。如同在一维声子晶体中所阐述的,这些常频率曲线的小曲率也将导致声子聚焦效应,此处可以通过自准直现象来证实,这种自准直是沿着垂直于图中小曲率线的方向的($\pm x$ 和 $\pm y$),这一点将在后面介绍。

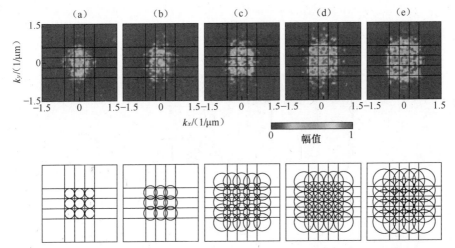

图 7.9　上一行给出的是根据二维声子晶体的时间分辨 SAW 图像得到的时空傅里叶变换幅值图(模):(a)153MHz,(b)229MHz,(c)305MHz,(d)382MHz,(e)458MHz,细直线示出了第一布里渊区的边界,即 $k_x, k_y = \pm 0.29\mu m^{-1}$ 和 $k_x, k_y = \pm 3 \times 0.29\mu m^{-1}$;下一行给出的是基于具有相同周期性空晶格的模式识别图:红色圆圈对应于非周期均匀介质中的模式,并选择了合适的 SAW 波速以模拟上一行中的图像

图 7.10(a)给出了三维色散曲面的横截面,即 (k_x, ω) 平面,它代表了 k_x 方向上的色散关系($k_y = 0$)。图中的直线起始于 $k_{x,y} = 0$,对应于 RW 分支。方向带隙大约在 0.3GHz 附近(该处无明亮部分)。图 7.10(b)针对该带隙的形成原因给出了一个可能的解释。第一带隙的下界位于声学分支与第一布里渊区边界相交的位置;在该带隙的上界之上,布洛赫谐波在 382MHz 附近特别明显,而正是在此处我们注意到了常频率图中存在着方形点阵列。

进一步,根据实验数据的时间傅里叶变换 $F(\mathbf{r}, \omega)$,从其实空间图像中可以获得更多的信息。图 7.11 中的第一行给出了傅里叶幅值 $A = |F(\mathbf{r}, \omega)|$,第二行是相位 $\psi = \arg F(\mathbf{r}, \omega)$,第三行则给出了 t=0 时刻的声场快照,它是根据

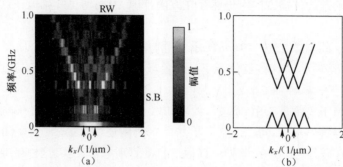

图 7.10　（a）实验得到的二维声子晶体色散关系：沿着 k_x 方向（$k_y = 0$），黑色箭头指出了
第一布里渊区 k_x 方向上的边界，RW—瑞利波，S.B.—带隙以及（b）用于模式识别的辅助图
$A(\boldsymbol{r}, \omega) \cos \psi(\boldsymbol{r}, \omega)$ 计算得到的。

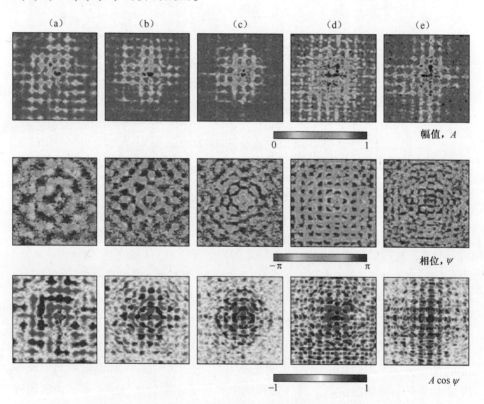

图 7.11　根据二维声子晶体的时间分辨 SAW 图像得到的时间傅里叶变换图
（a）153MHz；（b）229MHz；（c）305MHz；（d）382MHz；（e）458MHz。
第一行给出的是傅里叶幅值的模，第二行给出的是傅里叶幅值的相位，第三行给出的
是单个频率处面外表面波速度场快照，成像区域大小为 150μm×150μm

　　在 153MHz 处（图 7.11（a）），正如从 k 空间得到的结果那样，相位图近似为

圆形。在 229MHz 处, x 和 y 方向传播的声波波长大约为晶格常数的两倍($2a = 30\mu m$)。幅值的最大值出现在距离 4 个孔等距的点附近,相邻单胞是反相振动的。在 x 和 y 方向上,该模式是一个纯驻波,它满足布拉格散射条件。在 229MHz 和 305MHz(图 7.11(b)和(c),高幅值区更多地集中在激励点附近,这是低群速度或高耗散率的结果,它们都是带隙附近的模式所具有的特性。在 382MHz 处(恰好在带隙上方),波长近似等于晶格周期($a = 15\mu m$),此时的相位图具有方形特征。由于该频率处常频率曲面的近似方形形状,这个模式可以近似视为纯驻波(在所有方向上都满足布拉格条件)。在 458MHz(图 7.11(e)),幅值图中在平行于 x 和 y 轴方向上表现出一些较为显著的十字形状,相位图则再次表现为方形,这些是由自准直效应导致的结果。

这种时空傅里叶变换方法也已用于这个二维结构的波场时域仿真,仿真结果与实验结果也是相当吻合的[31]。

7.3.4　总结:能力和限制

利用 7.2 节介绍的实验方法,可以测出声学位移场的时空演变,横向分辨率约为 $1\mu m$,时间分辨率<1ps。测量垂向位移的干涉仪的灵敏度约为 0.1pm(对 100Hz 带宽而言),这一灵敏度一般对应 10^{-8} 级别的应变(对 $10\mu m$ 波长的表面波而言)。通过 7.2.3 节所述的 4f 系统,可以扫描的最大区域约为 $500\mu m \times 500\mu m$ 。如果样件和泵浦光斑位置可以移动,那么可以获得更大的成像区域。锁相放大器的时间常数一般设置为 10ms,采样频率约为 100Hz。因此,对于典型的 200 像素×200 像素的图像来说,单幅测量需要 7min。如果完整的实验数据包含 40 幅图像,那么测量时间约为 5h。干涉仪的稳定性足以保证这些测量能够自动完成。

我们已经看到了一组(表面波传播的)时间分辨二维图像的时空傅里叶变换是如何生成色散关系的。在这一过程中,存在一个基本的限制,即能够采用的频率步长是等于激光器的重复频率的,因而周期脉冲序列仅仅包含脉冲重复频率整数倍的频率成分。举例来说,如果我们需要了解带隙的精确范围,常见的 80MHz 这个值就是相当粗糙的,难以给出我们期望的结果。

激光器重复周期内的图像数量会对能够获得的最大频率产生限制。例如,对于 12.5ns 的重复周期(即 80MHz 的重复频率),若需要 40 幅图像,那么最大频率就是 80MHz×40/2 = 1.6GHz。最大频率越高对于避免混叠效应是越有利的。同样地,可获得的最小步长 Δk_x (k_x 轴方向)是由成像区域的边长 L_x 决定的,即 $\Delta k_x = 2\pi/L_x$ (Δk_y 的情况也是如此),对于典型的 150μm×150μm 成像区域,这将使得 $\Delta k_x = \Delta k_y = 4 \times 10^4 m^{-1}$ 。 k_x 或 k_y 的最大值是由单个像素的尺寸定义的,如果令其等于横向空间分辨率约 $1\mu m$,那么将得到 $k_{max} \approx 2\pi \times 10^6 m^{-1}$

（即最小声波波长约 1μm）。显然,将像素尺寸设置得比空间分辨率更小是不利的。

这种技术的另一个限制与所产生的声模式的最大频率有关。尽管对于这些声波来说可得到的时间分辨率是亚皮秒等级(对应带宽>1THz),但是所生成的表面波最小波长主要是由光学泵浦系统的衍射极限决定的。对于表面波波速约 3km/s 的一般固体来说,1μm 的光斑尺寸所生成的最大频率约为 1GHz。不过,上面这个限制只适用于声学分支上的模式,对于光学分支上的靠近 k 空间 Γ 点的模式,这个频率限制将增大到 1THz 或更高。应当注意的是,这些模式是不传播的,或者群速度较低。对于探测光斑尺寸也有类似的限制,它也将使得最大可测频率保持在约 1GHz 左右(对于前述的波速而言)。

检测频率还要受到时间延迟 $\Delta\tau$（两个连续的探测脉冲之间）的限制,为了避免两个点上的采样出现显著的混叠效应,同时也为了达到更高频率,$\Delta\tau$ 应当选择得尽量小一些。然而,锁相放大器输出信号水平会随 $\Delta\tau$ 的减小而降低,因此通常必须折中考虑,一般可使 $\Delta\tau$ 的值接近于 $\dfrac{1}{(3f_{max})}$,f_{max} 是检测表面波所需的最大频率。例如,若 $f_{max} = 1\text{GHz}$,那么可选 $\Delta\tau \approx 300\text{ps}$。不过,这种折中不可避免地会导致所检测到的表面波场产生一定的扭曲(在频谱的较高段)。

为克服空间分辨率或声波生成频率上的限制,可以利用近场光学技术,不过它的数据流量相对较低,这也是一个较大的问题。对于频率分辨率的限制问题,可以采用较低的重复频率。例如,可以使用脉冲拾取器或改变激光器空腔长度等。为了解决时间延迟 $\Delta\tau$ 的限制,可以借助其他的扫描系统,例如可以采用两个探测脉冲从样件上的不同位置入射。

此外,我们还已经看到了,对一组时间分辨表面波图像的时间傅里叶变换可以用于分析不同频率处声场的模式特征。实际上,对于像声子晶体波导或空腔这些更为复杂的样件,这种时域傅里叶变换分析还能够帮助我们观察能量存储和泄漏行为。

最后要提及的是,这些实验中的限制在仿真中是可以避开的,例如在 FEM 等数值仿真中就是如此[31,32],这一点也是很显然的。

7.4 结 束 语

这一章讨论了声子晶体的声学特性是如何借助表面波时域光学成像技术来检测的。我们特别介绍了高速光学泵浦探测技术和干涉空间扫描方法,将它们作为生成吉赫宽谱表面波以及成像的手段。针对两个一般性的样件,即一维和二维声子晶体,给出了实验结果。我们介绍了时间傅里叶变换是如何用于考察特定频率处的声学模式特征的,以及时空傅里叶变换是如何用于获取色散关系与带隙特性的。此外,我们还从数学上分析了时空傅里叶变换中的布洛赫谐波,并指出了它们是怎样体现在(k 空间中的)实验结果中的。

时域光学技术能够揭示很多物理现象,这是因为通过傅里叶分析才能够轻松地考察实际空间和 k 空间。我们期望能够利用这些技术,在宽频范围内更好地去研究更多的声子晶体及其装置。

参 考 文 献

[1] R. Adler, A. Korpel, P. Desmares, IEEE Trans. Ultrason. Ferroelectr. Freq. Control **15**, 157 (1968)

[2] G. Sölkner, A. Ginter, H. P. Graßl, Mat. Sci. Eng. A **122**, 43 (1989)

[3] K. L. Telschow, V. A. Deason, R. S. Schley, S. M. Watson, J. Acoust. Soc. Am. **106**, 2578 (1999)

[4] J. V. Knuuttila, P. T. Tikka, M. M. Salomaa, Opt. Lett. **25**, 613 (2000)

[5] J. E. Graebner, B. P. Barber, P. L. Gammel, D. S. Greywall, Appl. Phys. Lett. **78**, 159 (2001)

[6] A. Miyamoto, S. Matsuda, S. Wakana, A. Ito, Electron. Commun. Jpn. Pt. 2 **87**, 1295 (2004)

[7] W. C. Wang, Y. H. Tsai, J. Vib. Control **12**, 927 (2006)

[8] K. Kokkonen, M. Kaivola, Appl. Phys. Lett. **92**, 063502 (2008)

[9] N. Wu, K. Hashimoto, K. Kashiwa, T. Omori, M. Yamaguchi, Jpn. J. Appl. Phys. **48**, 07GG01 (2009)

[10] W. F. Riley, J. W. Dally, Geophysics **31**, 881 (1966)

[11] J. W. Dally, Exp. Mech. **20**, 409 (1980)

[12] Y. H. Nam, S. S. Lee, J. Sound Vib. **259**, 1199 (2003)

[13] T. Saito, O. Matsuda, M. Tomoda, O. B. Wright, J. Opt. Soc. Am. B **27**, 2632 (2010)

[14] M. Clark, S. D. Sharples, M. G. Somekh, J. Acoust. Soc. Am. **107**, 3179 (2000)

[15] A. A. Maznev, A. M. Lomonosov, P. Hess, A. A. Kolomenskii, Eur. Phys. J. B **35**, 429 (2003)

[16] J. L. Blackshire, S. Sathish, B. D. Duncan, M. Millard, Opt. Lett. **27**, 1025 (2002)

[17] A. Neubrand, P. Hess, J. Appl. Phys. **71**, 227 (1992)

[18] K. Nakano, K. Hane, S. Okuma, T. Eguchi, Opt. Rev. **4**, 265 (1997)

[19] S. R. Greenfield, J. L. Casson, A. C. Koskelo, Proc. SPIE **4065**, 557 (2000)

[20] Y. Sugawara, O. B. Wright, O. Matsuda, M. Takigahira, Y. Tanaka, S. Tamura, V. E. Gusev, Phys. Rev. Lett. **88**, 185504 (2002)

[21] C. Glorieux, K. Van de Rostyne, J. D. Beers, W. Gao, S. Petillion, N. V. Riet, K. A. Nelson, J. F. sAllard, V. E. Gusev, W. Lauriks, J. Thoen, Rev. Sci. Instrum. **74**, 465 (2003)

[22] J. A. Scales, A. E. Malcolm, Phys. Rev. E **67**, 046618 (2003)

[23] D. H. Hurley, K. L. Telschow, Phys. Rev. B **71**, 241410(R) (2005)

[24] T. Tachizaki, T. Muroya, O. Matsuda, Y. Sugawara, D. H. Hurley, O. B. Wright. , Rev. Sci. Instrum. 77, 043713 (2006)

[25] R. E. Vines, J. P. Wolfe, A. V. Every, Phys. Rev. B **60**, 11871 (1999)

[26] A. Sukhovich, L. Jing, J. H. Page, Phys. Rev. B **77**, 014301 (2008)

[27] S. Peng, X. Mei, P. Pang, M. Ke, Z. Liu, Solid State Commun. **149**, 667 (2009)

[28] D. M. Profunser, O. B. Wright, O. Matsuda, Phys. Rev. Lett. **97**,055502 (2006)

[29] D. M. Profunser, E. Muramoto, O. Matsuda, O. B. Wright, U. Lang, Phys. Rev. B **80**,014301(2009)

[30] B. Bonello, L. Belliard, J. Pierre, J. O. Vasseur, B. Perrin, O. Boyko, Phys. Rev. B **82**,104109(2010)

[31] O. B. Wright, I. A. Veres, D. M. Profunser, O. Matsuda, B. Culshaw, U. Lang, Chin. J. Phys. **49**,16 (2011)

[32] I. A. Veres, D. M. Profunser, O. B. Wright, O. Matsuda, B. Culshaw, Chin. J. Phys. **49**,534(2011)

[33] C. Thomsen, J. Strait, Z. Vardeny, H. J. Maris, J. Tauc, J. J. Hauser, Phys. Rev. Lett. **53**,989(1984)

[34] C. Thomsen, H. T. Grahn, H. J. Maris, J. Tauc, Phys. Rev. B **34**,4129 (1986)

[35] T. Fujikura, O. Matsuda, D. M. Profunser, O. B. Wright, J. Masson, S. Ballandras, Appl. Phys. Lett. **93**,261-101 (2008)

[36] B. Perrin, B. Bonello, J. C. Jeannet, E. Romatet, Prog. Nat. Sci. **S6**,S444 (1996)

[37] D. H. Hurley, O. B. Wright, Opt. Lett. **24**,1305 (1999)

[38] M. Nikoonahad, S. Lee, H. Wang, Appl. Phys. Lett. **76**,514 (2000)

[39] C. J. K. Richardson, M. J. Ehrlich, J. W. Wagner, J. Opt. Soc. Am. B **16**,1007 (1999)

[40] T. Dehoux, M. Perton, N. Chigarev, C. Rossignol, J. M. Rampnoux, B. Audoin, J. Appl. Phys. **100**, 064318 (2006)

[41] Y. Sugawara, O. B. Wright, O. Matsuda, Appl. Phys. Lett. **83**,1340 (2003)

[42] Y. Sugawara, O. B. Wright, O. Matsuda, Rev. Sci. Instrum. **74**,519 (2003)

[43] D. H. Hurley, O. B. Wright, O. Matsuda, S. L. Shinde, J. Appl. Phys. **107**,023521 (2010)

[44] A. A. Maznev, O. B. Wright, O. Matsuda, New J. Phys. **13**,013037 (2011)

[45] C. Kittel, *Introduction to Solid State Physics*,6th edn. (Wiley, New York,1986)

[46] A. A. Maznev, O. B. Wright, J. Appl. Phys. **105**,123530 (2009)

[47] R. E. Vines, M. R. Hauser, J. P. Wolfe, Z. Phys. B **98**,255 (1995)

第8章　频域中声子晶体的光学测试

Kimmo Kokkonen

8.1　引　　言

为了认识介质中的波传播物理机制以及发展面向信号处理领域的微声学元器件,人们需要建立各种性能测定方法和手段。

电声元件在电激励测试中以及在实际的设备构型中都是十分重要的,它能够借助一些机制(如压电效应)将电信号转换到力学域(声波),表面声波(SAW)和体声波(BAW)装置以及微机电(MEMS)共振器就是典型的例子。电学测试技术的发展为电声装置的研究和发展提供了极大的支撑,例如矢量网络分析仪就是如此。因此,很多性能测定方面的工作都依赖于对结构电学响应的测量,进而与仿真对比分析。目前,电学测试方法已经很好地建立起来了,人们也针对不同应用目的提出了很多精巧新颖的测试方案,不过应注意的是,归根到底它们只能给出有关波运动和内部物理机制的次级信息。

光学探测能够对样件的振动场进行直接的、无接触式的测量。这种直接测量实际振动场的能力使得该技术能够获得很多关于波物理和装置性能的有价值的信息。由于激光干涉仪在微声学装置的测定中已经得到广泛而成功的应用,因而目前有很多研究团队也将设备作为他们的一个重要研究工具。对于电声装置的研究来说,频域激光干涉技术是非常适合的。例如在表面波问题中,这些技术可以用于波场幅值分布情况的成像,还可用于考察损耗的可能原因,以及分析一些不希望出现的响应,如共振器中被激发出的横向模式、过滤器中的声束逸出和声串扰等;在体声波问题中,可以从振动场测量导出波的色散特性,它在装置设计和评定中是非常重要的一个方面,例如可用于考察共振器中的能量逃逸现象。仅利用电学测试是难以识别出能量损耗原因的,而借助光学探测却可以很容易地观察到从结构中逸出的声束。当然,为了得到更好的结果,最好是将光学探测与电学测试技术结合起来,从而获得装置的更为全面的行为特性。

很多为 SAW、BAW 和 MEMS 装置开发的干涉测量技术可以直接应用到声子晶体的研究中。这是一个相对较新的领域,发展十分迅速,激光干涉测试技术将为其提供有力的支撑。在这些技术中,频域干涉法允许我们选择感兴趣的激励频率,并且可以对波场进行成像,它非常适合于考察复杂声子晶体结构中的波动问题。

这一章将对表面振动的激光扫描干涉法(频域)进行介绍。8.2节阐述了测试原理和实验配置,8.3节讨论了该技术的能力和不足。8.4节中针对SAW、BAW和声子晶体样件给出了一些应用实例及其测试结果。

8.2　频域中的激光扫描干涉法

在声学中,检测微小的表面振动是十分重要的。根据装置类型及其应用场合的不同,振动幅值变化很大,不过对于超声($f>1MHz$)SAW和BAW研究来说,典型的最大幅值一般在几个纳米左右。因此,为了确保良好的信噪比(SNR)并能够考察较弱的信号,可测的最小振动幅值应当在1pm左右,这大约是原子尺寸的1/100。进一步,考虑到工作频率覆盖了MHz到GHz这一范围,因而所用的检测方法必须能给出平滑的频率响应,从而有利于量化分析。此外,由于测试中的仪器装置对环境扰动一般是敏感的,并且具有较高的Q值,所以一般需要采用无接触式的检测方法。

激光干涉法就是一类无接触式的光学测量方法,它能够用来检测上述的振动。图8.1给出了零差Michelsou干涉仪的一个简单的概念模型,该干涉仪包括一个测量臂和一个参考臂。样件放置在测量臂上,样件表面的振动将导致测量臂光学路径长度的变化,从而使得它与参考臂支架产生光学上的相位差。激光干涉仪将两个激光束之间微小的光学相位调制转换成光强的变化(通过光束之间的干涉),所产生的强度信号可通过光电探测器进行检测。在这一过程中,可根据定义好的激光跃迁来导出测量中的参考长度,对于红光HeNe激光器来说,$\lambda = 632.8nm$。

利用干涉现象来完成敏感度极高的测量工作有很多种途径,因此相应的也就有很多不同的激光干涉测量方案。读者可以参阅文献[1-3],它们对超声方面的光学检测进行了综述,其中包含了干涉测量法。

下面重点介绍样件在正弦电激励下产生振动时在频域内怎样进行激光扫描干涉测量。在SAW和BAW装置的研究中,人们已经成功实现了这种检测,其中的样件是受到电激励的,而所产生的波场则是通过干涉仪测量的。由于激励频率可以精准地加以控制,所以频域测试可以让我们细致地去考察结构中的力学共振和波动模式。不仅如此,通过控制检测带宽,还可以提高信噪比,这就使我们能够检测更小的振动幅值(可低于1pm)。

8.2.1　零差检测

声学研究中的零差干涉检测一般采用的是 Michelson 或 Mach-Zender 干涉仪。Michelson 零差干涉仪如图 8.1 所示,图 8.2 给出了一个简化的原理描述,其中给出了由光学路径长度变化导致的零差干涉仪信号,以及对表面振动的响应。这里已经假设这个信号是理想的,不包含噪声。

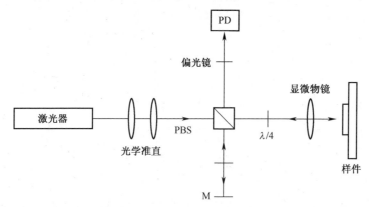

图 8.1　零差 Michelson 激光扫描干涉仪的原理图:激光束经准直后通过偏振光束分光器
(PBS)分别进入到两个干涉臂,直接通过 PBS 的光束进入到测量臂,而偏转后的光束则
进入到参考臂中。待测光束经 1/4 波板后将由线偏振转变为圆偏振,该光束聚焦到样件表面
上形成一个光斑并反射回来。反射回来的光束再次通过 1/4 波板,从而有利于 PBS 对光束的
正确控制。参考光束在被参考反射镜 M 反射之前也要转变为圆偏振。两个具有正交的线偏
振状态的光束将在 PBS 处组合起来,然后通过一个偏光镜到达光电探测器(PD),该 PD
可以检测出由于干涉导致的合成光强的变化(参见图 8.2)

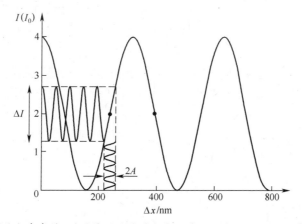

图 8.2　由对象(样件或参考镜)移动导致的零差激光干涉仪信号:这里假设了相关条件是理想的,
例如等光功率、理想干涉等,在理想情况下,能够提供最大敏感度和线性度的干涉仪的最优工作点
位于正交点处,如图中黑点所示,此时最小的对象移动(幅值 A)可以导致待测光强 I 的最大变化

为简单起见,考虑一个一维情形,即两个具有相同光学频率(偏振也相同)的相干单色波的叠加。这两个波的强度和相位分别用 $I_1, I_2, \theta_1, \theta_2$ 表示。令 $\theta = \theta_2 - \theta_1$,则

$$I(\theta) = I_1 + I_2 + 2\sqrt{I_1 I_2}\cos(\theta) \tag{8.1}$$

这个式子表明,合成光强 $I(\theta)$ 不仅取决于 I_1, I_2,而且还要受到相位差 θ 的影响,而相位差又取决于两个光束所走的路程。式中的最后一项是干涉项,可以为正也可以为负,分别对应于相长和相消干涉。特别地,当两个波具有相同的强度时($I_1 = I_2 = I_0$),合成光强 I 将在 0 和 $4I_0$ 之间变化,具体值取决于相位差情况,参见图 8.2。相位差 θ 携带了干涉仪的光程变化信息,进而也就反映了所需探测的表面振动情况。显然,利用两个波的干涉我们将小的光程差转换成了可测的强度变化(利用光电探测器)。

考虑一个正弦型的表面位移 $A\sin(2\pi f_{\mathrm{vib}} t + \psi_{\mathrm{vib}})$, A 和 ψ_{vib} 分别为所考察的表面振动的幅值和相位,那么相位差随时间的变化可以写为

$$\varphi(t) = \phi + \frac{4\pi A}{\lambda}\sin(2\pi f_{\mathrm{vib}} t + \psi_{\mathrm{vib}}) \tag{8.2}$$

式中: f_{vib} 为样件所受电激励的频率(此处假设了力学响应是线性的); λ 为激光的波长; ϕ 为一个慢变(相对于 f_{vib})的相位,它代表的是环境条件变化而导致的两个光束的相位差。将式(8.2)代入式(8.1)中的 θ ,在小振动条件下(线性检测情况下一般要求 $A < 10\mathrm{nm}$),零差检测方程可以近似为

$$I(t,\phi) = I_1 + I_2 + 2\sqrt{I_1 I_2} \times \left[\cos\phi + \frac{4\pi A}{\lambda}\sin(2\pi f_{\mathrm{vib}} t + \psi_{\mathrm{vib}})\sin\phi\right]$$
$$\tag{8.3}$$

根据式(8.3)可以看出,在零差检测中必须对光学相位差 ϕ 进行控制,这样才能测出表面振动导致的信号。通过主动稳定控制使干涉仪工作在正交点(此时有 $\sin\phi = 1$,参见图 8.2)就可以实现这一目的。正交工作点能够提供最佳的灵敏度,并且在检测小振动时还具有最好的线性度。稳定控制的目的是补偿两个干涉臂的光程之间的缓慢漂移,这种漂移一般是由气流、热膨胀或者样件表面特征的高度差异而导致的。采用稳定控制措施后,就可以通过样件激励、光电探测器和矢量网络分析仪对振动相位灵敏度进行检测了。为了获取绝对幅值数据,还需要进行附加测量,以量化和补偿由于样件表面光学反射率的差异而导致的增益漂移,以及干涉条纹漂移等。

8.2.2 外差检测

在外差干涉仪中,将通过声光调制器(AOM)使一个激光束相对于另一个产生光学频移,图 8.3 给出了一个方案描述。

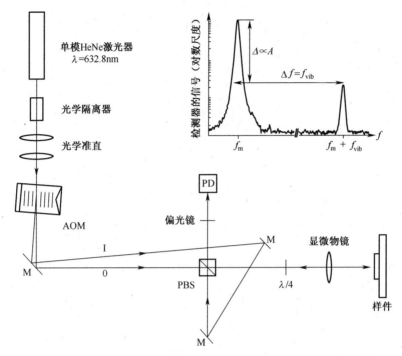

图 8.3　外差激光扫描干涉仪的原理图[6]

插图是从光电探测器检测出的外差信号,声光调制器(AOM)把激光束分解为测量光束(0)和参考光束(I),参考光束发生光频偏移,两个光束之间的频率差将在测出的频谱中导致调制峰。应注意由表面振动导致的待测信号也会发生频移,因而可以减小电磁馈通。不仅如此,利用单模 HeNe 激光器还可以消除激光的纵向模式跳变,从而能确保获得较纯的频谱

当表面振动幅值(A)相对于激光波长 λ 而言很小时,外差干涉方程中的干涉项可以展开为[5]

$$I_{12}(t) = 2\sqrt{I_1 I_2}\left[\cos(2\pi f_m t + \varphi_0) + \frac{2\pi A}{\lambda}\begin{Bmatrix}\cos(2\pi(f_m + f_{vib})\,t + \phi + \varphi_0)\\ -\cos(2\pi(f_m - f_{vib})\,t - \phi + \varphi_0)\end{Bmatrix}\right]$$

(8.4)

式中:ϕ 为表面振动的相位,φ_0 为环境条件导致的两个激光束之间的慢变相位差。

若 $A \leqslant 10\,\mathrm{nm}, \lambda = 632.8\,\mathrm{nm}$,那么上述近似在计算幅值时所导致的误差小于1%。

在频域中可以观察到,检测信号包含了一个调制峰(f_m)和两个卫星峰($f_m \pm f_{vib}$)。一般地,当测量实际样件时,只有调制峰和上卫星峰($f_m + f_{vib}$,即信号峰)可以检测到(参见图 8.3 中的插图)。调制峰和信号峰(两个频率)是同时检测的,表面振动的绝对幅值可以根据它们的幅值比得到。此外,通过对比两个信

号的相位,还能够获得表面振动的相位,并且可以消除所有的光程慢变。由于可以测出表面振动的绝对幅值,所以还能够消除样件表面局部光学反射率差异带来的影响。不仅如此,考虑到待测频率($f_{m} + f_{vib}$)和驱动频率(f_{vib})之间存在着频移,因而这种外差检测方法还能够抑制射频泄漏问题。

8.3　激光扫描干涉仪的能力和缺陷

　　光学探测技术为我们提供了一种无接触式测量方法,当采用激光扫描干涉仪时,其横向分辨率是由激光束在样件表面上的光斑尺寸决定的,它最终要受到激光本身的限制。样件上典型的光斑最小尺寸大约是 $1\mu m$(激光的波长为400~700nm)。小的光斑尺寸(高的横向分辨率)将导致聚焦深度小,这就要求在样件表面上精准地聚焦。

　　在振动幅值的干涉法检测中,激光本身的波长是相当小的,它可以作为测量的参考。不过,微声学元件和声子晶体结构中的表面振动测量的要求是苛刻的,原因在于典型的振动幅值涵盖了从皮米以下到几个纳米这个范围。对于一个无损耗的零差干涉仪来说,如果干涉是理想的,光功率为 1mW,HeNe 激光器的波长为 632.8nm,且探测器量子效率为 10%,那么根据文献[7]可以得出其理论探测极限是 $A_{min} \approx 6 \times 10^{-6} nm / \sqrt{Hz}$。为此,在对样件作单频简谐激励时,可以利用窄带频域探测方法来测量亚皮米级振动幅值。

　　激光干涉探测可以粗略地划分为扫描探测和全场探测,它们都有各自的优点和不足。一般来说,全场方法要快得多,甚至能比扫描方法快 100 倍,不过它能达到的最小可探测幅值却比不上扫描方法。为了兼顾快速性和最小可探测幅值,可以采用频域扫描探测。总体测试速度可以通过选择更大的检测带宽来提高,不过会导致 SNR 下降。此外,扫描探测可以允许自由选择扫描步长(x 和 y)和扫描区域。比较来看,全场探测一般要受到显微物镜改变时所导致的一组放大倍数的限制,横向分辨率在 x 和 y 方向上是相同的,并且横向分辨率与扫描区域之间存在关联性(源于摄像头芯片尺寸,或像素限制)。不过,全场探测能够获得几乎是视频速率的测量速度,因此能够刻画出波动过程的瞬态场景。

　　一些研究人员已经提出了一些最小可探测幅值在皮米范畴的干涉测试系统,例如文献[5,6,8-14]。在这些工作中有两个较为突出,在 Monchalin 等[5]的早期工作中,提出了一种可以限制量子噪声的外差干涉仪,它可以达到非常小的探测幅值(0.06pm),激光器功率采用的是 $P_{opt} = 5mW$,探测带宽为 1Hz;为了获得更高的测试速度,Telschow 等[13]提出了一种全场干涉测量系统,采用了动态光折变全息方法,由于是全场成像,干涉仪的图像获取速度为 18 帧/s,因而测量速度为 275000 数据点/s,最小可探测幅值为 100pm。

激光干涉仪可以提供无接触测量,还能得到平滑的频响,这些使得我们可以方便地检测从直流到几十吉赫的表面振动,这个频率范围一般只受所采用的检测电路的限制。另外应当指出,一般来说,我们所检测的只是沿着表面法向的振动分量,而水平方向的运动如剪切型表面波可能只能间接地检测了(通过它们的面外振动分量)。

最小振动幅值的检测需要涉及低水平射频信号和相应的信号处理。在检测现代微声学仪器时(工作频率从几百兆赫到几吉赫),必须尽量减小电磁馈通,因为它会严重地掩盖实际测量信号。所有的干涉检测系统或多或少地都会受到电磁馈通的影响,特别是检测超过 1GHz 的频率时。在零差系统中,样件是在同一频率处激励的,在该频率处需要对表面振动引起的极微弱信号进行检测,此时也最容易受到此类干扰的影响。比较而言,外差系统如果设计和搭建得较好的话,则可以大大减轻这一问题,这是因为待检测的信号与样件激励信号之间存在着频移。

8.4　在声子晶体中的应用

频域激光干涉测量技术特别适合于考察受到电激励的微米和纳米结构中的波动行为,例如 SAW、BAW 和 MEMS 装置等。由于该技术能够进行极其敏感的测试,而且还能在亚皮米范畴进行检测,因而它对于纯科学研究和应用研究来说都是非常重要的。一般来说,在 SAW 和 BAW 研究中,最大振动幅值是在几个纳米以下的,而为了分析一些小的影响,例如微弱的 SAW 波束的逃逸,或者为了检测 BAW 装置中的微弱的振动模式,可探测的极限值应在皮米数量级。激光干涉法还能够获得亚微米级的横向分辨率,这对于大多数应用来说已经足够了。此外,这一技术允许我们随意选择(单个)激励频率,这也非常有利于深入考察那些具有快速变化特征的复杂装置的频响,例如共振以及从通带到带隙的跃变等。

在信号处理和传感应用中,电激励微米或纳米声学仪器已经得到了广泛的运用,其中一个非常重要的案例就是用于移动通信系统中的(SAW 和 BAW)射频过滤器。在这些 SAW 和 BAW 仪器的研究和开发中,对声波场进行干涉测量已经成为了一种非常有用的技术途径。作为一个新兴的领域,与微声学相关的声子晶体研究也将从干涉测量技术中受益。应当指出的是,对于复杂的微结构(如声子晶体),电学测量并非在所有情况下都能给出仪器的全部声学特性,为了更好地认识声子晶体的物理本质,需要对声子晶体中的波传播行为进行更为全面的测试。

本节将介绍一些波场的测试问题,并给出相关实例。通过一个测试实例,即用于揭示材料各向异性的随机 SAW 波场测试,我们将指出对于不同方向上传播的波,它们的详细信息是可以提取出来的。此外,还将给出一个针对表面波与二维声子晶体相互作用的测试实例,它也表明了从波场测试中是可以获得详细信息的。最后我们将介绍两个关于 BAW 与一维薄膜声子晶体相互作用的测试案例,并详细分析一个声镜的板波色散、共振以及传递函数。

8.4.1 微结构化声学超材料中的表面声波

激光扫描干涉法可以用于测定 SAW 装置中的波场,利用该技术已经揭示出了一种新的非常重要的 SAW 损耗机制,并且推动了相应的理论发展[15]。除了可以检测装置表面的 SAW,该技术还能够用于考察 SAW 装置中的 BAW 辐射。举例来说,人们已经在约 1GHz 频率处考察了从一个低损耗 SAW 共振器中产生的 BAW 辐射[16],其中的 BAW 是从基体背面反射的,通过检测这个辐射角并将其与仿真结果进行对比,可以识别出相应的波动模式。利用激光干涉对 SAW 波场进行成像,也非常适合于考察声能逸出现象,这是因为逃逸出的声束(如从一个共振腔中)是可以直接观察到的,参见文献[17]。干涉测量不仅经常被用来测定某种装置的特性,而且还能用于验证该装置的工作原理。通过这种技术的运用,我们能够对相关装置行为的模型正确性加以验证,例如文献[18]就对一个双共振的 SAW 过滤器进行了测定。

上面提及的所有能力不仅是针对传统的 SAW 装置的,而且也适用于 SAW 与微结构化声学超材料的相互作用测试。

8.4.1.1 从随机 SAW 场中提取传播信息

相位敏感的激光干涉测量方法使得我们能够将不同传播方向上的波区分开来,并可以对其进行透射和反射分析、色散分析以及测定各向异性介质中的波传播行为特性。例如,考虑一种各向异性介质中的 SAW 的传播[19],我们可以从高质量的干涉数据中提取出所需的物理量。在该实验中,SAW 波束会被微结构散射,从而在测试区域生成一个随机波场,参见图 8.4(d)。所测得的波场看上去是随机的,并且幅值很低(<20pm),几乎和噪声一样,如图 8.4(a)和(b)所示。利用傅里叶变换法在波矢空间中作进一步分析可知,向所有方向传播的 SAW 构成了一个封闭曲线(在波矢或慢度空间中),如图 8.4(c)所示。由于该曲线不是圆形的,因而证实了各向异性特性。显然,这一测量可以用于分析介质的弹性张量数据。另外,根据该曲线内部的情况也可看出,该结构还会以相当一致的方式将 SAW 散射成 BAW。更具体的内容可参阅文献[19]。

8.4.1.2 可生成 200MHz SAW 的二维声子晶体

近期人们开始对特征尺寸在微米级别的声子晶体中的表面波产生了兴趣,

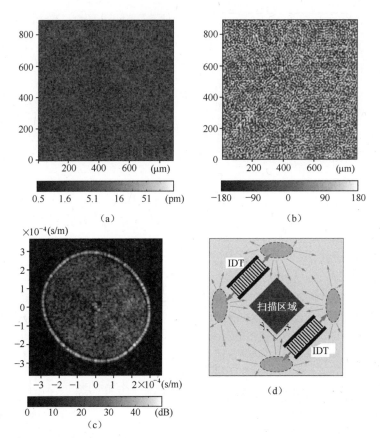

图 8.4　SAW 的随机散射体现了基板的各向异性:(a)和(b)分别为 223MHz 处测得的表面振动场的绝对幅值和相位,在慢度空间中波场的傅里叶变换揭示了波动特性,可以看出 SAW 慢度曲线为连续的外边界,其内部区域反映了 SAW 散射成体波这一行为

例如在文献[20]中就考察了这样一种二维声子晶体,并进行了表面波分析,该结构的带隙在 200MHz 左右。这一样件是在一个标准的压电基板(Y 向切割 LiNbO$_3$)上制备的,基板厚度 500μm,以声子晶体形式用于一个延迟线中,类似于文献[21]中所述的情形。该声子晶体结构位于两个叉指换能器(IDT)之间,是一个方形晶格的孔阵列,孔深 10μm,孔直径 9.4μm,周期间隔 10μm,相应的填充比为 69%。图 8.5(a)和(b)分别给出了原理图和样件的 SEM 照片。根据电学测量的结果,该结构具有一个完全带隙,位于 200~230MHz。

　　这里我们考察 ΓM 方向上的实验,图 8.5(c)给出了波在通过该声子晶体时的电学测试结果。电学测试表明,理论预测的带隙确实是存在的,并且在带隙之后出现了再次透射,不过在带隙后的大部分频率范围内也没有透射,这一点与理论预测是不一致的。

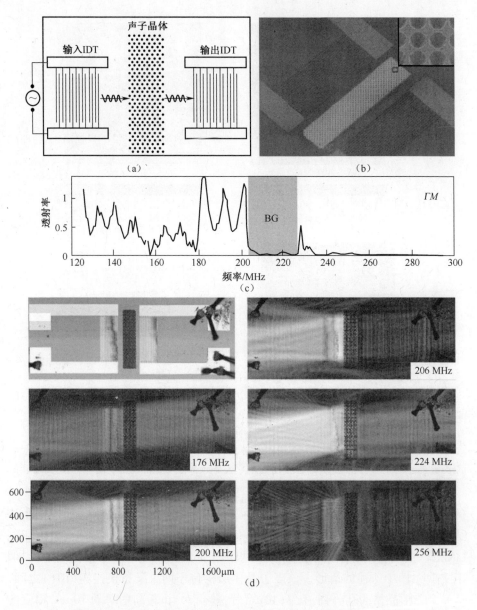

图 8.5　一个声子晶体结构的测试（类似于文献［21］中所给出的）

（a）SAW 延迟线原理图，其中的声子晶体结构位于两个用于电学测量的 IDT 之间；（b）IDT 和声子晶体孔结构的 SEM 照片，插图对蚀刻在铌酸锂单晶基板上的孔进行了放大；（c）电学测量得到的 SAW 透射特性，灰色部分为带隙（BG）频率范围；（d）光功率图和波场幅值扫描图，它们揭示了装置内的声学行为。在 BG 下方，声子晶体结构的两侧是类似的，这表明存在着良好的透射，而在 BG 内，声子晶体产生的反射很强，从而在声子晶体左侧形成了显著的驻波形态，同时在声子晶体的另一侧幅值很小，亦即透射很弱。

在 BG 上方，一般预期会再次出现明显的透射，不过由于声子晶体结构此时会起到各向异性衍射格栅作用，因而入射波会产生散射现象[20]。

这种矛盾可以通过干涉测量法加以解释。我们针对一个很大的扫描区域（1850μm×700μm）进行了分析，考察了由输入 IDT 产生的波以及它与声子晶体结构的相互作用，参见图 8.5(d)。具体测量时选择的横向扫描步长是 1μm，这覆盖了两个 IDT 之间的空间域，对应的区域大小是 205μm×205μm。这些扫描揭示了 SAW 和声子晶体结构之间的相互作用，如图 8.6 所示。每个频率处的幅值数据已经在垂直于波的传播方向上进行了平均处理，从而给出了沿着传播路径(x)的波幅形貌。

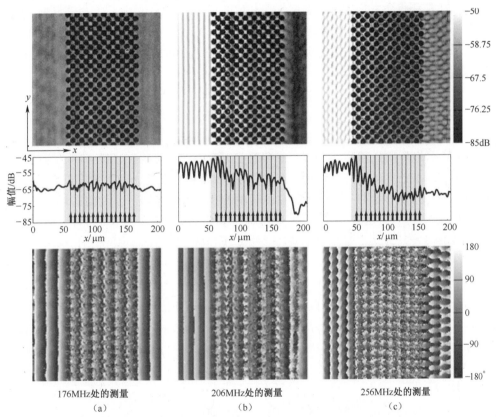

图 8.6　与图 8.5 中相同的声子晶体结构的波场测量结果

(a)IDT 工作在带隙下方(176MHz)；(b)带隙内(206MHz)；(c)带隙上方(256MHz)。声波带隙位于 200~230MHz。在每一情况中，左侧的 IDT 起到激发作用而右侧的 IDT 起到接收作用。为指示孔的位置，在第一行的幅值图中叠加了声子晶体结构。将第一行中的幅值数据在 y 方向上进行平均处理，可以得到波传播方向(x 方向)上平均幅值的线图，如第二行所示，声子晶体结构的位置是用灰色区域标出的。考虑到该声子晶体的几何、填充率和所采用的扫描步长，在平均化过程中有些 x 坐标处只能获得少量较好的数据点，图中这些位置已经用箭头和直线标出。第三行给出的是相位数据。更多细节和彩图可参阅文献[20]。

在带隙下方($f < 200$MHz)，通过声子晶体晶格的 SAW 的波前基本没有受

到扰动,也没有出现明显的衰减,这一点可以参见 $f = 176\text{MHz}$ 处的情况,见图 8.5(d)和图 8.6(a)。不仅如此,在这一频率范围内也没有发现明显的反射、散射或其他类型的损耗,这表明该声子晶体与 SAW 之间没有显著的相互作用。不过,SAW 波束在通过声子晶体之后会发生轻微的移位,因而在输出 IDT 中会缺少一部分波(参见 176MHz 处的情况,见图 8.5(d))。

在 200MHz、206MHz 和 224MHz 处(图 8.5(d)),输入 IDT 工作在其中心频率附近,这将激发出更强的 SAW。在带隙频率范围内,声子晶体结构反射很强,因而在左侧将会发现较强的驻波形态(图 8.5(d)和图 8.6(b))。与此同时,透射率是较低的,因而在声子晶体右侧几乎看不到波幅(衰减约 20dB)。这些现象从图 8.6(b)中的线型是不难观察出来的。此外,从这些波场的相位情况来看,它们仍然对应于平面波。

在带隙上方,我们预测 SAW 会发生透射。从图 8.5(d)可以看出,在 224MHz 处 SAW 确实再次产生了透射,不过较弱。应当注意的是,这个 SAW 波束在经过声子晶体之后会发生偏移,与 176MHz 处相比偏移方向是相反的。不过,在更高频率处,可以看到该声子晶体会对波场产生散射作用,并使之与法向入射波形成一定的夹角。由此将导致散射 SAW 波束的形成(参见图 8.5(d)中 256MHz 处的 X 模式),同时还会在测得的幅值场和相位场中形成波瓣结构,参见图 8.6(c)。虽然存在着散射,但是与带隙内 206MHz 处的情况相比,该声子晶体并没有对波场产生显著的衰减。事实上,在高于某个频率阈值时,这个声子晶体将表现出一种各向异性衍射栅格的行为,这也就解释了所观测到的散射现象。正是由于大部分 SAW 不会出现在输出 IDT 中,IDT 的几何与 SAW 波前之间会产生失配,因而上述的散射效应正是电学测试中出现较低透射率的原因。

声子晶体结构还可以将部分表面波散射成体波,例如由于蚀刻的孔是有限深度的并且带有锥度,这种情况就可能发生。如果样件制备正确的话,其背面也能利用干涉法成像,此时也可以观察到表面波散射成体波进而入射到背面的现象。

除了验证理论预测的 SAW 带隙(在 200MHz $< f <$ 224MHz 内反射很强)之外,上述测试还指出了在带隙以下(176MHz)SAW 可以几乎不受影响地通过声子晶体结构,而在带隙内(206MHz)将受到强烈的反射。在带隙上方,可以观察到散射和高阶衍射效应,仅通过电学测试技术是难以测定和量化这种效应的。

8.4.2　声学超材料中的体声波

体声波装置一般用于构造高性能的过滤器,为现代无线通信系统服务,例如移动电话。安装好的薄膜 BAW 共振器和过滤器一般会采用声反射镜来与基础隔离,并提供所需的板波色散特性。在这些 BAW 装置中,声反射镜是一个薄膜层叠结构,它是一个一维声子晶体,其频响可以进行设计。在开发高性能薄膜 BAW 共振器和过滤器时,声反射镜和共振器色散特性是相当重要的因素。

激光干涉测量技术非常适合于测定 BAW 装置中被激发的波场,确定板波色散特性,以及考察各类损耗(横向泄漏、反射镜的泄漏等)。下面给出两个实例来说明干涉仪在这些方面的应用,其中将对被激发的波场进行测试,根据所得数据可以提取出板波的色散特性,这些信息将进一步用于分析反射镜的透射特性。

8.4.2.1　薄膜反射镜的传递特性

采用声阻抗大小不同的两种介质层交替布置而成的薄膜声反射镜,可以视为一种一维声子晶体。对于此类结构的板波色散特性的测试,干涉成像是一种非常好的方法。该方法能够测量共振器上方和声反射镜叠层下方的波场,从而可以确定声反射镜的透射特性。

这里所讨论的样件是一个安装好的薄膜 BAW 共振器(932MHz),其中的压电材料是 ZnO,声反射镜是由两组 W-SiO$_2$ 层构成的[22]。基板材料采用的是玻璃,目的是避免电容分流效应。在图 8.7 中,给出了这个共振器样件的照片,同时还给出了薄膜层堆叠的原理描述,以及测得的输入阻抗 Z_{11}(根据圆片级网络分析仪的数据计算得到)。在图 8.7(c)中还给出了主要的品质因数,即串联和并联共振频率 f_s、f_p 及其 Q 值。

为了能够彻底认识样件中的波动行为和声反射镜的性能,在样件两侧(共振器表面上;声反射镜底面与玻璃基板之间的边界上)都进行了干涉法波场测量。测量频率范围从 350MHz~1200MHz,这样可以更详尽地考察频率响应。

图 8.8 给出了一些频率点上测得的波场幅值。可以看出,纵向基本共振频率是在 933MHz,此时在共振器区域内幅值较大且分布相当均匀,而在反射镜底部的幅值非常小,这表明反射镜起到了很好的作用,波模式被限制在共振器中了。与此不同的是,在 416MHz 处,上下两处的幅值具有类似的分布和大小,这表明波模式没有局域在共振器中,而是透过了叠层。进一步还可发现,在 448MHz 处,下部的幅值要比上部更大。另外,从 936MHz 处的测量结果可以看出,此时出现了瓣状模式,其原因是厚度拉伸模式(TE$_1$)产生了横向驻波共振。该横向驻波共振的形式也体现出了共振器的方形几何形状。最后应注意的是,在所有这些幅值图中都存在波纹,这是由于实验中同时还激发出了波长更短的模式(横向波矢更大)。

下面利用色散图来分析板波的色散特性和反射镜的透射情况。通过激光干涉法是可以实验测定出波的色散特性的,这里将给出其基本原理,并考察薄膜 BAW 装置的板波色散问题,当然这一原理也是适用于其他波动类型的,例如 SAW。

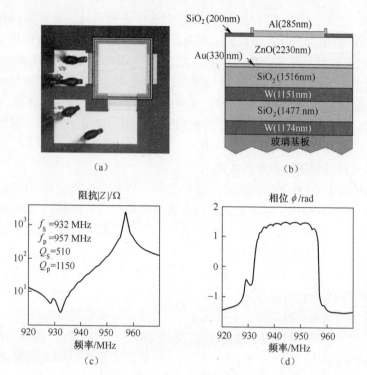

图 8.7　（a）方形 BAW 共振器的显微照片，上面带有接合线以提供电触点以及（b）薄膜层叠和样件结构的原理图以及（c）从圆片级电学测量得到的阻抗以及品质因数以及（d）从圆片级电学测量得到的相位。电学响应会出现虚假的共振，参见（c）和（d）中的谷

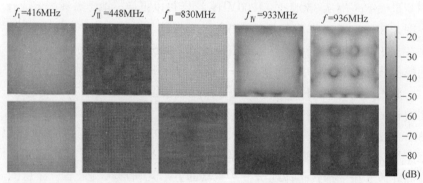

图 8.8　共振器上方测得的幅值分布（第一行）和声镜下方测得的幅值分布（第二行）：所有图采用了相同的色度以便比较，并对前 4 个频率进行了标记（Ⅰ~Ⅳ），供后文参考

从干涉法波场测量中获得色散图的过程如图 8.9 所示。所测得的波场数据（单个频率处）是该频率处所激发出的波动成分的叠加，可以利用傅里叶变换法对这些数据进行模式分解。图 8.9 中的右上图给出了傅里叶变换的结果，不同的波动模式具有不同的横向波矢（参见图中的同心圆）和不同的强度（参见图中

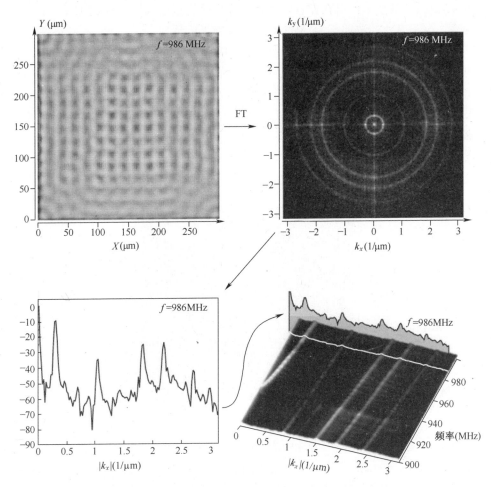

图 8.9　从激光干涉法测量得到 BAW 色散曲线的实例:单频(986MHz)波场数据(左上图)经过傅里叶变换(FT)转到波矢空间(右上图)。FT 的结果表明在波矢空间中,测量数据可以分离出所有波动模式(为了显示更大范围的测量数据,图中采用了对数尺度)。样件是方形 ZnO 薄膜 BAW 共振器,由于共振器几何导致的对称性是清晰可见的,例如 TE$_1$ 模式成分主要局域在 x 和 y 轴(最里面的圆上的白色亮点)。中心处($k_x = k_y = 0$)的亮点为纯纵波模式。由于对称性,我们可以沿着一个主轴方向(由装置和本征模式的几何特点决定)提取出色散曲线,例如可以沿着 x 轴方向($k_y = 0$)提取,这会使得色散曲线的 SNR 稍好一些(与 FT 结果的圆上平均相比)。所提取出的 k_x 线可作进一步处理从而得到一个单频处的 $|k_x|$ 切片(左下图),将一系列这样的切片组合起来即可构成最终的色散图(右下图)

的色度)。可以看出,TE$_1$ 模式会在轴上形成峰值(样件的对称性导致的横向共振),而散射波会在波矢空间中形成若干个圆,它意味着这个压电 ZnO 薄膜是面内各向同性的。在多个频率点处进行波场测量,就可以获得色散图了。应注意的是,频域测试技术可以在任意频率处对样件进行激励,因而可以非常仔细地考察感兴趣频率处的波动行为,例如共振频率附近的情况。

图8.10 给出了上述样件的色散图,其中包括了大量关于这个薄膜叠层中波动行为的信息,它使得我们可以识别出不同的波动模式及其相对强度。在图中我们用罗马数字标出了4个特殊的频率情况。Ⅰ对应于一个纵波共振,它不局限在共振器中,而是透过了整个叠层。Ⅱ~Ⅳ分别对应了色散曲线的起始频率、第一和第二厚度剪切模式(TS_1 和TS_2)、TE_1。在TS_1 模式开始处(即与 f 轴的交点)测得的幅值非常小,这一点并不奇怪,因为在此极限条件下该模式实际上代表了一个纯水平位移,干涉仪是检测不到的。

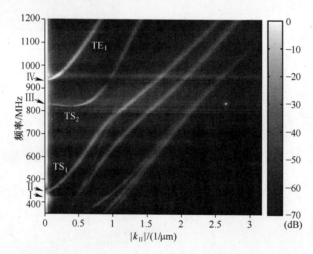

图 8.10　932MHz 薄膜 BAW 共振器的板波色散图:可以看出在 $|k_\parallel| = 0$ 处存在一个局域
极大值(416MHz,标记为 Ⅰ),它对应于纵波共振。从 Ⅱ 和 Ⅲ 出发的曲线分别对应于第一和
第二阶厚度剪切模式(TS_1 和TS_2)。TE_1 模式开始于串联共振频率
$$f_s \approx 932\mathrm{MHz}(Ⅳ),其横向波矢单调增大$$

除了将共振器上方和反射镜下方的波场数据进行比较以外(图8.8),这些数据还可以用于计算这两处的色散图,将它们进行对比能够提取出反射镜的传递特性(在波矢频率空间),参见图8.11。这些结果从实验角度直接表明了,在纯纵波极限处($|k_\parallel| = 0$)这个薄膜声反射镜的特性与一维仿真结果是相当吻合的(参见图8.11 中的衰减图)。在靠近串联和并联共振频率处,这个薄膜反射镜能够产生与基板的隔离作用,从而将波的能量限制在共振器中,对纵波来说,它所提供的衰减约为37dB。换言之,该结构在这一频率范围内是不支持纵波传播的,可以看作是形成了一个带隙。

对于上述 BAW 样件的色散特性和反射镜透射特性的测定,读者可以参阅文献[22],其中给出了更多更详尽的内容。另外,关于频域色散特性测试的近期研究案例和研究结果还可以参阅文献[23-30]。

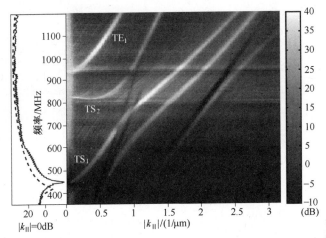

图 8.11　通过对比色散图获得的由声反射镜导致的振动衰减:色散图是根据共振器
上方和反射镜下方的数据计算得到的。实线代表了纯纵波成分
($|k_\parallel| = 0$) 的衰减与频率的关系,虚线代表了理论预测结果(一维仿真结果)。

8.4.2.2　色散图在数据分析中的进一步应用

为了阐述色散图在器件物理中的更深入的应用价值,这里考察一个 1820MHz 的薄膜 BAW 共振器[31]。该共振器包含了一个 AlN 压电薄膜,该薄膜位于两个金属电极之间,另外还包含了一个薄膜声反射镜。图 8.12 给出了这个共振器的图片、薄膜叠层的原理以及圆片级电学测试结果等。该共振器工作在最低一阶的厚度拉伸模式 TE_1,对于压电 AlN 膜和金属电极构成的层来说,其厚度内只包含大约半个声波波长。由于 TE_1 模式也可以像板波那样水平传播,因而在这个横向尺寸有限的共振器中将形成驻波共振。这个横向本征模式会使得主要共振点附近的电学响应中产生波纹现象,参见图 8.12(c)和(d)。

虽然测得的波场是所有被激发的波动模式的叠加,但是每个横向本征共振的特性仍然可以利用色散图来分析,如图 8.13 所示。在色散图中,横向高 Q 值共振表现为一系列的点,而不是均匀的模式分支,参见图 8.13 中的插图。可以根据单个波动模式(色散曲线)将幅值(或波矢值)作为频率的函数提取出来。这使得我们可以挑选出单个波动模式进而确定每个共振模式的 Q 值。更多细节可以参阅文献[31]。

在研制现代高性能薄膜 BAW 共振器等器件时,一个中心问题就是如何获得所需的板波色散特性,并确保在横向与纵向上实现合理的能量束缚。这不仅需要在共振器区域也需要在周围区域设计出合适的色散特性。干涉测量是一个非常有价值的工具,它能够有效地验证所研制的样件的声学行为。事实上,近期

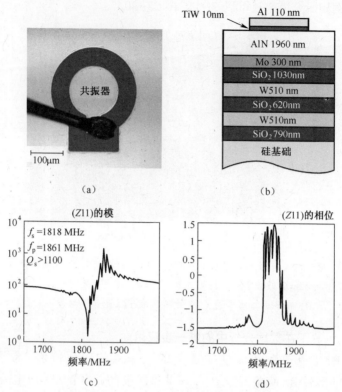

图 8.12　(a)BAW 共振器的显微照片:带有接合线以提供电触点以及(b)薄膜层叠和样件结构的原理图以及(c)根据圆片级电学测量得到的阻抗响应以及品质因数以及(d)根据圆片级电学测量得到的相位响应。由于横向本征模式共振,在电学响应中将出现显著的虚假共振,参见(c)和(d)中的谷

人们已经指出[32],在共振器区域以外是能够实现色散特性测量的,这也拓展了这些测量方法的应用范围。

　　进一步,通过利用傅里叶域中的滤波手段,即在波矢空间中选择感兴趣的波动模式,进而将其逆变换成波场图像,我们可以有针对性地观察测得的波场。此外,这一途径也能用于获取某些特殊情况下的 SNR,例如在系统的探测极限处观察非常弱的波动现象时(波矢已知或者波矢范围已知)。

8.5　结　束　语

　　频域激光扫描干涉法已经成为了物理声学领域中的良好测试方法,它能够揭示重要的物理效应,提供有关波动和器件物理的很有价值的信息。现代激光扫描干涉法测量装置能够达到的空间分辨力超过 1μm,其最小可探测的振动幅

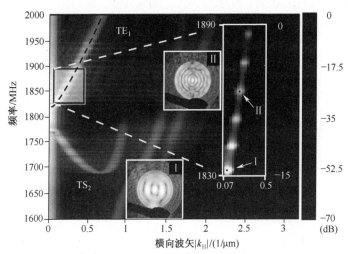

图 8.13　根据测得的波场数据得到的 1820MHz 薄膜 BAW 共振器的板波色散图：由于样件的横向尺寸有限性和高 Q 值共振，TE_1 模式的色散曲线（虚线标记）在色散图中表现为一系列离散的极值点。插图对部分 TE_1 曲线做了放大，从而可以更好地观察这些极值点。标记 Ⅰ 和 Ⅱ 分别代表了两个本征频率点（1831.5MHz 和 1863.5MHz）处的幅值分布情况

值可达亚皮米范畴。不仅如此，它的测试速度还能达到每小时数百万个点，这使得该技术不仅可用于学术研究还能用于产品开发中。对于一些电学测试比较困难和费时的物理效应，利用光学探测就非常有优势了，它可以给出波场图像供人们直接"观看"，从而便于揭示其机理。此外，一些相位敏感的测试方法还能分离出不同的波动模式以及不同传播方向上的波（借助傅里叶变换），因而可以用于考察波的透射、反射、散射和提取板波色散特性。最后应当提及的是，尽管干涉法能够提供很多电学测试法所不能给出的信息，不过我们并不能认为它就可以完全取代后者。

参 考 文 献

[1] R. L. Whitman, A. Korpel, Appl. Opt. **8**, 1567 (1969)

[2] G. I. Stegeman, IEEE Trans. Sonics Ultrason. **SU-23**(1), 33 (1976)

[3] J. P. Monchalin, IEEE Trans. Ultrason. Ferroelectr. Freq. Control **33**(5), 485 (1986)

[4] J. E. Graebner, in *Proc. IEEE Ultrasonics Symposium*, vol. 1 (2000), pp. 733-736

[5] J. P. Monchalin, Rev. Sci. Instrum. **56**(4), 543 (1985)

[6] K. Kokkonen, M. Kaivola, Appl. Phys. Lett. **92**, 063502 (2008)

[7] J. W. Wagner, J. B. Spicer, J. Opt. Soc. Am. B**4**(8), 1316 (1987)

[8] R. L. Whitman, L. J. Laub, W. J. Bates, IEEE Trans. Sonics Ultrason. **SU-15**(3), 186 (1968)

[9] J. V. Knuuttila, P. T. Tikka, M. M. Salomaa, Opt. Lett. **25**, 613 (2000)

[10] J. E. Graebner, B. P. Barber, P. L. Gammel, D. S. Greywall, S. Gopani, Appl. Phys. Lett. **78**(2), 159 (2001)

[11] G. G. Fattinger, P. T. Tikka, Appl. Phys. Lett. **79**(3), 290 (2001)

[12] H. Yatsuda, S. Kamiseki, T. Chiba, in *Proc. IEEE Ultrasonics Symposium* (2001), pp. 13-17

[13] K. L. Telschow, V. A. Deason, D. L. Cottle, I. J. D. Larson, IEEE Trans. Ultrason. Ferroelectr. Freq. Control **50** (10), 1279 (2003)

[14] H. Martinussen, A. Aksnes, H. E. Engan, Opt. Express **15**(18), 11370 (2007)

[15] J. Koskela, J. V. Knuuttila, T. Makkonen, V. P. Plessky, M. M. Salomaa, IEEE Trans. Ultrason. Ferroelectr. Freq. Control **48**, 1517 (2001)

[16] J. V. Knuuttila, J. J. Vartiainen, J. Koskela, V. P. Plessky, C. S. Hartmann, M. M. Salomaa, Appl. Phys. Lett. **84**, 1579 (2004)

[17] O. Holmgren, T. Makkonen, J. V. Knuuttila, M. Kalo, V. P. Plessky, W. Steichen, IEEE Trans. Ultrason. Ferroelectr. Freq. Control **54**(4), 861 (2007)

[18] J. Meltaus, S. S. Hong, O. Holmgren, K. Kokkonen, V. P. Plessky, IEEE Trans. Ultrason. Ferroelectr. Freq. Control **54**(3), 659 (2007)

[19] V. Laude, K. Kokkonen, S. Benchabane, M. Kaivola, Appl. Phys. Lett. **98**(6), 063506 (2011)

[20] K. Kokkonen, S. Benchabane, A. Khelif, V. Laude, M. Kaivola, Appl. Phys. Lett. **91**, 083517 (2007)

[21] S. Benchabane, A. Khelif, J. Y. Rauch, L. Robert, V. Laude, Phys. Rev. E **73**, 065601(R) (2006)

[22] K. Kokkonen, T. Pensala, M. Kaivola. Dispersion and mirror transmission characteristics of bulk acoustic wave resonators. IEEE Trans. Ultrason. Ferroelectr. Freq. Control **58**(1), 215-225 (2011)

[23] J. E. Graebner, H. F. Safar, B. Barber, P. L. Gammel, J. Herbsommer, L. A. Fetter, J. Pastalan, H. A. Huggins, R. E. Miller, in *Proc. IEEE Ultrasonics Symposium*, vol. 1 (2000), pp. 635-638

[24] G. G. Fattinger, P. T. Tikka, in *Proc. IEEE MTT-S Int. Microwave Symp.*, vol. 1 (2001), pp. 371-374

[25] K. L. Telschow, J. D. Larson, in *Proc. IEEE Ultrasonics Symposium* (2003), pp. 280-283

[26] T. Makkonen, T. Pensala, J. Vartiainen, J. V. Knuuttila, J. Kaitila, M. M. Salomaa, IEEE Trans. Ultrason. Ferroelectr. Freq. Control **51**(1), 42 (2004)

[27] G. G. Fattinger, S. Marksteiner, J. Kaitila, R. Aigner, in *Proc. IEEE Ultrasonics Symposium* (2005), pp. 1175-1178

[28] K. L. Telschow, J. D. Larson, in *Proc. IEEE Ultrasonics Symposium* (2006), pp. 448-451

[29] K. Kokkonen, T. Pensala, in *Proc. IEEE Ultrasonics Symposium* (2006), pp. 460-463

[30] K. Kokkonen, T. Pensala, M. Kaivola, in *Proc. IEEE MTT-S Int. Microwave Symp.* (2007), pp. 2071-2074

[31] K. Kokkonen, T. Pensala, J. Meltaus, M. Kaivola, Appl. Phys. Lett. **96**(17), 173502 (2010)

[32] K. Kokkonen, J. Meltaus, T. Pensala, M. Kaivola. Characterization of energy trapping in a bulk acoustic wave resonator. Appl. Phys. Lett. **97**, 233507 (2010). http://dx. doi. org/10. 1063/1. 3521263

第9章 声子晶体和声学超材料展望

Saeed Mohammadi, Abdelkrim Khelif, Ali Adibi

9.1 引 言

声子晶体结构的工作机理在很宽的频带范围内都是有效的,从 1Hz 以下到几太赫兹均是如此。因此,声子晶体结构可以用于不同频率范围的多种应用场合,当然,一般需要采用合适的构型和工作机制。这一章我们将简要介绍声子晶体和声学超材料在一些潜在领域中的应用前景。

9.1.1 利用声子晶体设计定时元件

声子晶体结构能够用于构造高品质的共振子,基于这一点我们可以将其用于设计更好的定时元件(与电路组合使用)。另外,当声子晶体的组分介质多于两种时,除了可以实现声子带隙以外,还可以实现温度补偿功能。

9.1.2 通信信号处理功能

声子晶体结构的一个主要的应用领域是为无线通信中的高频信号处理设备服务。为实现这一功能,目前已经建立起两个主要平台,分别是体声波(BAW)平台(如 FBAR)和表面声波(SAW)平台。每个平台都有自身的优点和相应的应用,在这些平台上来设计和实现声子晶体结构是十分重要的。本书中已经介绍过的基本元件,即共振器和波导,它们可以作为基本的构造单元用于设计更大更复杂的集成声学系统。无线通信设备如过滤器、多路分解/复用器等,可以借助这些基本单元来实现和优化。不仅如此,由于可以对声子晶体结构的色散特性进行调控,所以还能实现更多的功能,例如延迟线。声子晶体结构还有一些可能的优点,例如它们能够消除某些类型的损耗(参见第 7 章),再如它们能够更好地控制系统中不同元件之间的耦合等。相关具体细节读者可以参阅第 6 章和第 7 章。

9.1.3 声子晶体传感器

在生物传感领域,气体和液体环境是非常常见的。因此,设计和分析能够感知这些环境中目标的传感器是非常有意义的。声子晶体结构是可以用于传感技术的,而且利用声子晶体的某些合适的模式还可以使液体中的衰减损耗降到最低。目前这一方面的研究还刚刚起步,未来的前景十分广阔[1]。

9.1.4　负折射与超透镜

周期复合结构能够对在其中传播的声波的色散特性产生显著的影响,这一点可以用于实现一些特殊的效应,例如负折射[2]、聚焦[3]以及隐身等。这些现象在很多应用领域中都能得到应用,例如地震和海啸防护、医学和无损检测系统中的紧凑型透镜、躲避雷达和声纳等。目前这一方面的研究已经成为声子晶体和超材料领域中最为活跃的部分之一。

9.1.5　光-机声子晶体

虽然光子和声子有着各自不同的应用领域,利用它们之间的相互作用以及两种不同类型的波之间的相互作用却能够构造出前所未有的混合型装置。人们已经采用了声-光和光-机相互作用构造了一些这样的装置[4,5]。利用带隙这一概念对这些相互作用进行控制和处理,在半导体领域中是非常有价值的,它可以用于设计更有效的新型仪器。目前已经在很多结构物中证实了两种带隙是同时存在的,例如光子晶体纤维[6]、二维结构物(第三个维度非常大)[7,8]、三维蛋白石[9],以及更有前景的光子/声子晶体板[10-12]。

由于声子和光子之间的光-机相互作用本质上是非线性的,因此采用那些能够提供小区域限制和大模式体积的介质就可以增强这种相互作用的有效性。众所周知,光子带隙结构的模式体积是非常大的,因此这种结构是一种非常好的选择(用于构造较强的光机相互作用)。当然,如果这种结构还能够具有声子带隙,那么它就能够在一个较小的腔或波导中对声子和光子同时产生限制作用,二者的相互作用将得到加强。利用这一点可以为通信、传感以及很多其他应用领域设计出新颖的声光和光机设备。近年来,光子带隙和声子带隙的并存性已经得到了较为深入的研究。文献[13]针对二维结构中的面内传播首先从理论上探讨了这种并存性,实际的板结构中的这种并存性则是在2008年揭示出的[10],并于2010年作了进一步拓展[11,12]。随后,人们对高Q值的腔进行了实验研究[14],也证实了这一点。最近人们还提出了一种光子/声子转换器[15]。

9.1.6　利用声子晶体进行液体操控

微流体的操控对于很多方面的应用来说都是十分重要的,例如在构建用于疾病或毒素诊断的实验室环境时就是如此。在这些应用中一般都需要对液体进行多种操控,如混合搅拌、离心和输送等。这些功能的实现要求我们能对流体及其液滴施加高强度的功率。超声就是一种能够很好地操控液体的方法,可以实现混合搅拌和雾化功能。为了实现对芯片上液体的选择性控制,芯片上生成的功率密度要么要求输入功率很高(且带有换能器),要么要求对弹性波进行合适的操控与导向(使之到达最需要的位置)。对于这些应用要求来说,声子晶体是一个非常合适的选择。由于声子晶体具有频率选择特性和导波特性,它们在芯片实验室开发中占据了重要的地位。Reboud 等已经证实了声子晶体结构是可以实现液体操控的[16-18]。人们还研究了基于此类结构可以实现的多种功能,例如粒子和血细胞的微量离心、微液滴的选择性雾化等,其有效性得到了证实。这些仅仅只是一些初步的研究进展,可谓冰山一角,人们预期声子晶体结构还能够更好地用于芯片上微流体的操控。

9.1.7　声子晶体中的非线性效应

到目前为止,我们对声子晶体所进行的讨论和分析都是关于声波在其中作线性传播的,所涉及的振动幅值是较小的。然而,声波在周期结构中的传播本质上是非线性的,有很多的物理现象都是由此产生的。当振动位移较大时,如果超出了介质的线弹性范畴,那么非线性就会体现出来。在声子晶体中引入非线性,将会带来更多更新颖的物理特性。

9.1.8　利用声子晶体进行能量采集

清洁和可再生能源的需求正在日益增长,能量采集和捕获因此也变得越来越重要,在这一方面声子晶体也可以发挥作用,不过,除了少量研究工作[19]以外,至今还没有太多的进展。因此,这一研究领域的发展前景还是非常可观的,值得进一步探索。

9.1.9　利用声子晶体进行热声子控制

在很多应用领域中,控制热声子的传输能够帮助我们开发出一些新颖的设备。例如,热电材料对于热能发电和热泵研发而言是非常重要的,它们的性能可以通过热电性能指数 ZT 表征,其中 Z 衡量了材料的热电特性,而 T 代表热力学温度。近 50 年来,人们一直在努力提高室温下的性能指数,目的是使其远大于1,不过进展还是十分缓慢。近年来,纳米尺度的声子晶体结构的研究已经初步表明,该结构是提高性能指数的一条可行途径[20],我们不难推测,热控制技术的突破可能已经指日可待了。

9.1.10　噪声控制和隔音

自从若干年前在一个雕塑物(周期结构)的实验中[21]观察到声衰减现象之

后,人们就开始采用声子晶体结构来进行噪声控制和隔离研究了[22]。除了声学控制以外,这一方面的应用研究还包括飞机振动隔离和无振动平台(如光学平台)等。应当注意的是,虽然实验研究已经指出了周期结构能够用于振动隔离,不过直到声子晶体分析出现以后,人们的认识才变得更加系统更加透彻。

9.1.11　声子(声学或热学)二极管和晶体管

利用周期结构及其带隙特性,可以在声学域设计出类似于电子二极管和晶体管的装置。然而,这类装置的构造是有难度的,对声学声子或热声子的导向不是直接实现的,一般需要引入非线性效应[23]。当然,也有人试图在线性介质中模拟出这种特性[24]。应当指出的是,尽管此类结构非常有价值,但是在这一领域中还需要进行更多更严谨的研究才能使之应用于实际。

9.1.12　环境影响的消除

在很多微机械结构的应用中,例如信号处理元件、定时元件以及很多传感器等,都需要进行精确的频率控制,不能让其受到环境因素(如温度)的显著影响。因此,可以考虑设计成带有复杂基板(如多层基板)的声子晶体,使之具有更好的稳定性。另外,将这些结构密封包装起来也可以保护它们免受环境的不利影响,不仅如此,密封包装还能获得更高的品质因数,并且能够提高仪器设备的性能。

9.1.13　声学超材料与声子晶体的区别

尽管声子晶体和声学超材料在某些特性上是相似的,并且这两个术语有时也换用,但是它们之间还是有明显区别的,这些区别有助于减少二者在概念上的混淆。声子晶体通常是指结构的色散性质主要是由布拉格反射机制决定的情况,因此周期性和散射体位置是最重要的因素。超材料通常是指包含局域振子的情况,这些局域振子一般在较低的频率处发生共振。由此也可看出,声子晶体和声学超材料可以分别视为电磁领域中的光子晶体和 Veselago 介质的对应物[25]。

9.2　结　束　语

这一章我们简要地对声子晶体和超材料的研究和应用进行了展望,所讨论的这些主题并不全面,这些结构物可能应用到更多的声学和力学系统中。

参 考 文 献

［1］ R. Lucklum, J. Li, Phononic crystals for liquid sensor. Meas. Sci. Technol. **20**, 124014-1-12 (2009)

［2］ X. Zhang, Z. Liu, Negative refraction of acoustic waves in two-dimensional phononic crystals. Appl. Phys. Lett. **85**(2), 341 (2004)

［3］ T. -T. Wu, Y. -T. Chen, J. -H. Sun, S. -C. S. Lin, T. J. Huang, Focusing of the lowest antisymmetric Lamb wave in a gradient-index phononic crystal plate. Appl. Phys. Lett. **98**(17) 171911 (2011)

［4］ T. Carmon, H. Rokhsari, L. Yang, T. J. Kippenberg, K. J. Vahala, Temporal behavior of radiation-pressure-induced vibrations of an optical microcavity phonon mode. Phys. Rev. Lett. **94**, 1-4 (2005)

［5］ M. Eichenfield, R. Camacho, J. Chan, K. J. Vahala, O. Painter, A picogram- andnanometer scale photonic-crystal optomechanical cavity. Nature **459**, 550-555 (2009)

［6］ P. Dainese, P. S. J. Russell, N. Joly, J. C. Knight, G. S. Wiederhecker, H. L. Fragnito, V. Laude, A. Khelif, Stimulated Brillouin scattering from multi-GHz-guided acoustic phonons in nanostructured photonic crystal fibres. Nat. Phys. **2**, 388-392 (2006)

［7］ M. Maldovan, E. L. Thomas, Simultaneous complete elastic and electromagnetic band gaps in periodic structures. Appl. Phys. B **83**(4), 595-600 (2006)

［8］ M. Maldovan, E. L. Thomas, Simultaneous localization of photons and phonons in two dimensional periodic structures. Appl. Phys. Lett. **88**(25), 251907 (2006)

［9］ A. V. Akimov, Y. Tanaka, A. B. Pevtsov, S. F. Kaplan, V. G. Golubev, S. Tamura, D. R. Yakovlev, M. Bayer, Hypersonic modulation of light in three - dimensional photonic and phononic bandgap materials. Phys. Rev. Lett. **101**, 033902-033905 (2008)

［10］ S. Mohammadi, A. A. Eftekhar, A. Adibi, Large simultaneous band gaps for photonic and phononic crystal slabs, in *2008 Conference on Lasers and Electro - Optics*, Paper CFY1, OSA Publishing, 1 - 2, May 2008. https://www. osapublishing. org/abstract. cfm? uri=CLEO-2008-CFY1 (Also published by IEEE: http://ieeexplore. ieee. org/xpl/login. jsp? tp = &arnumber = 4571339&url = http% 3A% 2F% 2Fieeexplore. ieee. org%2Fiel5%2F4560187%2F4571172%2F04571339. pdf%3Farnumber%3D4571339)

［11］ S. Mohammadi, A. A. Eftekhar, A. Khelif, A. Adibi, Simultaneous two-dimensional phononic and photonic band gaps in opto-mechanical crystal slabs. Opt. Express **18**(9), 9164-9172 (2010)

［12］ Y. Pennec et al. , Simultaneous existence of phononic and photonic band gaps in periodic crystal slabs. Opt. Express **18**(13), 14301-14310 (2010)

［13］ M. Maldovan, E. L. Thomas, Simultaneous localization of photons and phonons in two dimensional periodic structures. Appl. Phys. Lett. **88**(25), 251907 (2006)

［14］ A. H. Safavi - Naeini, O. Painter, Design of optomechanical cavities and waveguides on a simultaneous bandgap phononic-photonic crystal slab. Opt. Express **18**(14), 14926-14943 (2010)

［15］ A. H. Safavi - Naeini, O. Painter, Proposal for an optomechanical traveling wave phonon - photon translator. New J. Phys. **13**(1), 013017 (2011)

［16］ R. Wilson, J. Reboud, Y. Bourquin, S. L. Neale, Y. Zhang, J. M. Cooper, Phononic crystal structures for acoustically driven microfluidic manipulations. Lab Chip **11**(2), 323-328 (2011)

［17］ Y. Bourquin, R. Wilson, Y. Zhang, J. Reboud, J. M. Cooper, Phononic crystals for shaping fluids. Adv. Mater. (Deerfield Beach, Fla.) **23**(12), 1458-1462 (2011)

[18] J. Reboud, R. Wilson, Y. Zhang, M. H. Ismail, Y. Bourquin, J. M. Cooper, Nebulisation on a disposable array structured with phononic lattices. Lab Chip **12**(7), 1268-1273 (2012)

[19] S. Gonella, A. C. To, W. K. Liu, Interplay between phononic bandgaps and piezoelectric microstructures for energy harvesting. J. Mech. Phys. Solids **57**(3), 621-633 (2009)

[20] P. E. Hopkins, C. M. Reinke, M. F. Su, R. H. Olsson, E. A. Shaner, Z. C. Leseman, J. R. Serrano, L. M. Phinney, I. El-Kady, Reduction in the thermal conductivity of single crystalline silicon by phononic crystal patterning. Nano Lett. **11**(1), 107-112 (2011)

[21] R. Martinez-Sala, J. Sancho, J. V. Sanchez, V. Gomez, J. Llinares, F. Meseguer, Sound attenuation by sculpture. Nature **378**(6554), 241 (1995)

[22] J. H. Wen, G. Wang, D. L. Yu, H. G. Zhao, Y. Z. Liu, Theoretical and experimental investigation of flexural wave propagation in straight beams with periodic structures: application to a vibration isolation structure. J. Appl. Phys. **97**(11), 114907 (2005)

[23] N. Boechler, G. Theocharis, C. Daraio, Bifurcation-based acoustic switching and rectification. Nat. Mater. **10**(9), 665-668 (2011)

[24] Y. Li, J. Tu, B. Liang, X. S. Guo, D. Zhang, J. C. Cheng, Unidirectional acoustic transmission based on source pattern reconstruction. J. Appl. Phys. **112**(6), 064504 (2012)

[25] J. Li, C. Chan, Double-negative acoustic metamaterial. Phys. Rev. E **70**(5), 1-4 (2004)

图 1.1　E. Sempere 的雕塑作品：本质上可以理解为一个二维声子晶体结构物，
即钢杆(直径 2.9cm)以方形晶格形式做周期分布，晶格常数为 10cm

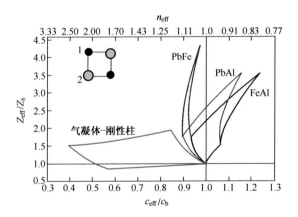

图 1.6　具有两种不同固体散射体圆柱的四类声子晶体的等效参数。原胞为方形(见插图)。
所有情况中，基体均为空气。通过改变填充率 f_1 和 f_2 可以得到不同参数的等效介质，这些
等效参数可以位于彩色线所包围区域内的任何位置。对于由凝胶和刚性柱混合情况，可以得
到与空气阻抗完美匹配的等效介质。水平直线对应于 $Z_{eff}=Z_b=Z_{air}$，竖直线对应于 $n_{eff}=1$

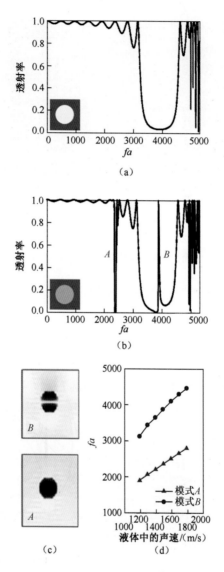

图 2.5　二维方形晶格形式的声子晶体(硅基体中带有周期孔阵列，
孔的半径为 $r/a = 0.18$)的透射曲线

(a)孔中为空气；(b)孔中填充水介质；(c)谷点 A 和峰点 B 处的位移场分布；
(d)共振模式 A 和 B 的频率与孔中液体声速的依赖关系。

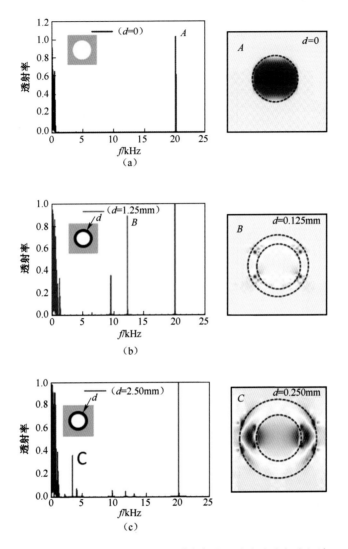

图 2.6   3 种不同大小的聚合物厚度条件下对应的透射系数谱

(a)$d=0$;(b)$d=1.25$mm;(c)$d=2.50$mm。

晶格周期 $a=20$mm,管的内半径(空气柱的半径)为 5mm。靠近透射曲线图
的位移场分布图对应于该情况下的透射峰(A、B、C)。

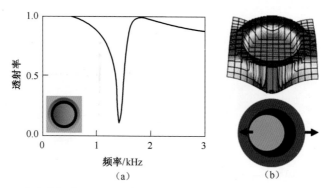

图 2.7　(a)局域共振声子晶体的透射曲线:基体为水,散射体为柱芯,且包覆一个
聚合物壳和一个钢壳以及(b)透射谷频率处对应的位移场分布及其振动模式原理简图

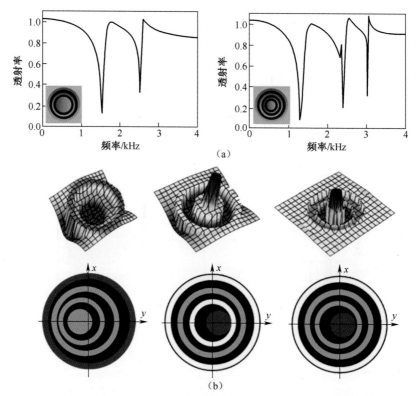

图 2.8　(a)局域共振声子晶体的透射曲线:基体为水,散射体为柱芯,分别包覆
2 个双层(左图)和 3 个双层(右图),每个双层均由一个聚合物壳和一个钢壳组成以及
(b)3 个双层情况下透射谷频率处对应的位移场分布,以及钢柱和钢壳的刚体运动原理描述

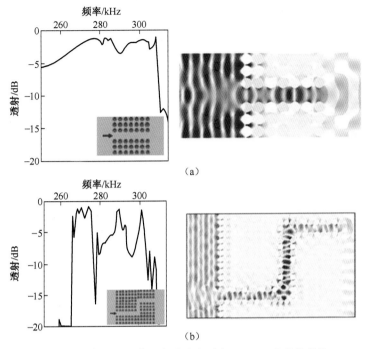

(a)

(b)

图 2.9　声子晶体带隙内的透射谱与 290kHz 处的位移场

(a)线缺陷(波导);(b)弯曲波导。

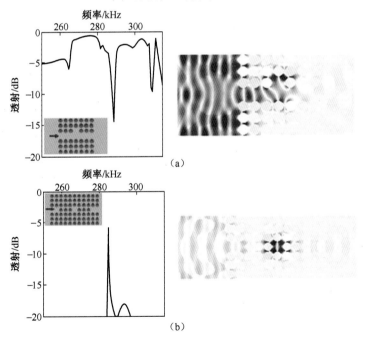

(a)

(b)

图 2.10　带隙内的透射谱和透射谷频率处对应的位移场

(a)点缺陷位于声子晶体波导的一侧;(b)点缺陷位于声子晶体波导中。

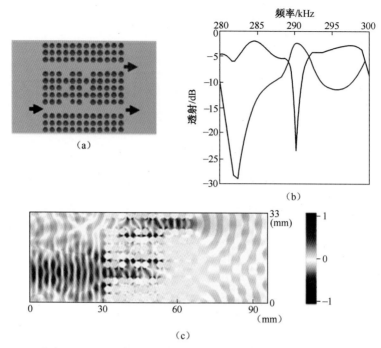

图 2.11 （a）带有两个波导的声子晶体:波导之间通过耦合单元(两个共振腔)耦合起来。黑色、红色和蓝色箭头标记了信号入口和出口以及(b)针对从端口 1 入射的高斯脉冲计算得到的透射谱,在频率 290kHz 处入射波从第一个波导分解出来进入到第二个波导以及(c)290kHz 处沿着传播方向的位移场(时间周期平均值),红色和蓝色分别对应于位移场的最大值和最小值

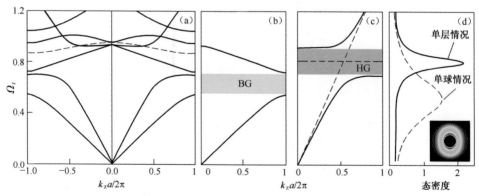

图 3.3 （a）引自文献[42]:垂直于某 fcc 晶体(a = 3.72mm,钢球(S = 0.585mm)分布于无损耗聚酯基体中)的(001)晶面方向上的声子能带结构。细(粗)实线分别为纵(横)波能带,虚线为聋带以及(b)布拉格带隙以及(c)杂化带隙,实线和虚线分别示意了相互作用发生前后相应的杂化和非杂化能带以及(d)态密度,虚线为单个球体情况,实线为单个 fcc(001)晶体层情况。插图反映了单个球体处于共振时的特征模式,可以看出强烈的局域化现象

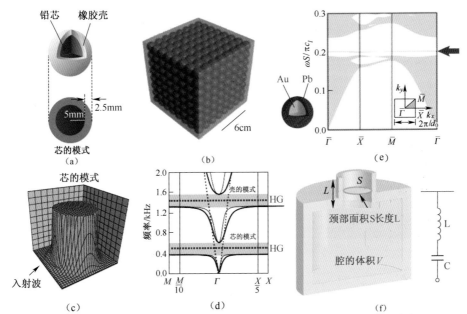

图 3.15 （a）带有硅胶覆盖层的铅球的横截面以及（b） $8 \times 8 \times 8$ 的声子晶体以及（c）芯-壳结构的球体可以表现出局域共振,进而导致非常低的频率处出现杂化带隙以及（d）能带结构,虚线代表非杂化能带,红线代表局域在芯或壳区域的共振态以及（c）、（d）都是采用文献[46]给出的代码计算得到的以及（e）局域共振声子晶体实例,共振态在绝对带隙中导致了一个平直带(红色箭头);以及亥姆霍兹共振腔的横截面,该腔是从刚性材料(灰色区域)中挖出的,并通过颈部连接到外部。插图给出了对应的LC电路。（引自文献[7,25,56]）

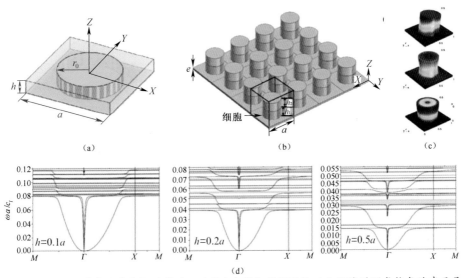

图 3.16 （a）一种声子晶体板的单胞以及（b）由附加的短圆柱以方形阵列形式构成的声子晶体板:短圆柱半径为 r ,高度为 h ,附着在一块薄的树脂板上;短圆柱可以由一层橡胶材料构成,也可以由一层橡胶材料(厚度为 h_1)和一层铅材料(厚度为 h_2)组成以及（c）一些具有不同偏振类型的局域模式的位移分布,从上到下分别对应于剪切、拉伸和呼吸模式以及（d）带有简单短圆柱(即一层橡胶短柱情况)的声子晶体板的能带结构: $r = 0.48a$, $h = h_1$ 取不同值

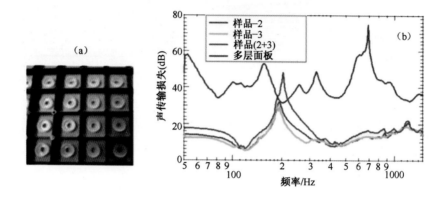

图 3.18　引自文献[66]:(a)方形单元阵列,每个单元中包含有弹性薄膜以及(b)
单膜和不同膜(具有不同的带隙)的堆叠情况所对应的声传输损失

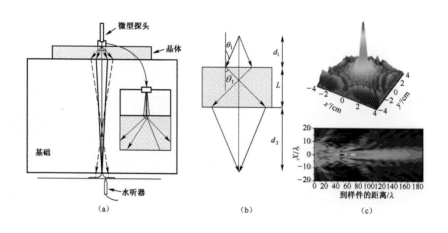

图 3.19　引自文献[65]:(a)实验设置:射线代表了预测的群速度方向
(针对特定的频率和入射角)以及(b)负折射和聚焦原理图以及(c)
计算得到的场图,聚焦效应出现在 1.57MHz 处

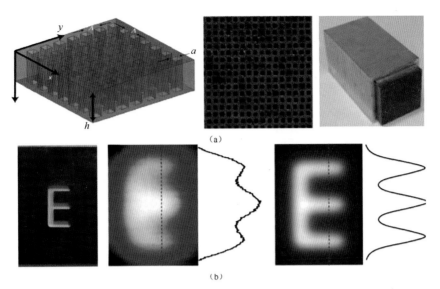

图 3.20　引自文献 [68]:(a) 带有方形阵列方孔的黄铜合金板(左图为总体图,中图为顶视
图),放置在 4 英寸宽的方形铝管中并夹紧(右图)以及(b) 针对深度亚波长

尺寸的字母"E"的成像,字母线宽度为 3.18mm,是采用超薄黄铜板制备而成的(左图),
在距离输出平面 1.58mm 位置得到的实验结果和仿真结果分别如中图和右图所示,同时
还给出了红虚线所示横截面位置处的声场分布。工作频率为 2.18kHz(λ = 158mm)。
实验中能够观察到线宽度为 $\lambda/50$ 的物体

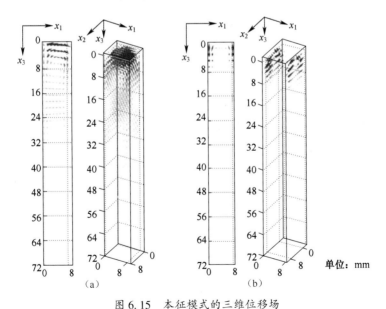

单位: mm

图 6.15　本征模式的三维位移场
(a) k = (π/a,0),f = 77kHz (图 6.14(b) 中的点 A);
(b) k = (π/a,0),f = 199kHz (图 6.14(b) 中的点 B)[51]。

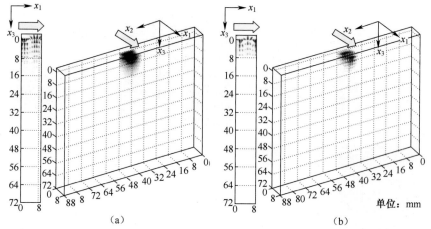

图 6.17　声子晶体波导中的缺陷模式的三维位移场

（a）$\boldsymbol{k} = (0.5\pi/a, 0)$，$f = 114.5\text{kHz}$（图 6.16（b）中的点 A）；

（b）$\boldsymbol{k} = (0.5\pi/a, 0)$，$f = 180\text{kHz}$（图 6.16（b）中的点 B）[51]。

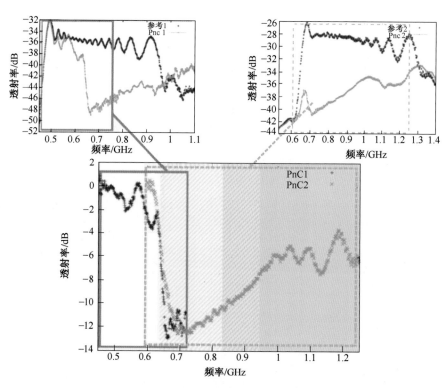

图 6.26　两种声子晶体结构的透射响应与作为参考的电声延迟线的透射响应，同时也反映了声子晶体的表面导波模式的归一化透射率与频率的关系

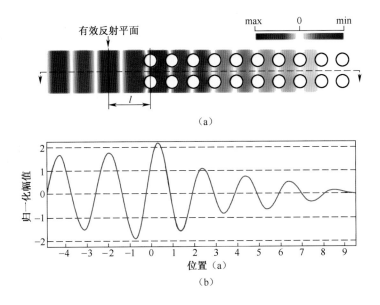

图 6.29　SAW 遇到声子晶体时的位移场面内分量 U_1

(a)直线型波前的重构需要一个附加的延迟距离;(b)(a)中虚线上的归一化位移幅值分布,
可以看出声子晶体内的反射与衰减,归一化是相对于无声子晶体情况下的 U_1 进行的[45]。

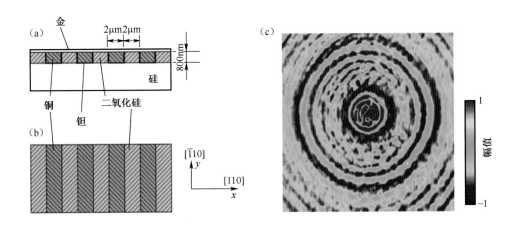

图 7.4　(a)一维声子晶体样件的横截面以及(b)声子晶体样件的顶视图:
可以看出基板方位与坐标系统的定义以及(c)实验得到的 SAW 快照:
光学激励后 2.62ns 时刻,图像中心对应于泵浦光斑,成像区域的大小为 150μm×150μm。

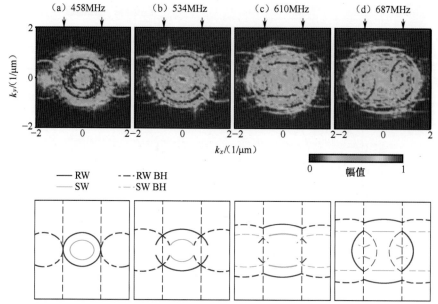

图 7.5　上面一行给出了时空傅里叶变换的幅值(模):傅里叶变换针对的是一个一维
声子晶体样件的时间分辨二维 SAW 图像,(a)458MHz,(b)534MHz,(c)610MHz,
(d)687MHz,箭头示出了第一布里渊区的边界。下面一行给出了模式识别图:实线代表了
声学色散关系中的主导成分,虚线为布洛赫谐波成分(BH),红线为瑞利型波(RW),
绿线是 Sezawa 波(SW),黑色虚线示出了第一布里渊区

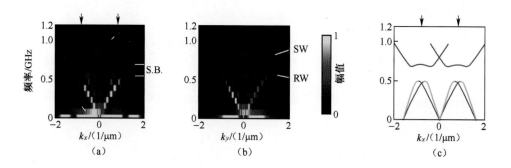

图 7.6　实验得到的一维声子晶体色散关系

(a) k_x 方向($k_y = 0$);(b) k_y 方向($k_x = 0$),向下的箭头示出了第一布里渊区的边界,RW—瑞利波,
SW—Sezawa 波,S. B. —带隙;(c)用于模式识别的辅助图,红线为瑞利波(RW),绿线为 Sezawa 波(SW)

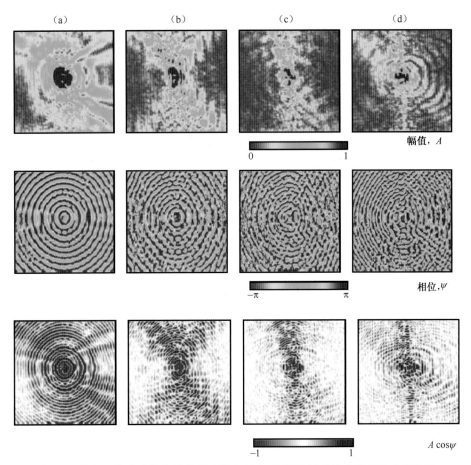

幅值，A

0   1

相位，ψ

$-\pi$ π

$A\cos\psi$

-1 1

图 7.7　根据二维声子晶体样件的时间分辨 SAW 图像得到的时间傅里叶变换图
(a)458MHz；(b)534MHz；(c)610MHz；(d)687MHz。
第一行给出的是傅里叶幅值的模，第二行给出的是傅里叶幅值的相位，第三行给
出的是单个频率处面外表面速度场的快照，成像区域大小为 150μm×150μm

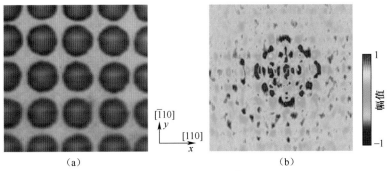

$[\bar{1}10]$

y

$[110]$

x

幅值

1

-1

(a)   (b)

图 7.8　(a)在硅基板上制备的二维声子晶体的光学显微图：图像大小为 60μm×60μm，
孔的直径 $D = 12$μm，晶格常数 $a = 15$μm，图中还可看出基板的方位和坐标系的定义以及
(b)实验得到的二维声子晶体 SAW 图像：激励后 7.4ns 时刻，泵浦光聚焦在图像中心处，
成像区域大小为 150μm×150μm

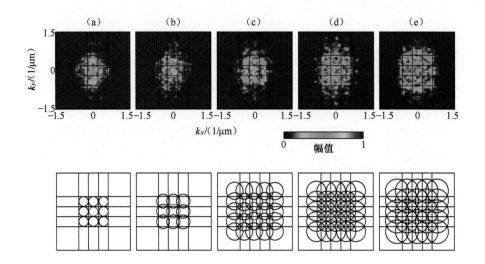

图 7.9　上一行给出的是根据二维声子晶体的时间分辨 SAW 图像得到的时空傅里叶变换幅值图（模）：(a)153MHz，(b)229MHz，(c)305MHz，(d)382MHz，(e)458MHz，细直线示出了第一布里渊区的边界，即 $k_x, k_y = \pm 0.29 \mu m^{-1}$ 和 $k_x, k_y = \pm 3 \times 0.29 \mu m^{-1}$；下一行给出的是基于具有相同周期性空晶格的模式识别图：红色圆圈对应于非周期均匀介质中的模式，并选择了合适的 SAW 波速以模拟上一行中的图像

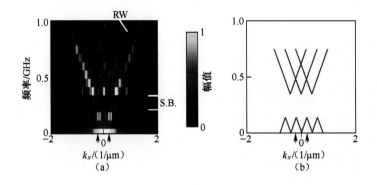

图 7.10　(a)实验得到的二维声子晶体色散关系：沿着 k_x 方向（$k_y = 0$），黑色箭头指出了第一布里渊区 k_x 方向上的边界，RW——瑞利波，S.B.——带隙以及(b)用于模式识别的辅助图

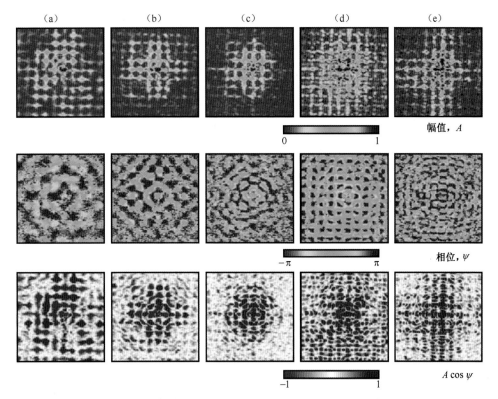

图 7.11　根据二维声子晶体的时间分辨 SAW 图像得到的时间傅里叶变换图
(a)153MHz;(b)229MHz;(c)305MHz;(d)382MHz;(e)458MHz。
第一行给出的是傅里叶幅值的模,第二行给出的是傅里叶幅值的相位,第三行给出的
是单个频率处面外表面波速度场快照,成像区域大小为 150μm×150μm

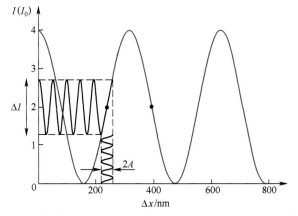

图 8.2　由对象(样件或参考镜)移动导致的零差激光干涉仪信号:这里假设了相关条件是理想的,
例如等光功率、理想干涉等,在理想情况下,能够提供最大敏感度和线性度的干涉仪的最优工作点
位于正交点处,如图中黑点所示,此时最小的对象移动(幅值 A)可以导致待测光强 I 的最大变化